*Vincenzo Verde*

# TERMODINAMICA

## Edizione

*Aprile 2019*

## IMPAGINAZIONE

*Vincenzo Verde*

# SOMMARIO

# SECONDO CAPITOLO I PRINCIPI DELLA TERMODINAMICA

# TERZO CAPITOLO PROPAGAZIONE DEL CALORE

# QUARTO CAPITOLO PROVE DI ABILITÀ E CORRETTORI

# PREFAZIONE

I fenomeni che riguardano il calore costituiscono un insieme di eventi naturali che, pur facendo parte della vita quotidiana, hanno messo a dura prova le menti dei più illustri scienziati del passato.

Questi fenomeni, grazie allo sviluppo delle conoscenze che riguardano la produzione di calore per attrito hanno subito, nel secolo scorso, un notevole sviluppo soprattutto ad opera di Benjamin Thompson, un americano che più tardi doveva diventare il conte di Rumford di Baviera; a tal proposito egli si espresse nel modo seguente:

" ........ *nel ragionare su questo argomento, noi non dobbiamo dimenticare di considerare la circostanza, estremamente importante, che la sorgente del calore generato mediante attrito in questi esperimenti appariva inesauribile*

..... *mi pareva pertanto estremamente difficile, se non impossibile, formarsi l'idea precisa di una qualche cosa capace di essere eccitato e comunicato nel modo in cui il calore veniva eccitato in questi esperimenti, che non fosse il moto.*"

L'esposizione dei contenuti è raccolta in una parte introduttiva nella quale vengono esposti i concetti fondamentali di energia e di lavoro e successivamente, oltre a definire il Sistema Internazionale delle unità di misura, vengono rivisti alcuni concetti importanti riguardante la misurazione di grandezze fisiche. Nel primo capitolo vengono definiti i concetti che riguardano il calore e la temperatura, vengono definite la scale di temperatura e le relazioni tra esse e viene dimostrata l'equivalenza tra lavoro e calore. Inoltre, si introducono alcuni concetti fondamentali di chimica e si discutono alcuni fenomeni molecolari nei liquidi. Nel secondo capitolo viene affrontato lo studio dei principi della termodinamica e vengono introdotti molti dei concetti fondamentali che riguardano sia i problemi trattati dal punto di vista macroscopico che le connessioni con il mondo microscopico. Nel terzo capitolo viene presa in considerazione la propagazione del calore nelle sue diverse modalità fissando l'attenzione in modo particolare sulla radiazione di corpo nero e sulla legge di Planck. Nel quarto capitolo viene dato un formulario che riguarda tutte le più importanti formule trattate nel volume e viene assegnato un insieme di prove di abilità che il lettore dovrà svolgere. I relativi correttori dovranno essere utilizzati dopo che il lettore ha svolto la prova oppure, solo in caso di difficoltà dello svolgimento, ma non prima di aver tentato di risolvere la prova. Inoltre, il primo, il secondo ed il terzo capitolo sono dotati di un test di verifica i cui correttori sono posti alla fine del quarto capitolo.

Relativamente ai fenomeni termici osserviamo che l'invenzione della macchina a vapore, avvenuta circa due secoli e mezzo fa, ha segnato l'inizio della rivoluzione industriale che ha determinato una maggiore produzione di beni di consumo e quindi un maggior sfruttamento delle risorse energetiche. Questo sfruttamento è divenuto sempre più insistente e sistematico tanto da determinare un deterioramento dell'ambiente, dovuto soprattutto ai prodotti di combustione che hanno molto contribuito all'innesco dei cambiamenti climatici in atto. Ad ogni modo è opportuno che le conoscenze sui fenomeni che riguardano l'uso di fonti energetiche vengono acquisiti, a qualsiasi livello, da quanto più persone possibili, per modo che si possa indurre i governi a mettere in atto quelle politiche necessarie a contenere gli effetti negativi sull'uso delle risorse energetiche e ad incrementare in modo massiccio la ricerca su fonti energetiche più appropriate. Per favorire il lettore ad acquisire una maggiore conoscenza  di questo problema nel secondo capitolo è stato introdotto il seguente paragrafo: *Fonti primarie di energia* di cui si consiglia un attenta lettura.

# 1. Cos'è l'energia

L'uomo non ha un Corpo distinto

dall'Anima perché il cosiddetto

Corpo è parte dell'Anima

distinto dai cinque sensi,

le principali aperture

dell'Anima in questa epoca.

L'Energia è la sola vita

E proviene dal Corpo.

La Ragione è il legame

o circonferenza esterna dell'Energia.

*William Blake*

*Sposalizio tra cielo e inferno, 1793*

L'uomo non ha un corpo separato dall'anima, quello che chiamiamo corpo è la parte dell'anima che si distingue per i suoi cinque sensi, che comunicano con l'esterno. I sensi percepiscono soltanto una parte minima dell'energia/materia che costituisce la realtà, ma, tuttavia, gli esseri umani rimangono inevitabilmente collegati, seppure non consapevolmente, con l'intera realtà a cui appartengono.

Freeman J. Dyson afferma che la definizione di energia data da William Blake è più soddisfacente delle definizioni presentate nei *manuali di fisica* e che, anche nella scienza fisica, l'energia ha una qualità trascendente.

Il concetto di *energia* si è sempre dimostrato valido e duraturo nelle molte occasioni in cui vi sono state rivoluzioni scientifiche. Nella meccanica newtoniana l'energia è definita come una proprietà delle masse in movimento e nel XIX secolo diviene il principio unificatore di tre nuove scienze:

- la termodinamica

- la chimica

- l'elettromagnetismo

Nel XX secolo è ancora protagonista di due rivoluzioni intellettuali parallele: la *teoria della relatività* e la *teoria dei quanti*. Nella teoria della relatività attraverso l'equazione di Einstein $E = mc^2$ l'energia viene identificata con la massa, nella teoria dei quanti l'equazione di Planck $E = h\nu$ restringe l'energia trasportata da un'oscillazione ad un multiplo costante della sua frequenza.

La metamorfosi del concetto di energia sicuramente non si è ancora arrestata, ad ogni modo, pur non conoscendo quale sarà la sua definizione futura, essa non sarà mai in contraddizione con la definizione di Blake e resterà sempre *SIGNORA e DISPENSATRICE* della vita, una realtà che trascende le nostre espressioni matematiche.

*La sua natura affonda le radici nel mistero della nostra esistenza di esseri animati appartenenti ad un Universo inanimato.*

Il termine *"energia"* fu introdotto da Keplero utilizzando la parola greca *"ενέργεια"* (energeia) e attribuendo il significato di forza universale all'origine di ogni movimento dell'Universo. Senza entrare nei dettagli della definizione di Keplero e del successivo dibattito del suo significato profondo, l'energia sarà considerata in quanto risorsa sfruttata e sfruttabile dall'uomo.

L'energia che l'uomo si procura con i propri muscoli e con quelli degli animali è detta *energia meccanica* perché il risultato che fisicamente ne risulta è un *lavoro*. Il lavoro è quindi la grandezza fisica che misura l'energia. L'energia meccanica si compone di due parti distinti: l'energia cinetica, dovuta alle parti in movimento del sistema fisico, e l'energia potenziale, dovuta alla posizione del sistema fisico rispetto a un sistema di riferimento. Considerando un *pendolo semplice* che oscilla sotto l'azione del suo peso $\vec{mg}$, possiamo osservare che la sua energia cinetica $\frac{1}{2}mv^2$, dovuta alla massa $m$ in movimento, è nulla agli estremi $A$ e $B$ della traiettoria e massima nel punto di equilibrio $E$, mentre la sua energia potenziale $mgh$ è massima agli estremi $A$ e $B$ della traiettoria e nulla nel punto di equilibrio $E$ ( *vedi la figura(1.1)*). Nei punti intermedi della traiettoria l'energia del pendolo è sia cinetica che potenziale per modo che la loro somma è costante e pari al massimo valore dell'energia cinetica o al massimo valore dell'energia potenziale.

Tutto ciò e noto come *principio di conservazione dell'energia meccanica* e si scrive come:

$$(1.1) \qquad \frac{1}{2}mv^2 + mgh = \text{cost}$$

Osserviamo che per la velocità della massa $m$ possiamo scrivere *(vedi la figura (1.1))*:

$$x = l\sin\alpha \Rightarrow v = \frac{dx}{dt} = \frac{d}{dt}l\sin\alpha = \frac{d}{dt}l\sin\omega l = l\omega\cos\omega l = l\omega\cos\alpha \Rightarrow$$

$$v^2 = l^2\omega^2\cos^2\alpha$$

e per lo spostamento $h = l - l\cos\alpha$, pertanto l'equazione (1.1) potrà scriversi come:

$$(1.2) \qquad \frac{1}{2}ml^2\omega^2\cos^2\alpha + mg(l - l\cos\alpha) = \text{cost}$$

in cui $\omega$ esprime la frequenza di oscillazione angolare con cui oscilla il pendolo.

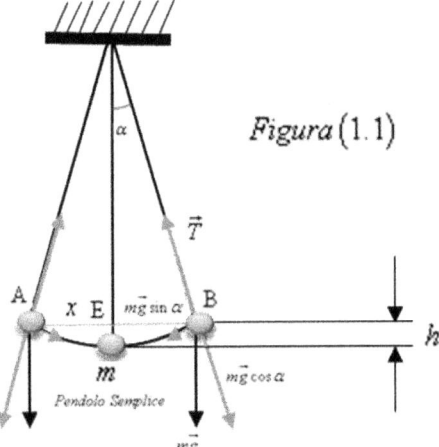

Figura (1.1)

Secondo l'equazione (1.1) un pendolo semplice posto in oscillazione ha una durata infinita, in realtà le oscillazione tenderanno a smorzarsi nel tempo fino a quando il pendolo arresterà del tutto le sua corsa. Ciò è dovuto sia alle forze di attrito che sono presenti nel perno intorno al quale si consuma l'oscillazione sia alla resistenza che l'aria oppone al moto della massa $m$. Ad ogni modo pur terminando la sua corsa il pendolo non distrugge la sua energia ma la trasferisce nei luoghi circostanti sotto forma di calore. Qualunque sia il vettore forza agente su un corpo è sempre possibile decomporlo in due vettori componenti di cui uno: $\vec{f}_\tau$ tangente alla traiettoria del moto e responsabile della variazione del modulo del vettore velocità, l'altro: $\vec{f}_n$ normale alla traiettoria del moto e responsabile della variazione della direzione del vettore velocità. Detto ciò, sia $C$ un corpo sottoposto all'azione di una forza $\vec{F}$, il vettore tangente $\vec{f}_\tau$ dipende, in generale, dalle coordinate di posizione del corpo quindi, supponendo che lo spostamento del corpo sia sufficientemente piccolo in modo che la direzione del vettore spostamento $\vec{\Delta s}$ si possa confondere con la direzione del vettore tangente $\vec{f}_\tau$ e che quest'ultimo varia così poco da potersi ritenere costante entro tutto lo spostamento considerato, si definisce *lavoro* della forza $\vec{F}$ lungo lo spostamento considerato la grandezza fisica scalare $\Delta W$ che si ottiene eseguendo il prodotto tra il modulo del vettore componente $\vec{f}_\tau$ ed il modulo del vettore spostamento $\vec{\Delta s}$:

$$(1.3) \qquad \Delta W = f_\tau \Delta s$$

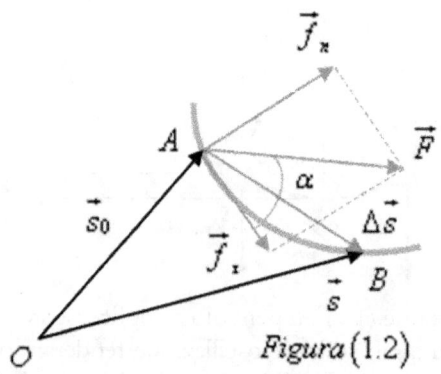

*Figura* $(1.2)$

Se il vettore $\vec{f}_\tau$ ha il modulo unitario e determina uno spostamento unitario nella sua stessa direzione, si ottiene un lavoro unitario che nel S.I. delle unità di misura si chiama Joule e rappresenta l'unità di misura.

$$1 \textit{Joule} = 1 \textit{Newton} \cdot 1 \textit{metro}$$

Se si vuole conoscere il lavoro fatto dalla forza $\vec{F}$ lungo l'intera traiettoria di moto occorre dividere la traiettoria in piccoli tratti tale che in ognuno di essi il vettore tangente $\vec{f}_\tau$ possa ritenersi costante e la sua direzione si possa confondere con la direzione del vettore spostamento $\Delta \vec{s}$. In questo modo, è possibile scrivere per ogni tratto una relazione del tipo seguente:

$$(1.4) \qquad \Delta W_i = f_{\tau i} \Delta s_i$$

e calcolare il lavoro $W$ fatto dalla forza $\vec{F}$ lungo l'intera traiettoria come somma dei lavori $\Delta W_i$ relativi ad ogni tratto. Così facendo otteniamo la seguente equazione:

$$(1.5) \qquad W = \sum\nolimits_{i=1}^{n} f_{\tau i} \Delta s_i \qquad \forall i \in \{1, \ldots\ldots\ldots, n\}$$

Considerando i tratti in cui è divisa la traiettoria come intervalli spaziali compresi tra due posizioni successive che differiscono fra loro per una quantità infinitesima, l'equazione (1.5) si può scrivere come:

$$(1.6) \qquad W = \lim_{\Delta s_i \to 0} \sum\nolimits_{i=1}^{n} f_{\tau i} \Delta s_i = \int_{A}^{B} f_\tau ds$$

Osservando la figura (1.2) si nota che il modulo del vettore tangente $\vec{f}_\tau$ è legato al modulo del vettore del vettore $\vec{F}$ dalla relazione:

$$(1.7) \qquad f_\tau = F \cos \alpha$$

che posta nell'equazione (1.6) consente di scrivere la seguente equazione:

$$(1.8) \qquad W = \int_{A}^{B} F ds \cos \alpha$$

13

dalla quale si deduce che il lavoro ha la struttura di un prodotto scalare tra vettori: il vettore forza $\vec{F}$ e il vettore spostamento $\vec{ds}$. Pertanto la (8) si può anche scrivere nel modo seguente:

$$(1.9) \qquad W = \int_A^B \vec{F} \cdot \vec{ds}$$

Supposto che un corpo si muove sotto l'azione di una forza costante la cui direzione coincide con la direzione dello spostamento, l'equazione (1.8) diventa:

$$(1.10) \qquad W = F \int_A^B ds = F\left(s_B - s_A\right) = ma\left(s_B - s_A\right) \Rightarrow$$

$$W = m\frac{v_B^2 - v_A^2}{2\left(s_B - s_A\right)}\left(s_B - s_A\right) \Rightarrow$$

$$W = \frac{1}{2}mv_B^2 - \frac{1}{2}mv_A^2$$

questa equazione anche se ottenuta in un caso particolare esprime una relazione di validità generale: il lavoro eseguito da una forza uguaglia la variazione di energia cinetica *(teorema dell'energia cinetica)*, ne consegue che, essendo l'energia omogenea con il lavoro la sua unità di misura, nel S.I., è il *Joule*.

## 2. SISTEMA INTERNAZIONALE DELLE UNITÀ DI MISURA

La costruzione di un sistema di unità di misura implica la scelta di un certo numero di grandezze fisiche che vengono definite operativamente e chiamate *grandezze fisiche fondamentali;* esse consentono, per il loro tramite, la definizione di tutte le altre *grandezze fisiche* che vengono dette *derivate.* Questa scelta non è del tutto arbitraria anche se, in linea di principio, qualunque grandezza fisica può essere definita operativamente; essa è guidata da ragioni di carattere operativo come la semplicità della misurazione diretta di certe grandezze fisiche rispetto ad altre e la possibilità di realizzare, materialmente, il campione dell'unità di misura per le grandezze scelte. Scelte le grandezze fisiche fondamentali si dice che si è definito un *sistema misura*. Ogni scelta delle loro unità di misura dà luogo ad un differente *sistema di unità di misura*. Nel definire un sistema di misura si vuole che il *numero di grandezze fisiche fondamentali sia il più piccolo possibile*. Per esempio, nel sistema MKS le grandezze fondamentali sono *lunghezza, massa e tempo;* esse consentono la descrizione di tutti i fenomeni meccanici in quanto da esse si possono derivare tutte le altre grandezze fisiche come la *velocità, l'accelerazione, la forza, ecc.* Riuscire a descrivere tutti i fenomeni fisici che appartengono ad una stessa disciplina scientifica, ricorrendo ad un piccolo numero di grandezze fisiche fondamentali, significa conoscere tutte le relazioni che legano le grandezze fisiche in gioco; ciò vuole anche significare che si possiede una teoria avanzata di quella disciplina scientifica. A seconda della classe di fenomeni che si intende studiare, il numero di grandezze fisiche fondamentali che occorrono varia, per esempio:

| DISCIPLINA | GRANDEZZE FISICHE FONDAMENTALI |
|---|---|
| Geometria | Lunghezza |
| Cinematica | Lunghezza e tempo |
| Meccanica | Lunghezza, massa e tempo |
| Termodinamica | Lunghezza, massa, tempo e temperatura |
| Elettromagnetismo | Lunghezza, massa, tempo e corrente |
| | |

Per la descrizione di tutti i fenomeni fisici di cui si ha conoscenza sono necessarie e sufficienti sette grandezze fisiche fondamentali e due grandezze fisiche supplementari. Così, nel costruire il sistema internazionale delle unità di misura si scelgono le seguenti grandezze fisiche e relative unità di misura:

| GRANDEZZA | SIMBOLO DIMENSIONALE | UNITÀ DI MISURA | SIMBOLO DELL'UNITÀ DI MISURA |
|---|---|---|---|
| lunghezza | L | il metro è definito come la lunghezza pari alla distanza percorsa nel vuoto dalla luce nell'intervallo di tempo pari a $(1/299792458)$ s | m |
| massa | M | il chilogrammo è definito come il prototipo di platino-iridio depositato presso il Bereau International des Poids et Mesures a Sevres | Kg |
| durata impropriamente detta tempo | T | il secondo è definito come la durata di 9192631770 oscillazioni della radiazione emessa dall'atomo di cesio 133 nello stato fondamentale $2S_{1/2}$ nella transizione del livello iperfine F=4,M=0 | s |

| | | | |
|---|---|---|---|
| | | al livello iperfine F=3,M=0 (*vedi figura (1.3) | |
| Intensità di corrente elettrica | I | l'ampere è definito come la corrente elettrica costante che fluendo in due conduttori rettilinei, paralleli, indefinitamente lunghi, di sezione circolare trascurabile, posti a distanza di 1 metro nel vuoto,determina tra essi una forza di $2 \cdot 10^{-7}$ per metro di conduttore | A |
| temperatura | $\theta$ | il grado kelvin è definito come la frazione di 1/273,16 della temperatura termodinamica del punto triplo dell'acqua | K |
| intensità luminosa | $I_v$ | la candela è definita come l'intensità luminosa, in una data | |

| | | | |
|---|---|---|---|
| | | direzione, di una sorgente che emette una radiazione monocromatica di frequenza $540 \cdot 10^2 H_z$ e la cui intensità energetica in tale direzione è di 1/683 w/sr | |
| quantità di sostanza | Q | la mole è definita come la quantità di sostanza di un sistema che contiene tante unità elementari quanti sono gli atomi in 0.012 kg di carbonio 12. | mol |

| GRANDEZZE FUORI SISTEMA | | | |
|---|---|---|---|
| angolo piano | | il radiante è definito come l'angolo piano con il vertice nel centro della circonferenza che sottende un arco di lunghezza pari al raggio | rad |

| angolo solido | | lo steradiante è definito come l'angolo solido con il vertice nel centro della sfera di area uguale a quella di un quadrato con lati uguali al raggio della sfera | sr |
| --- | --- | --- | --- |

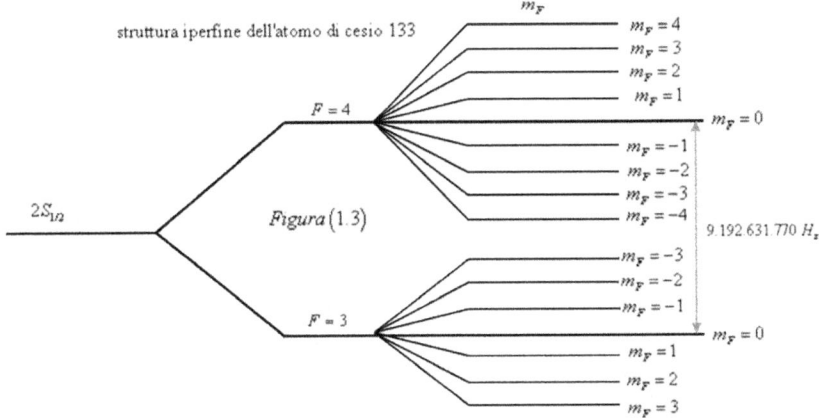

Il sistema internazionale delle unità di misura verifica le seguenti proprietà:

- è un sistema completo in quanto in esso è definito un numero di grandezze fisiche fondamentali sufficienti a rappresentare quantitativamente tutti i fenomeni osservati

- è un sistema assoluto in quanto le unità di misura sono invariabili nel tempo e nello spazio e sono definite teoricamente senza alcun riferimento a definizioni sperimentali

- è un sistema coerente in quanto il prodotto o il quoziente di più unità forniscono una nuova unità il cui valore è ancora unitario

- è un sistema decimale in quanto i multipli e i sottomultipli delle sue unità sono esprimibili come potenze del 10

- è un sistema razionalizzato in quanto i coefficienti numerici che figurano nelle leggi fisiche sono stati scelti in modo che il numero irrazionale $\pi$ appare soltanto in formule e configurazioni circolari, sferiche o cilindriche e non in quelle relative a configurazioni piane

*formazione dei multipli e sottomultipli delle unità di misura del S.I.*

Alcuni prefissi, anteposti ai simboli delle unità del S.I., permettono di esprimere i multipli e i sottomultipli secondo quanto viene riportato nella seguente tabella:

| fattore di moltiplicazione | prefisso | simbolo | nome |
|---|---|---|---|
| $10^{24}$ | yotta | Y | quadrilione |
| $10^{21}$ | zetta | Z | triliardo |
| $10^{18}$ | exa | E | trilione |
| $10^{15}$ | peta | P | biliardo |
| $10^{12}$ | tera | T | bilione |
| $10^{9}$ | giga | G | miliardo |
| $10^{6}$ | mega | M | milione |
| $10^{3}$ | kilo | K | mille |
| $10^{2}$ | etto | h | cento |
| $10^{1}$ | deca | da | dieci |
| $1 = 10^{0}$ | unità | | |
| $10^{-1}$ | deci | d | decimo |
| $10^{-2}$ | centi | c | centesimo |

| $10^{-3}$ | milli | m | millesimo |
|---|---|---|---|
| $10^{-6}$ | micro | $\mu$ | milionesimo |
| $10^{-9}$ | nano | n | miliardesimo |
| $10^{-12}$ | pico | p | bilionesimo |
| $10^{-15}$ | femto | f | biliardesimo |
| $10^{-18}$ | atto | a | trilionesimo |
| $10^{-21}$ | zepto | $z$ | triliardesimo |
| $10^{-24}$ | yocto | y | quadrilionesimo |

Il sistema internazionale delle unità di misura adotta, come è stato visto, sette grandezze fisiche fondamentali dalle quali è possibile derivare tutte le altre. Ogni grandezza fisica derivata può, dunque, esprimersi come prodotto di sette fattori, ciascuno dei quali è una potenza di esponente opportuno di una delle sette grandezze fisiche fondamentali. Sia $x$ una generica grandezza fisica derivata; è possibile scrivere la seguente equazione:

$$(2.1) \qquad [x] = L^{x_1} T^{x_2} M^{x_3} I^{x_4} \theta^{x_5} I^{x_6} Q^{x_7}$$

in cui gli esponenti: $x_1, x_2, x_3, x_4, x_5, x_6, x_7$ definiscono le dimensioni della grandezza $x$. Per indicare che di una grandezza fisica si vogliono calcolare le sue dimensioni la si deve racchiudere in parentesi quadre. Sostituendo nell'equazione (2.1) i simboli delle unità di misura si ottiene l'equazione:

$$(2.2) \qquad [x] = m^{x_1} s^{x_2} kg^{x_3} A^{x_4} K^{x_5} cd^{x_6} mol^{x_7}$$

Poiché il sistema internazionale delle unità di misura è coerente, il secondo membro dell'equazione (2.2) fornisce l'unità di misura della grandezza $x$

| principali grandezze fisiche derivate | | | | |
|---|---|---|---|---|
| Grandezza fisica | Simb. | Nome dell'unità | Simbolo unità | Espressioni in termini delle unità fondamentali |
| Frequenza | $\nu$ | Hertz | $H_z$ | $s^{-1}$ |
| Forza | $F$ | Newton | $N$ | $Kg \cdot m \cdot s^{-2}$ |
| Pressione | $p$ | Pascal | $P_a$ | $\dfrac{N}{m^2}$ |
| Energia – lavoro - calore | $E, W, Q$ | Joule | $J$ | $N \cdot m$ |
| Potenza | $P$ | Watt | $W$ | $\dfrac{J}{s}$ |
| Carica elettrica | $q$ | Coulomb | $C$ | $A \cdot s$ |
| Potenziale elettrico | $V$ | Volt | $V$ | $\dfrac{J}{C}$ |
| Resistenza elettrica | $R$ | Ohm | $\Omega$ | $\dfrac{V}{A}$ |
| Conduttanza elettrica | $G$ | Siemens | $S$ | $V^{-1} \cdot A$ |
| Capacità elettrica | $C$ | Farad | $F$ | $\dfrac{C}{V}$ |
| Induzione magnetica | $B$ | Tesla | $T$ | $\dfrac{V \cdot s}{m^2}$ |
| Flusso magnetico | $\phi(B)$ | Weber | $Wb$ | $V \cdot s$ |

| | | | | |
|---|---|---|---|---|
| Induttanza | $L$ | Henry | $H$ | $\dfrac{V \cdot s}{A}$ |
| Flusso luminoso | | Lumen | $lm$ | $cd \cdot sr$ |
| illuminamento | | Lux | $lx$ | $cd \cdot sr \cdot m^{-2}$ |
| rifrazione | $D$ | Diottria | $D$ | $m^{-1}$ |
| Attività di un radionuclide | $A$ | Becquerel | $Bq$ | $s^{-1}$ |
| Dose assorbita | $D$ | Gray | $Gy$ | $\dfrac{J}{Kg}$ |
| Dose equivalente | $H$ | Sievert | $Sv$ | $\dfrac{J}{Kg}$ |
| Dose efficace | $E$ | Sievert | $Sv$ | $\dfrac{J}{Kg}$ |
| Attività catalitica | | Katal | $kat$ | $mol \cdot s^{-1}$ |
| Area | $A$ | Metro quadro | $m^2$ | $m^2$ |
| Volume | $V$ | Metro cubo | $m^3$ | $m^3$ |
| velocità | $v$ | Metro al secondo | $\dfrac{m}{s}$ | $m \cdot s^{-1}$ |
| Velocità angolare | $\omega$ | Radiante al secondo | $\dfrac{rad}{s}$ | $rad \cdot s^{-1}$ |
| accelerazione | $a$ | Metro al secondo quadro | $\dfrac{m}{s^2}$ | $m \cdot s^{-2}$ |
| Densità | $\rho$ | Chilogrammo a metro cubo | $\dfrac{Kg}{m^3}$ | $Kg \cdot m^{-3}$ |

| | | | | |
|---|---|---|---|---|
| Volume specifico | | | | $m^3 \cdot Kg^{-1}$ |
| Volume molare | $V_m$ | | | $m^3 \cdot mol^{-1}$ |
| Capacità termica-Entropia | $C$ - $S$ | | | $\dfrac{J}{K}$ |
| Calore molare | $C_m$ - $S_m$ | | | $\dfrac{J}{K \cdot mol}$ |
| Calore specifico | $c$ - $s$ | | | $\dfrac{J}{K \cdot Kg}$ |
| Energia molare | $E_m$ | | | $\dfrac{J}{mol}$ |
| Energia specifica | $e$ | | | $\dfrac{J}{Kg}$ |
| Densità di energia | $U$ | | | $\dfrac{J}{m^3}$ |
| Tensione superficiale | $\sigma$ | | | $\dfrac{N}{m}$ |
| Densità di flusso calorico | $\delta$ | | | $\dfrac{W}{m^2}$ |
| Conduttività termica | | | | $\dfrac{W}{mK}$ |
| Viscosità cinematica | $\eta$ | | | $\dfrac{m^2}{s}$ |
| Viscosità dinamica | $\rho$ | | | $\dfrac{N \cdot s}{m^2}$ |

| | | | | |
|---|---|---|---|---|
| Densità di carica elettrica | $j$ | | | $\dfrac{A}{m^2}$ |
| Conduttività elettrica | $\rho$ | | | $\dfrac{S}{m}$ |
| Conduttività molare | $\rho$ | | | $\dfrac{S \cdot m^2}{mol}$ |
| Permittività elettrica | $\varepsilon$ | | | $\dfrac{F}{m}$ |
| Permeabilità magnetica | $\mu$ | | | $\dfrac{H}{m}$ |
| Campo elettrico | $E$ | | | $\dfrac{V}{m}$ |
| Campo magnetico | $H$ | | | $A \cdot m^{-1}$ |
| Luminanza | | | | $\dfrac{cd}{m^2}$ |

| costanti fisiche | | | |
|---|---|---|---|
| Grandezza fisica | Simbolo | Valore | Unità di misura |
| | | | |
| Velocità della luce nel vuoto | $c$ | 299752458 | $m \cdot s^{-1}$ |
| Costante dielettrica del vuoto | $\varepsilon_0$ | $8.854187817 \cdot 10^{-12}$ | $F \cdot m^{-1}$ |

| | | | |
|---|---|---|---|
| Permeabilità del vuoto | $\mu_0$ | $4\pi \cdot 10^{-7}$ | $T \cdot m \cdot A^{-1}$ |
| Costante di gravitazione universale | $G$ | $6.67259(85) \cdot 10^{-11}$ | $N \cdot m^2 \cdot Kg^{-2}$ |
| Costante di Planck | $h$ | $6.62606876(52) \cdot 10^{-34}$ | $J \cdot s$ |
| Carica dell'elettrone | $e$ | $1.602176472(52) \cdot 10^{-19}$ | $C$ |
| Massa a riposo dell'elettrone | $m_e$ | $9.10938188(72) \cdot 10^{-31}$ | $Kg$ |
| Massa a riposo del protone | $m_p$ | $1.67262158(13) \cdot 10^{-27}$ | $Kg$ |
| Massa a riposo del neutrone | $m_n$ | $1.67492716(13) \cdot 10^{-27}$ | $Kg$ |
| Unità di massa atomica | $1\ amu$ | $1.66053873(13) \cdot 10^{-27}$ | $Kg$ |
| Numero di Avogadro | $N_A$ | $6.02214199(47) \cdot 10^{23}$ | $mol^{-1}$ |
| Costante di Boltzmann | $K$ | $1.3806503(24) \cdot 10^{-23}$ | $J \cdot K^{-1}$ |
| Costante di Faraday | $F$ | $9.64853415(39) \cdot 10^4$ | $C \cdot mol^{-1}$ |
| Costante dei gas | $R$ | $8.314472(15)$ | $J \cdot K^{-1} \cdot mol^{-1}$ |
| Costante di struttura fine | $\alpha$ | $7.297352533(27) \cdot 10^{-3}$ | |
| Raggio di Bohr | $r_B$ | $5.291772083(19) \cdot 10^{-11}$ | $m$ |

| | | | |
|---|---|---|---|
| Costante di Rydberg | $R_\infty$ | $1.0973731568549(83) \cdot$ | $m^{-1}$ |
| Magnetone di Bohr | $\mu_B$ | $9.27400899(37) \cdot 10^{-24}$ | $J \cdot T^{-1}$ |
| Volume molare per gas perfetto a 1 *bar*, 0 °C | | $22.710981(40)$ | $L \cdot mol^{-1}$ |
| Energia di Hartree | $E_H$ | $4.35974381(34) \cdot 10^{-18}$ | $J$ |
| Momento magnetico dell'elettrone | $\mu_e$ | $-9.28476362(37) \cdot 10^{-24}$ | $J \cdot T^{-1}$ |
| Momento magnetico del protone | $\mu_p$ | $1.41060761(47) \cdot 10^{-26}$ | $J \cdot T^{-1}$ |
| Magnetone nucleare | $\mu_N$ | $5.0507866(17) \cdot 10^{-27}$ | $J \cdot T^{-1}$ |
| Rapporto giromagnetico del protone | $y_p$ | $2.67522128(81) \cdot 10^{8}$ | $s^{-1} \cdot T^{-1}$ |
| Costante di Stefan e Boltzmann | $\sigma$ | $5.670400(40) \cdot 10^{-8}$ | $W \cdot m^{-2} \cdot K^{4}$ |
| Prima costante di radiazione | $c_1$ | $3.7417749(22) \cdot 10^{-16}$ | $W \cdot m^{2}$ |
| Seconda costante di radiazione | $c_2$ | $1.438769(22) \cdot 10^{-2}$ | $m \cdot K$ |
| Accelerazione di gravità a livello del mare | $g$ | $9.80665$ | $m \cdot s^{-2}$ |

| costanti matematiche | | |
|---|---|---|
| *Grandezza* | *Simbolo* | *Valore* |
| *Pi greco* | $\pi$ | 3.141592653589793 |
| *Numero di Nepero* | $e$ | 2.718281828459045 |
| *Costante di Pitagora* | $\sqrt{2}$ | 1.414213562373095 |
| *Costante deliana* | $\sqrt[3]{2}$ | 1.259921049894873 |
| *Costante di Teodoro di Cirene* | $\sqrt{3}$ | 1.732050807568877 |

E' stato visto che per definire un sistema di unità di misura è necessario scegliere un certo numero di grandezze fisiche fondamentali e definire per ognuna di esse una unità di misura. Quindi, il sistema di unità di misura può cambiare sia perché si sceglie un diverso insieme di grandezze fisiche fondamentali sia perché si possono cambiare le unità di misura, mantenendo fisse le grandezze fisiche fondamentali. Quest'ultimo caso è quello che più si verifica soprattutto in un corso di fisica dove lo studente, impegnato a risolvere esercizi e problemi, è costretto, più volte, ad un cambiamento delle unità di misura.

*PER CHIARIRE IL SIGNIFICATO DI QUESTE AFFERMAZIONI*

Sia $m^{x_1} s^{x_2} kg^{x_3} A^{x_4} K^{x_5} cd^{x_6} mol^{x_7}$ l'unità di misura della grandezza $x$ nel sistema internazionale delle unità di misura e siano $\alpha, \beta, \gamma, \rho, \sigma, \mu, \eta$ *(leggere rispettivamente alfa, beta, gamma, ro, sigma, mi, eta)* i simboli che rappresentano le unità di misura delle grandezze fisiche fondamentali in un altro sistema di unità di misura e tale che siano legate a quelle del sistema internazionale dalle seguenti relazioni:

$$m = R_1\alpha$$
$$s = R_2\beta$$
$$(2.3) \quad kg = R_3\lambda$$
$$A = R_4\rho$$
$$K = R_5\sigma$$
$$cd = R_6\mu$$
$$mol = R_7\eta$$

in cui $R_1, R_2, R, R_4, R_5, R_6, R_7$ sono costanti.

Volendo conoscere come cambia l'unità di misura della grandezza $x$ quando si cambia il sistema di unità di misura è sufficiente sostituire le relazioni (2.3) nell'equazione (2.2). Così facendo, si ottiene l'equazione:

$$(2.4) \quad m^{x_1} s^{x_2} kg^{x_3} A^{x_4} K^{x_5} cd^{x_6} mol^{x_7} =$$

$$= R_1^{x_1} R_2^{x_2} R_3^{x_3} R_4^{x_4} R_5^{x_5} R_6^{x_6} R_7^{x_7} \alpha_1^{x_1} \beta_2^{x_2} \gamma_3^{x_3} \rho_4^{x_4} \sigma_5^{x_5} \mu_6^{x_6} \eta_7^{x_7}$$

che rappresenta il passaggio da un sistema di unità di misura ad un altro.

## ESEMPIO DI CAMBIAMENTO DELL'UNITÀ DI MISURA

Si supponga di conoscere il valore della velocità di un corpo nel sistema internazionale delle unità di misura: $v = 20 ms^{-1}$ e di volere conoscere il valore in un altro sistema di unità di misura che utilizza come unità di misura delle lunghezze il chilometro $km$ tale che $m = (1/1000)km$ e come unità di misura delle durate l'ora $h$ tale che $s = (1/3600)h$.

Poiché le dimensioni della velocità nel S.I. sono $\left[ LT^{-1} \right]$, la sua unità di misura è: $\dfrac{m}{s}$ e quindi si può scrivere la seguente relazione:

29

$$\frac{1m}{1s} = \frac{\frac{1}{1000}\,km}{\frac{1}{3600}\,h} = \frac{1}{1000}\cdot\frac{3600}{1}\frac{km}{h} = 3.6\frac{km}{h}$$

da cui segue l'equazione seguente:

$$(2.5) \qquad \frac{1m}{1s} = 3.6\frac{km}{h}$$

Moltiplicando per 20 primo e secondo membro della (2.5) si ottiene l'equazione:

$$20\frac{m}{s} = 72\frac{km}{h}$$

che fornisce la trasformazione richiesta.

Da queste considerazioni è possibile ricavare una utile regola pratica: quando si conosce la velocità in unità di $ms^{-1}$ e la si vuole conoscere in unità di $kmh^{-1}$ è sufficiente moltiplicarla per il fattore 3.6 ; viceversa si divide per il fattore 3.6 Analoghe considerazioni per ogni altra grandezza fisica conducono ad altrettanto regole pratiche.

FATTORI DI CONVERSIONE DI UNITÀ DI MISURA DELL'ENERGIA

| | J | kWh | kcal | Btu | tec | tep |
|---|---|---|---|---|---|---|
| J | 1 | $2.777\cdot10^{-7}$ | $2.388\cdot10^{-4}$ | $9.478\cdot10^{-4}$ | $3.412\cdot10^{-11}$ | $2.388\cdot10^{-11}$ |
| kWh | $3.600\cdot10^{6}$ | 1 | $8.600\cdot10^{2}$ | $3.412\cdot10^{3}$ | $1.228\cdot10^{-4}$ | $8.598\cdot10^{-5}$ |
| kcal | $4.186\cdot10^{3}$ | $1.162\cdot10^{-3}$ | 1 | 3.967 | $1.428\cdot10^{-7}$ | $9.998\cdot10^{-8}$ |
| Btu | $1.055\cdot10^{3}$ | $2.930\cdot10^{-4}$ | $2.520\cdot10^{-1}$ | 1 | $3.599\cdot10^{-8}$ | $2.519\cdot10^{-8}$ |
| tec | $3.098\cdot10^{10}$ | $8.606\cdot10^{3}$ | $7.401\cdot10^{6}$ | $2.937\cdot10^{7}$ | 1 | $7.4\cdot10^{-1}$ |
| tep | $4.186\cdot10^{10}$ | $1.163\cdot10^{4}$ | $10^{7}$ | $3.968\cdot10^{7}$ | 1.351 | 1 |

(J): joule, (kWh): kilowattora, (kcal): kilocaloria, (Btu): British thermal unit, (tec): tonnellate equivalenti di carbone, (tep): tonnellate equivalenti di petrolio.

Ogni relazione che esprime una legge fisica si ottiene indipendentemente dal sistema di unità di misura adottato. Ciò implica che i due membri di una equazione devono essere omogenei e quindi devono avere le stesse dimensioni. Per contro, se due grandezze fisiche hanno le stesse dimensioni non sono necessariamente omogenee. Infatti, se si considera la *grandezza fisica lavoro* $W$, definita come prodotto scalare del vettore forza per il vettore spostamento, nel sistema internazionale delle unità di misura ha le dimensioni:

$$(2.6) \qquad [W] = ML^2T^{-2}$$

inoltre, se si considera la grandezza fisica momento $\vec{M}$ di una forza applicata in un punto, definito come prodotto vettoriale del vettore forza e del vettore posizione che individua il punto di applicazione della forza, nel sistema internazionale delle unità di misura ha le dimensioni seguenti:

$$(2.7) \qquad [M] = ML^2T^{-2}$$

che coincidono con le dimensioni del lavoro. Quindi ci si trova di fronte a due grandezze fisiche che per definizione non sono omogenee ed hanno le stesse dimensioni. Questa è la ragione per la quale si è indotti ad assumere due grandezze fisiche fuori sistema: *l'angolo piano e l'angolo solido*. Infatti, definendo il momento di una forza facendo uso dell'equazione di rotazione $M = I\alpha$ in cui $I$ rappresenta il *momento di inerzia* e $\alpha$ l'angolo di rotazione, si ottiene che il momento ha le seguenti dimensioni:

$$(2.8) \qquad [M] = ML^2T^{-2}\alpha$$

che sono diverse, per la presenza dell'angolo piano $\alpha$, dalle dimensioni del lavoro.

*Il concetto di omogeneità di un'equazione fisica può essere utilizzato sia per controllare una formula qualora si avessero dubbi sulla sua trascrizione, sia per determinare la struttura di una legge fisica*

Si supponga di aver eseguito un esperimento in laboratorio e di avere raccolto l'informazione che il periodo di un pendolo semplice dipende solo dalla lunghezza $l$ e dall'accelerazione di gravità $g$. In termini matematici la questione si sintetizza come:

$$(2.9) \qquad \tau = f(l, g)$$

Orbene, il problema è quello di conoscere la struttura dell'equazione (2.9). A questo proposito si osservi che le dimensioni di $\tau$ sono:

$$(2.10) \qquad [\tau] = L^0 T M^0 I^0 \theta^0 I_v^0 Q^0 = T$$

quindi $f(l, g)$ deve avere le stesse dimensioni di $\tau$

$$(2.11) \qquad [f(l, g)] = L^0 T M^0 I^0 \theta^0 I_v^0 Q^0 = T$$

Poiché $g$ è un'accelerazione, le sue dimensioni sono:

$$(2.12) \qquad [g] = L T^{-2} M^0 I^0 \theta^0 I_v^0 Q^0 = L T^{-2}$$

Allora l'equazione (2.11) si potrà scrivere, ponendo in luogo di $l$ il suo simbolo dimensionale, come:

$$L^{x_1} \left( L T^{-2} \right)^{x_2} = T \Rightarrow L^{x_1} L^{x_2} T^{-2x_2} = T \Rightarrow L^{x_1 + x_2} T^{-2x} = T$$

Affinché quest'equazione sia soddisfatta si deve verificare:

$$\begin{cases} x_1 + x_2 = 0 \\ -2x_2 = 1 \end{cases} \Rightarrow \begin{cases} x_1 = \dfrac{1}{2} \\ x_2 = -\dfrac{1}{2} \end{cases}$$

Quindi si ha $\tau = l^{\frac{1}{2}} g^{-\frac{1}{2}}$ da cui segue $\tau = \sqrt{\dfrac{l}{g}}$. Poiché nel calcolo dimensionale non intervengono le costanti numeriche, è opportuno tenerne conto e scrivere la seguente equazione:

$$(2.13) \qquad \tau = k \sqrt{\frac{l}{g}}$$

in cui $k$ deve essere sperimentalmente determinata.

Questo esempio mostra come sulla base del calcolo dimensionale e di poche informazioni sulla dipendenza funzionale delle grandezze fisiche sia possibile determinare la struttura di una legge fisica che, d'altro canto, solo il controllo sperimentale può garantire la sua validità.

# 3. ESERCITAZIONI NUMERICHE

| Esercizio 1 |
|---|

Si calcolino le dimensioni della lunghezza L e della velocità v nel *sistema di misura* che assume come grandezze fisiche fondamentali la forza F, la massa M e il tempo T . Inoltre, si calcolino le dimensioni della costante G di gravitazione universale sia in questo sistema che nel sistema internazionale.

Dall'equazione fondamentale della dinamica si ricava l'accelerazione $a$ :

$$(3.1.1) \qquad a = \frac{F}{m}$$

Dalla definizione di accelerazione si ricava:

$$(3.1.2) \qquad a = \frac{dv}{dt}$$

Confrontando le equazioni (3.1.1) e (3.1.2) si ricava l'equazione:

$$(3.1.3) \qquad dv = \frac{F}{m} dt$$

da cui seguono le dimensioni di $v$:

$$(3.1.4) \qquad [v] = FM^{-1}T$$

Dalla definizione di velocità si ha:

$$(3.1.5) \qquad v = \frac{ds}{dt}$$

e tenendo conto dell'equazione (3.1.4) si hanno le dimensioni della lunghezza $L$:

$$(3.1.6) \qquad [L] = FM^{-1}T^2$$

Dall'equazione $F = G\dfrac{m_1 m_2}{r^2}$ si ricava la costante $G$:

$$(3.1.7) \qquad G = \frac{Fr^2}{m_1 m_2}$$

in cui $r^2$ esprime il quadrato della distanza tra le due masse. Tenendo conto dell'equazione (3.1.6) si hanno le dimensioni di $G$:

$[G] = FM^{-2}\left[FM^{-1}T^2\right]^2 = F^3 M^{-4} T^4$ da cui segue l'equazione:

$$(3.1.8) \qquad [G] = F^3 M^{-4} T^4$$

Nel sistema internazionale la lunghezza $L$ è una grandezza fondamentale e la forza $F$ è una grandezza derivata; in tale sistema la forza ha le dimensioni espresse dall'equazione:

$$(3.1.9) \qquad [F] = LMT^{-2}$$

che posta nell'equazione (3.1.8) consente di scrivere le dimensioni di $G$ nel sistema internazionale:

$$(3.1.10) \qquad [G] = \left[LMT^{-2}\right]^3 M^{-4} T^4 = L^3 M^{-1} T^{-2}$$

| Esercizio 2 |
|---|
| |

Un sistema di unità di misura assume come grandezze fisiche fondamentali la quantità di calore Q, la lunghezza L e il tempo T e come unità di misura rispettivamente la caloria cal, il metro m e il secondo s . Si calcolino, in tale sistema, le dimensioni ed il valore numerico della costante di gravitazione G .

Poiché la quantità di calore $Q$ è una grandezza fisica omogenea con il lavoro ha le sue stesse dimensioni che nel sistema internazionale sono date dalla seguente equazione:

$$(3.2.1) \qquad [Q] = L^2 M T^{-2}$$

da cui si ricava la seguente equazione:

$$(3.2.2) \qquad M^{-1} = L^2 [Q]^{-1} T^{-2}$$

che utilizzata nell'equazione (3.1.10) dell'esercizio precedente fornisce l'equazione:

$$(3.2.3) \qquad [G] = L^3 L^2 [Q]^{-1} T^{-2} T^{-2} = L^5 [Q]^{-1} T^{-4}$$

in cui considerando la quantità di calore $Q$ come grandezza fisica fondamentale si ottiene l'equazione:

$$(3.2.4) \qquad [G] = L^5 Q^{-1} T^{-4}$$

che esprime le dimensioni della costante di gravitazione universale $G$ nel sistema di misura che adotta come grandezze fondamentali la quantità di calore $Q$, la lunghezza $L$ e il tempo $T$ . Il valore numerico di $G$ nel sistema internazionale è:

$$(3.2.5) \qquad G = 6.67 \cdot 10^{-11} m^3 kg^{-2} s^{-2}$$

Osservando che il valore numerico del rapporto tra la caloria e il joule è:

$$(3.2.6) \qquad 1cal = 4.186 Joule$$

si può scrivere, tenendo conto dell'equazione (3.2.1), la seguente equazione:

$$(3.2.7) \qquad 1cal = 4.186 m^2 kgs^{-2}$$

da cui si ottiene:

$$(3.2.8) \qquad kg^{-1} = 4.186 m^2 cal^{-1} s^{-2}$$

che posta nell'equazione (3.2.5) fornisce il richiesto valore numerico della costante $G$ :

$$G = 6.67 \cdot 10^{-11} m^3 \cdot \left(4.186 m^2 cal^{-1} s^{-2}\right)^2 s^{-2}$$

$$\Rightarrow$$

$$(3.2.9) \qquad G = 1.17 \cdot 10^{-9} cal^{-2} m^7 s^{-6}$$

---

| Esercizio 3 |
| --- |

Un sistema di unità di misura assume come grandezze fisiche fondamentali la Potenza $P$, il volume $V$ e l'accelerazione $A$ e come unità di misura rispettivamente il *watt*, il *litro* e il $\dfrac{m}{s^2}$. Determinare in tale sistema: le dimensioni, il valore numerico e l'unità di misura della costante di gravitazione universale $G$.

Per calcolare le dimensioni di $G$ si osservi che si possono scrivere le seguenti relazioni:

$$(3.3.1) \quad [G] = P^{x_1} V^{x_2} A^{x_3} \qquad (3.3.2) \quad \begin{aligned} [P] &= ML^2T^{-3} \\ [V] &= L^3 \\ [A] &= LT^{-2} \end{aligned}$$

Combinando le equazioni (3.3.1) con le equazioni (3.3.2) si ottiene l'equazione:

$$(3.3.3) \quad [G] = \left[ML^2T^{-3}\right]^{x_1} \left[L^3\right]^{x_2} \left[LT^{-2}\right]^{x_3}$$

il cui confronto con l'equazione (3.1.10) dell'esercizio 1 fornisce l'equazione:

$$(3.3.4) \quad [G] = M^{x_1} L^{2x_1+3x_2+x_3} T^{-3x_1-2x_2} = M^{-1}L^3T^{-2}$$

da cui segue il seguente sistema:

$$(3.3.5) \quad \begin{cases} x_1 = -1 \\ 2x_1 + 3x_2 + x_3 = 3 \\ 3x_1 + 2x_3 = 2 \end{cases}$$

che risolto fornisce le dimensioni di: $G$

$$(3.3.6) \quad \begin{cases} x_1 = -1 \\ x_2 = \dfrac{5}{6} \\ x_3 = \dfrac{5}{2} \end{cases} \quad \text{quindi si ottiene: } [G] = P^{-1}V^{\frac{5}{6}}A^{\frac{5}{2}}$$

Pertanto, il valore numerico di $G$ sarà:

$$G = 6.67 \cdot 10^{-11} W^{-1} \left( m^3 \right)^{\frac{5}{6}} \left( ms^{-2} \right)^{\frac{5}{2}} \Rightarrow$$

$$G = 6.67 \cdot 10^{-11} W^{-1} \left( 10^3 l \right)^{\frac{5}{6}} \left( ms^{-2} \right)^{\frac{5}{2}} \Rightarrow$$

$$G = 6.67 \cdot 10^{-11} W^{-1} 10^2 \sqrt{10} l^{\frac{5}{6}} \left( ms^{-2} \right)^{\frac{5}{2}} \Rightarrow$$

$$G = 2.11 \cdot 10^{-8} W^{-1} l^{\frac{5}{6}} \left( ms^{-2} \right)^{\frac{5}{2}}$$

---

### Esercizio 4

Determinare il cambiamento del valore della grandezza fisica lavoro W quando cambia l'unità di misura passando dal sistema internazionale ai sistemi c.g.s., degli ingegneri e all'unità pratica.

Nel sistema internazionale il lavoro W soddisfa la seguente equazione dimensionale:

$$(3.4.1) \qquad [W] = L^2 M T^{-2}$$

in cui sostituendo i simboli delle unità di misura si ottiene la seguente equazione:

$$(3.4.2) \qquad [J] = m^2 kg s^{-2}$$

Nel sistema c.g.s. l'unità di misura delle lunghezze, delle masse e del tempo sono rispettivamente il centimetro $cm$, il grammo $g$ e il secondo $s$, legate a quelle del sistema internazionale dalle seguenti relazioni:

$$(3.4.3) \quad m = 100 cm = 10^2 cm \quad ; \quad kg = 1000 g = 10^3 g \quad ; \quad s = s$$

Sostituendo queste relazioni nell'equazione (3.4.2) si ottiene seguente equazione:

$$[J] = m^2 kgs^{-2} = 10^4 cm^2 \cdot 10^3 gs^{-2} = 10^7 cm^2 gs^{-2}$$

in cui ponendo $[erg] = cm^2 gs^{-2}$ si ottiene:

$$(3.4.4) \qquad 1J = 10^7 erg$$

Nel sistema degli ingegneri il lavoro $W$ soddisfa la seguente equazione dimensionale:

$$(3.4.5) \qquad [W] = FL$$

Infatti, questo sistema assume come grandezza fondamentale la forza invece che la massa. Sostituendo i simboli dell'unità di misura si ottiene l'equazione:

$$(3.4.6) \qquad [kgm] = kg_p m$$

Poiché è: $1kg_p = 9.8N$ si ha: $1kg_p \cdot 1m = 9.8Nm$ da cui segue:

$$(3.4.7) \qquad 1kg_p \cdot 1m = 9.8J = 9.8 \cdot 10^7 erg$$

La caloria è l'unità di misura della quantità di calore; sperimentalmente si dimostra che calore e lavoro sono equivalenti e perciò la caloria può essere anche utilizzata per misurare il lavoro. Risulta:

$$(3.4.8) \qquad 1cal = 4.186J$$

Quindi, possiamo scrivere la seguente relazione:

$$(3.4.9) \qquad 1cal = 4.186J = 4.186 \cdot 10^7 erg = 0.427 kg_p m$$

---

| Esercizio 5 |
| --- |

| Determinare il cambiamento del valore della grandezza fisica pressione quando cambia l'unità di misura: |
| --- |

$$pascal, atm, bar, barìa, \frac{dine}{cm^2}$$

Nel sistema internazionale la pressione soddisfa la seguente equazione dimensionale:

$$(3.5.1) \qquad [P] = L^{-1}MT^{-2}$$

in cui sostituendo i simboli delle unità di misura si ottiene l'equazione che esprime il , pascal:

$$(3.5.2) \qquad [P_a] = m^{-1}kgs^{-2}$$

L'atmosfera $atm$ è la pressione esercitata da una colonna di mercurio alta 76 cm al livello del mare e alla temperatura di $15°C$ ; per il principio di Stevino è:

$$1atm = \rho gh = 13.59 \frac{g}{cm^3} \cdot 980 \frac{cm}{s^2} \cdot 76cm$$

$$\left( \begin{array}{l} \rho = \text{densità di mercurio} \\ g = \text{accelerazione di gravità} \\ h = \text{altezza della colonna di mecurio} \end{array} \right)$$

Segue:

$$(3.5.3) \qquad 1atm \cong 1.01 \cdot 10^6 \, gcm^{-1}s^{-2}$$

in cui osservando che $gcm^{-1}s^{-2} = \dfrac{dine}{cm^2}$ si ottiene:

$$(3.5.4) \qquad 1atm \cong 1.01 \cdot 10^6 \frac{dine}{cm^2}$$

Osservando che valgono le relazioni:

$$(3.5.5) \qquad 1g = 10^{-3} kg \quad ; \quad 1cm = 10^{-2} m$$

si ottiene: $gcm^{-1}s^{-2} = 10^{-1}kgm^{-1}s^{-2}$ che posta nell'equazione (3.5.3) fornisce la relazione tra $atm$ e $P_a$:

$$(3.5.6) \qquad 1atm \cong 1.01 \cdot 10^5 kgm^{-1}s^2 = 1.01 \cdot 10^5 P_a$$

Inoltre osservando che per definizione è: $1bar = 10^6 \dfrac{dine}{cm^2}$ si ha, per la (3.5.4), la seguente espressione:

$$(3.5.7) \qquad 1atm = 1.01 bar$$

e osservando che la barìa è per definizione:

$$(3.5.8) \qquad 1barìa = 1\dfrac{dine}{cm^2}$$

Si può scrivere, per le equazioni (3.5.4) e (3.5.6), la seguente equazione:

$$(3.5.9) \qquad 1atm \cong 1.01 \cdot 10^6 barìa = 1.01 \cdot 10^5 P_a$$

da cui segue l'equazione:

$$(3.5.10) \qquad 1P_a = 10barìa$$

---

| Esercizio 6 |
| --- |

Un corpo ha la massa $m = 200g$, esprimi il suo peso $P$ nei sistemi di unità di misura: c.g.s., internazionale e degli ingegneri.

Dall'equazione fondamentale della dinamica si ha che il peso di un corpo è:

$$(3.6.1) \qquad P = mg$$

in cui $m$ è la massa e $g$ l'accelerazione di gravità.

Nel sistema $c.g.s.$ è $m = 200g$ e $g = 980 \dfrac{cm}{s^2}$ quindi si ha:

$$P = 200 \cdot 980 = 1.96 \cdot 10^5 \, dine.$$

Nel sistema internazionale è: $m = 0.2kg$ e $g = 9.8 \dfrac{m}{s^2}$ quindi ha:

$$P = 0.2kh \cdot 9.8 \dfrac{m}{s^2} = 1.96N$$

Nel sistema degli ingegneri il $kg_p$ è il peso di un corpo che ha la massa unitaria; si ha: $P = 200g = 0.2kg_p$.

Si osservi che talvolta capita di trovare il peso espresso semplicemente in $kg$ invece che in $kg_p$; è evidente che si tratta di un grossolano errore dimensionale, dato che il $kg$ è l'unità di massa mentre il $kg_p$ è l'unità di forza. Tuttavia in pratica si trascura spesso di precisare di quale chilogrammo si tratti. Una frase come la seguente "*un uomo di 80kg* " va intesa nel senso che l'uomo ha una massa di $80kg$ e un peso di $80kg \cdot 9.8 \dfrac{m}{s^2} = 784N = 784 \cdot 10^7 \, dine = 80kg_p$ in cui si è tenuto conto della seguente relazione:

$$(3.6.2) \qquad 1kg_p = 9.8N$$

# 1.1 TEMPERATURA E TERMOMETRI

Osserviamo che i fenomeni che riguardano il calore costituiscono un insieme di eventi naturali che, pur facendo parte della vita quotidiana, hanno messo a dura prova le menti dei più illustri scienziati del passato. Questi fenomeni, grazie allo sviluppo delle conoscenze che riguardano la produzione di calore per attrito hanno subito, nel secolo scorso, un notevole sviluppo soprattutto ad opera di Benjamin Thompson, un americano che più tardi doveva diventare il conte di Rumford di Baviera; a tal proposito egli si espresse nel modo seguente:

" ........ *nel ragionare su questo argomento, noi non dobbiamo dimenticare di considerare la circostanza, estremamente importante, che la sorgente del calore generato mediante attrito in questi esperimenti appariva inesauribile ..... mi pareva pertanto estremamente difficile, se non impossibile, formarsi l'idea precisa di una qualche cosa capace di essere eccitato e comunicato nel modo in cui il calore veniva eccitato in questi esperimenti, che non fosse il moto.*"

Il senso termico, di cui l'uomo è dotato, induce ad esprimere giudizi sullo stato termico di un ambiente, per esempio: " oggi fa molto caldo "; ancora, il suo senso tattile consente di verificare se due corpi sono ugualmente caldi o, diversamente, quale dei due è più caldo. Considerazioni di questo tipo inducono a classificare i corpi secondo il criterio che il corpo più caldo segue il corpo meno caldo, ottenendo un ordinamento secondo lo stato termico crescente. Fissando arbitrariamente uno dei corpi quale corpo di riferimento e attribuendo convenzionalmente al suo stato termico il valore zero, si potranno attribuire valori numerici positivi agli stati termici dei corpi più caldi e valori numerici negativi agli stati termici dei corpi più freddi. Si ottiene, in tal modo, una scala discontinua che esprime numericamente gli stati termici dei corpi considerati *(vedi figura (1.1.1))*

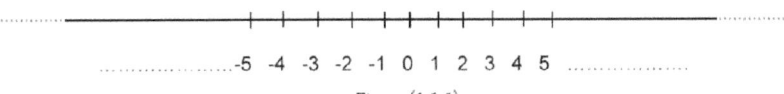

Figura(1.1.1)

Naturalmente questo tipo di classificazione è tanto più distintiva quanto più è fitta la serie dei corpi considerati e quanto più è fine il senso termico il quale, peraltro, non è idoneo a garantire la scientificità delle operazioni. Per rendersene conto è sufficiente osservare che immergendo le mani destra e sinistra rispettivamente in una bacinella di acqua calda e in una bacinella di acqua fredda e, successivamente, entrambe in una bacinella di acqua tiepida, la mano destra avvertirà una sensazione di freddo e la mano sinistra avvertirà una sensazione di caldo. Questa situazione determina un forte imbarazzo nell'operatore, in quanto, egli, non è in grado di esprimere un giudizio sullo stato termico della bacinella di acqua tiepida.

*Si definisce temperatura la grandezza fisica che descrive lo stato termico di un corpo*

Volendo assegnare un valore numerico alla temperatura di un corpo secondo un criterio oggettivo in modo da garantire la scientificità dei risultati, è necessario sostituire il senso termico con un opportuno strumento individuato nell'insieme dei fenomeni termici nei quali l'esperienza mostra che quando varia la temperatura di un corpo variano, in genere, le sue dimensioni, la sua resistenza elettrica, la sua tensione di vapore ecc., ed avvengono fenomeni più complicati e spesso di fondamentale importanza per la misura di una temperatura come, per esempio, variando la temperatura di un corpo varia il rendimento di una macchina termica nella quale il corpo funziona come una delle sorgenti. Così, ponendo una massa di mercurio in un bulbo di vetro a collo molto lungo *(vedi figura (1.1.2))*, si ottiene un corpo in grado di sostituire il senso termico.

*A questo corpo si dà il nome di termoscopio*

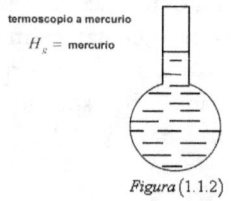

termoscopio a mercurio

$H_g$ = mercurio

*Figura* (1.1.2)

Sperimentalmente si osserva che ponendo il termoscopio a contatto con un corpo, il suo livello di mercurio varia, aumenta se il corpo è più caldo e diminuisce nel caso sia più freddo. Comunque, trascorso un tempo sufficientemente lungo, il livello di mercurio cessa di variare e si stabilizza su una posizione che dipende dal corpo con cui è in contatto; si dirà, in tal caso, che il corpo è in *equilibrio termico* con il termoscopio. Due corpi e *A B (vedi figura (1.1.3))*, sono in equilibrio termico tra loro

44

quando, posti uno per volta a contatto con il termoscopio, si disporranno in equilibrio termico con esso ed il livello di mercurio si arresta nella identica posizione per entrambi i corpi *(principio zero della termodinamica)*. Per conseguire l'obiettivo di assegnare un valore numerico alla temperatura di un corpo è necessario individuare un insieme di corpi di riferimento che abbiano, sotto opportune condizioni, uno stato termico costante e facilmente riproducibile. Per semplicità si individuano soltanto due corpi:

- una miscela acqua - ghiaccio alla pressione di $1.012 \cdot 10^5 \, Pa$

- una certa quantità di acqua in ebollizione alla pressione $1.012 \cdot 10^5 \, Pa$

Ponendo il termoscopio a contatto con la miscela acqua - ghiaccio, si osserva sperimentalmente che, raggiunto l'equilibrio termico, il livello di mercurio si mantiene costante fino a quando il ghiaccio non si è completamente sciolto in acqua.

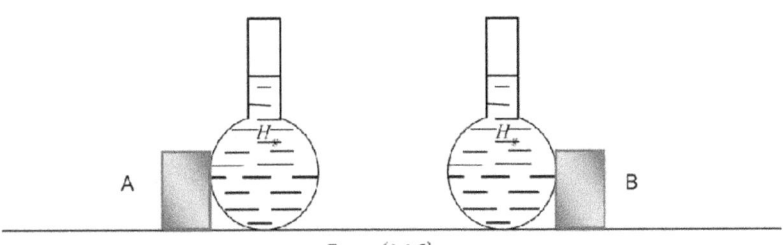

*Figura* (1.1.3)

*Al livello di mercurio del termoscopio, in equilibrio termico con una miscela acqua - ghiaccio alla pressione di* $1.012 \cdot 10^5 \, Pa$, *si assegna il valore numerico* 0 °C *(zero gradi centigradi)*.

Ciò fatto si pone il termoscopio a contatto con una certa quantità di acqua in ebollizione, si osserva sperimentalmente che, raggiunto l'equilibrio termico, il livello di mercurio si mantiene costante fino a quando l'acqua non è completamente evaporata.

*Al livello di mercurio del termoscopio, in equilibrio termico con una certa quantità di acqua che bolle alla pressione di* $1.012 \cdot 10^5 \, Pa$ *si assegna il valore numerico* 100 °C *(cento gradi centigradi)*

Quindi, il termoscopio diventa un *termometro* e la temperatura di un corpo, che abbia un valore espresso nell'intervallo $\left(0\ °C, \ldots\ldots\ldots, 100\ °C\right)$ si può determinare richiedendo che tra la temperatura di un corpo ed il livello di mercurio ci sia una relazione lineare del tipo:

$$(1.1.1) \qquad t = al + b$$

in cui $t$ rappresenta la temperatura, $l$ il livello di mercurio, $a$ e $b$ due costanti da determinarsi.

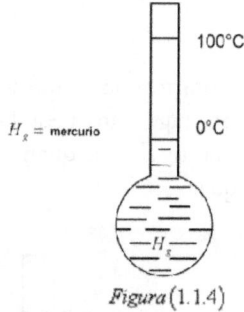

*Figura* $(1.1.4)$

Poiché sono stati fissati gli stati termici di riferimento, le costanti e $a$ $b$ che figurano nell'equazione $(1.1.1)$ possono essere facilmente determinate. Infatti, ponendo $t = 0\ °C$ l'equazione $(1.1.1)$ diventa:

$$(1.1.2) \qquad b = -al_0$$

in cui $l_0$ indica il livello di mercurio a $0\ °C$, invece ponendo $t = 100\ °C$ si ha:

$$(1.1.3) \qquad b = 100\ °C - al_{100}$$

in cui $l_{100}$ indica il livello di mercurio a $100\ °C$.

Confrontando le equazioni $(1.1.2)$ e $(1.1.3)$ si ottiene la seguente equazione:

$$(1.1.4) \qquad a = \frac{100\ °C}{l_{100} - l_0}$$

Usando questo valore di $a$ nell'equazione $(1.1.2)$ si ottiene il valore di $b$ :

$$(1.1.5) \qquad b = 100 \; ^{\circ}C \frac{l_0}{l_{100} - l_0}$$

Tenendo conto delle equazioni $(1.1.4)$ e $(1.1.5)$ l'equazione $(1.1.1)$ si potrà scrivere nel modo seguente:

$$(1.1.6) \qquad t = 100 \; ^{\circ}C \frac{l - l_0}{l_{100} - l_0}$$

Questa equazione consente di determinare la temperatura di un corpo in modo univoco nell'intervallo $\left( 0 \; ^{\circ}C, \ldots\ldots\ldots, 100 \; ^{\circ}C \right)$ riconducendola alla semplice misura del livello di mercurio. Va comunque sottolineato che l'uso di questa equazione diventa legittimo solo quando ci si è garantiti, sperimentalmente, della linearità tra la temperatura ed il livello di mercurio; in tal modo si è definita una scala di temperatura nell'intervallo $\left( 0 \; ^{\circ}C, \ldots\ldots\ldots, 100 \; ^{\circ}C \right)$ basata sulle dilatazioni del mercurio posto dentro un bulbo di vetro. Se le stesse operazioni venissero eseguite con una sostanza termometrica che non fosse il mercurio, comunque soddisfacente alla richiesta di linearità tra temperatura e *proprietà termometrica*, la temperatura di un corpo avrebbe ancora un valore univocamente definito attraverso un'equazione del tipo $(1.1.6)$ ma non coincidente con quello ottenuto utilizzando come sostanza termometrica il mercurio. Nasce così il problema di decidere tra tutte le possibili sostanze termometriche e tra tutte le proprietà termometriche quali scegliere. Facendo ricorso all'esperienza, si osserva che se si utilizzano come sostanze termometriche i gas a pressioni molte basse, si possono ottenere, attraverso un'equazione del tipo $(1.1.6)$, valori di temperatura indipendenti dal particolare gas utilizzato, sicché resta da decidere solo della proprietà termometrica di cui si intende fare uso. Poiché nei sistemi gassosi vi sono relazioni lineari tra temperatura, volume e pressione, ragioni di carattere operativo consigliano di scegliere come proprietà termometrica la pressione mantenendo costante il volume, allora la misura della temperatura di un corpo è ricondotta a misure di pressioni secondo la relazione seguente:

$$(1.1.7) \qquad t = 100 \ °C \ \frac{p - p_0}{p_{100} - p_0}$$

Facendo l'ipotesi che la linearità tra temperatura e pressione sia valida anche per valori di pressione tali che sia $p < p_0$ e $p > p_0$, l'equazione $(1.1.7)$ può essere usata per definire la temperatura di un corpo sia all'interno che all'esterno dell'intervallo $(0 \ °C, ................, 100 \ °C)$ Ponendo $p = 0$, l'equazione $(1.1.7)$ fornisce l'intercetta sull'asse delle temperature il cui valore è dato dalla seguente equazione:

$$(1.1.8) \qquad t = -100 \ °C \ \frac{p_0}{p_{100} - p_0}$$

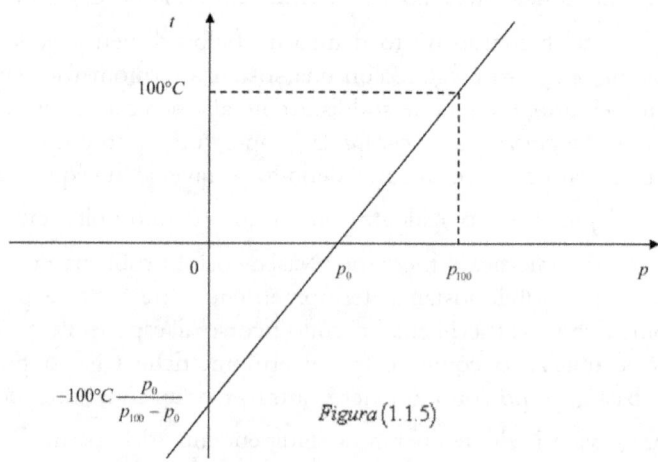

Figura $(1.1.5)$

Il valore di temperatura fornito dall'equazione $(1.1.8)$ è un valore limite in quanto, normalmente, non ha senso fisico annullare la pressione del gas; ciò nondimeno, esso è stato sperimentalmente

determinato ed è stato trovato un valore pari a circa $-273.15\,°C$.
Poiché nella determinazione di questo valore c'è un certo disaccordo
tra i diversi laboratori che lo hanno determinato per la difficoltà di
riprodurre gli stati termici di riferimento, il Comitato Internazionale di
Pesi e Misure, nel 1954, ha adottato una scala di temperatura basandosi
su un solo stato termico di riferimento: *il punto triplo dell'acqua* che si
riproduce molto facilmente alla temperatura di $0.01\,°C$ e alla
pressione di $610.465 P_a$ , e assegnando il valore $0\,°$ *(zero gradi)*
all'intercetta data dall'equazione $(1.1.8)$. Quindi, la relazione tra
temperatura e pressione sarà del tipo seguente:

$$(1.1.9) \qquad t = ap$$

Indicando con $p_3$ il valore di pressione che si ha quando un
termometro a gas è in equilibrio termico con il sistema acqua-ghiaccio-
vapore acqueo e assegnando il valore di $273.16°$ (gradi) alla sua
temperatura, si può determinare la costante $a$. Infatti ponendo
nell'equazione $(1.1.9)$ $t = 273.16°$ e $p = p_3$ si ottiene la seguente
equazione:

$$(1.1.10) \qquad a = \frac{276.16°}{p_3}$$

Usando questo valore di $a$ nell'equazione $(1.1.9)$ è possibile scrivere
la seguente equazione:

$$(1.1.11) \qquad t = 273.16° \frac{p}{p_3}$$

che, nel limite di pressioni molto basse, definisce una scala continua di
temperatura detta *scala delle temperature del gas perfetto*. Per un termometro
a gas a volume costante, la temperatura è definita come:

$$(1.1.12) \qquad t = 273.16° \lim_{p_3 \to 0} \frac{p}{p_3} \qquad \left(V = \text{cost}\right)$$

La minima temperatura che può essere misurata con un termometro a gas a pressione molto bassa è dell'ordine di $1°$ quando si usa come sostanza termometrica l'elio; per questo valore di temperatura l'elio diventa liquido. Nel capitolo successivo si farà vedere che è possibile definire una scala di temperatura indipendente dalle proprietà di qualsiasi sostanza, detta *scala assoluta delle temperature o scala Kelvin*. Altresì si farà vedere che, per temperature superiori ad $1°$, la scala del gas perfetto e la scala Kelvin coincidono. Anticipando questo risultato si scriverà $K$ a seguito dei valori di temperatura definiti dalla scala del gas perfetto e si userà il simbolo $T$ in luogo del simbolo $t$. Pertanto l'equazione (1.1.12) si scriverà come:

$$(1.1.13) \qquad T = 273.16K \lim_{p_3 \to 0} \frac{p}{p_3}$$

E' opportuno sottolineare che l'impiego del termometro a gas a volume costante, quale strumento per la determinazione della temperatura, è molto difficoltoso nella pratica, pertanto il suo uso viene limitato ai laboratori scientifici per la determinazione della temperatura di stati termici di riferimento che servono alla costruzione di una scala di temperatura che approssimi in maniera soddisfacente la scala Kelvin. A questa scala di temperatura si dà il nome di *scala pratica internazionale delle temperature* e consiste nella determinazione di un insieme di stati termici di riferimento ed un insieme di norme, metodi e strumenti che servono ad interpolare fra gli stati termici di riferimento e ad estrapolare al di sopra dei loro valori estremi.

| STATI TERMICI DI RIFERIMENTO DELLA SCALA PRATICA INTERNAZIONALE DELLE TEMPERATURE | | |
|---|---|---|
| campioni principali | | |
| Stato termico | $°C$ | $K$ |
| punto triplo dell'acqua | 0.01 | 273.16 |
| punto triplo dell'idrogeno | −259.34 | 13.81 |
| PEN dell'idrogeno | −252.88 | 20.27 |
| PEN dell'ossigeno | −182.97 | 90.18 |

| PEN dell'acqua | 100.00 | 373.15 |
|---|---|---|
| PFN dell'acqua | 0.00 | 273.15 |
| PFN dello zinco | 419.58 | 692.73 |
| PFN dell'antimonio | 630.50 | 903.65 |
| PFN dell'argento | 961.93 | 1235.08 |
| PFN dell'oro | 1064.43 | 1337.58 |
| *PFN = punto di fusione normale* | | |
| *PEN = punto di ebollizione normale* | | |
| | | |
| campioni secondari | | |
| punto triplo dell'elio | −268.93 | 4.22 |
| PEN del neon | −246.09 | 27.06 |
| PEN dell'azoto | −159.81 | 113.34 |
| PFN del mercurio | −38.86 | 234.29 |
| PEN della naftalina | 217.96 | 491.11 |
| PEN dello stagno | 231.91 | 505.06 |
| PFN del cadmio | 320.90 | 594.05 |
| PFN del piombo | 327.30 | 600.45 |
| PFN del platino | 1772.00 | 2045.15 |
| PFN del tunghsteno | 3387.00 | 3660.15 |
| Tabella $(1.1.1)$ | | |

Le attuali norme della scala pratica internazionale delle temperature suddividono le temperature superiori al punto triplo dell'idrogeno in tre intervalli:

1. dal punto triplo dell'idrogeno al punto di fusione normale dell'antimonio $\left(-259.34\ {}^{\circ}C \div 630.50\ {}^{\circ}C\right)$; in questo intervallo si usa il termometro a resistenza di platino

2. dal punto di fusione normale dell'antimonio al punto di fusione normale dell'oro $\left(630.50\ {}^{\circ}C \div 1064.43\ {}^{\circ}C\right)$; in questo intervallo si usa il termometro a termocoppia di platino+10% rodio platino

3. oltre il punto di fusione normale dell'oro si usa un termometro a radiazione parziale, ovvero il pirometro monocromatico che confronta l'intensità di emissione per una data frequenza, della sorgente calda con quella corrispondente emessa da un corpo nero mantenuto al punto di fusione normale dell'oro.

## 1.2   RELAZIONI TRA SCALE DI TEMPERATURA

Nel paragrafo precedente è stato visto che il valore sperimentale dell'intercetta fornito dall'equazione $\left(1.1.8\right)$ è pari a $-273.15\ {}^{\circ}C$, altresì è stato visto che assegnando il valore $0\ ^{\circ}$ a questa intercetta ed il valore $273.16^{\circ}$ alla temperatura del punto triplo dell'acqua, si è definita la scala delle temperature del gas perfetto che, per valori superiori al grado, coincide con la scala Kelvin. D'altro canto, poiché il grado centigrado *(o grado Celsius)* coincide con il grado della scala del gas perfetto, e volendo determinare la relazione tra la scala centigradi e la scala kelvin, è sufficiente scrivere la seguente equazione:

$$\left(1.2.1\right)\qquad t_c = T - 273.15$$

dalla quale risulta facilmente che lo zero Kelvin dista di 273.15 gradi *(Celsius o Kelvin)* dallo zero Celsius. Ancora, poiché i gradi Celsius e Kelvin coincidono, le differenze di temperatura nelle due scale sono identiche; per esempio una differenza di temperatura di $10\ {}^{\circ}C$ è uguale alla differenza di temperatura di $10\ K$. Un'altra scala di temperatura molto usata negli Stati Uniti ed in Inghilterra è la scala Fahrenheit; essa viene determinata assegnando il valore $32\ {}^{\circ}F$ alla temperatura della miscela acqua - ghiaccio alla pressione di $1.012 \cdot 10^5 P_a$ ed il valore $212\ {}^{\circ}F$ ad una certa quantità di acqua in ebollizione alla pressione di $1.012 \cdot 10^5 P_a$. Quindi, si determinano i coefficienti $a$ e $b$ dell'equazione $(1.1.1)$ del paragrafo precedente, ponendo in essa prima $t = 32\ °F$ e poi $t = 212\ °F$. Così facendo si ottengono le seguenti equazioni:

$$(1.2.2) \qquad a = \frac{180\ °F}{l_{212} - l_{32}}$$

$$(12.3) \qquad b = 32\ °F - 180\ °F \frac{l_{32}}{l_{212} - l_{32}}$$

che poste nell'equazione $(1.1.1)$ consentono di scrivere la seguente equazione:

$$(1.2.4) \qquad t = 180\ °F \frac{l - l_{32}}{l_{212} - l_{32}} + 32\ °F$$

che esprime la temperatura in gradi Fahrenheit quando viene usato un termometro a mercurio. Se si usa un termometro a gas perfetto in luogo di un termometro a mercurio, l'equazione $(1.2.4)$ si deve scrivere come segue:

$$(1.2.5) \qquad t = 180\ °F \frac{p - p_{32}}{p_{212} - p_{32}} + 32\ °F$$

dove in luogo del livello di mercurio è stata posta la pressione del gas. Volendo porre in relazione la temperatura espressa in gradi Celsius con la temperatura espressa in gradi Fahrenheit si può usare un termometro a mercurio e osservare che il rapporto $(l - l_{32})/(l_{212} - l_{32})$ che figura nell'equazione (1.2.4) è uguale al rapporto $(l - l_0)/(l_{100} - l_0)$ che figura nell'equazione $(1.1.6)$ del paragrafo precedente. Quindi, ricavando quest'ultimo rapporto dall'equazione $(1.1.6)$ otteniamo:

53

$$\frac{l - l_{32}}{l_{212} - l_{32}} = \frac{l - l_0}{l_{100} - l_0} = \frac{t_c}{100}$$

e ponendolo nell'equazione $(1.2.4)$ si ottiene la seguente equazione:

$$(1.2.6) \qquad t_F = 1.8°F t_c + 32°F$$

in cui è stato posto $t_F = t$. Questa equazione esprime la relazione tra la scala Fahrenheit e a scala Celsius, essa può anche essere determinata con un termometro a gas facendo uso dell'equazione $(1.1.7)$ del paragrafo precedente e dell'equazione $(1.2.5)$. Ponendo nell'equazione $(1.2.6)$ il valore di $t_c$ dato dall'equazione $(1.2.1)$, si ottiene l'equazione la seguente equazione:

$$(1.2.7) \qquad t_F = 1.8°F \left( T - 273.15 \right) + 32°F$$

che esprime la relazione tra la scala Fahrenheit e la scala kelvin.

## 1.3   DILATAZIONI TERMICHE

L'esperienza insegna che variando lo stato termico di un corpo, qualunque sia lo stato di aggregazione, variano anche altre sue proprietà: il volume, la pressione, la resistenza elettrica, ecc. Si consideri un corpo solido tale che i valori di due delle sue tre dimensioni siano trascurabili rispetto al valore dell'altra in modo che la variazione di volume, conseguente alla variazione dello stato termico sia riconducibile alla variazione di una sola dimensione *(dilatazione termica unidimensionale)* e possa essere studiata servendosi di un particolare dispositivo sperimentale: il dilatometro su cui può essere posta una sbarra metallica molto sottile *(vedi figura (1.3.1))*.

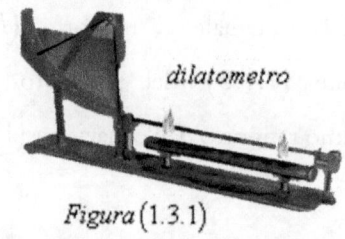

*dilatometro*

*Figura* $(1.3.1)$

Variando lo stato termico del metallo si possono determinare i valori di temperatura ed i corrispondenti valori di lunghezza; elaborando questi dati, si perviene alla seguente relazione:

$$(1.3.1) \qquad l = l_0 \left(1 + \lambda_1 \Delta t + \lambda_2 \Delta t^2 + \ldots\ldots\ldots\ldots + \lambda_n \Delta t^n \right)$$

in cui il grado $n$ del polinomio è determinato sia dal numero di misurazioni eseguite sia da altri criteri che si utilizzano nella ricerca di formule empiriche. Se la variazione dello stato termico avviene in un intervallo non molto ampio, l'equazione $(1.3.1)$ si può approssimare nella forma seguente:

$$(1.3.2) \qquad l = l_0 \left(1 + \lambda \Delta t \right)$$

in cui $\lambda$ assume il nome di coefficiente di dilatazione termica unidimensionale e dipende sia dalla natura del corpo sia dall'intervallo di variazione considerato. Risolvendo l'equazione $(1.3.2)$ rispetto a $\lambda$ si ottiene la seguente equazione:

$$(1.3.3) \qquad \lambda = \frac{\Delta l}{l_0 \Delta t}$$

dalla quale si deduce che $\lambda$ esprime la variazione relativa di lunghezza quando lo stato termico varia di una unità. Considerando $\lambda$ come funzione della temperatura l'equazione $(1.3.2)$ può essere considerata come l'equazione generale per la dilatazione termica unidimensionale. Nella tabella $(1.3.1)$ sono riportati i valori del *coefficiente di dilatazione termica unidimensionale* di alcuni solidi ed il relativo intervallo di validità. Quando per il corpo solido considerato è possibile trascurare solo il valore di una delle tre dimensioni rispetto al valore di un'altra, si parla di *dilatazione termica bidimensionale* e la proprietà del corpo che viene presa in considerazione è la sua superficie. Supponendo che il corpo sia forma rettangolare, la sua superficie può scriversi come:

$$(1.3.4) \qquad S = ab$$

Se $a$ e $b$ rappresentano i valori delle dimensioni del corpo nello stato termico finale, tenendo conto dell'equazione (1.3.2), si possono scrivere le seguenti equazioni:

$$(1.3.5) \qquad a = a_0 \left(1 + \lambda' \Delta t\right)$$

$$(1.3.6) \qquad b = b_0 \left(1 + \lambda'' \Delta t\right)$$

in cui $a_0$ e $b_0$ rappresentano le dimensioni del corpo nello stato iniziale. Combinando le equazioni $(1.3.4), (1.3.5)$ e $(1.3.6)$ si ottiene l'equazione:

$$(1.3.7) \qquad S = a_0 b_0 \left(1 + \lambda' \Delta t\right)\left(1 + \lambda'' \Delta t\right)$$

in cui $a_0 b_0$ fornisce il valore della superficie nello stato termico iniziale.

| VALORI DEL COEFFICIENTE DI DILATAZIONE TERMICA UNIDIMENSIONALE DI ALCUNE SOSTANZE | | |
|:---:|:---:|:---:|
| Elemento | $\lambda$ | Intervallo di validità espresso in $°C$ |
| Alluminio | $24 \cdot 10^{-6}$ | $0 \div 100$ |
| Argento | $19 \cdot 10^{-6}$ | $0 \div 100$ |
| Piombo | $29 \cdot 10^{-6}$ | $17 \div 100$ |
| Zinco | $26.30 \cdot 10^{-6}$ | $20$ |
| Platino | $8.9 \cdot 10^{-6}$ | $20$ |
| stagno | $20 \cdot 10^{-6}$ | $20$ |
| Silicio | $3.6 \cdot 10^{-6}$ | $18 \div 950$ |
| Rame | $16.6 \cdot 10^{-6}$ | $20$ |
| Oro | $14 \cdot 10^{-6}$ | $17 \div 100$ |

| Ferro e acciaio | $11.7 \cdot 10^{-6}$ | 20 |
|---|---|---|
| Tabella $(1.3.1)$ | | |

Supponendo che il corpo sia omogeneo si ha $\lambda' = \lambda''$, quindi l'equazione $(1.3.7)$ diventa:

$$(1.3.8) \qquad S = S_0 \left(1 + \lambda \Delta t\right)^2$$

in cui si è posto $\lambda = \lambda' = \lambda''$

sviluppando il quadrato del binomio si ottiene l'equazione:

$$(1.3.9) \qquad S = S_0 \left(1 + 2\lambda \Delta t + \lambda^2 \Delta t^2\right)$$

Poiché i valori di $\lambda$ sono molto piccoli, a maggior ragione sono piccoli i loro quadrati e pertanto il termine quadratico, nell'equazione $(1.3.9)$, si può trascurare, sicché si può scrivere la seguente equazione:

$$(1.3.10) \qquad S = S_0 \left(1 + \sigma \Delta t\right)$$

in cui $\sigma$, detto coefficiente di dilatazione termica bidimensionale, è stato posto uguale a $2\lambda$.

Da quanto detto segue che lo studio della relazione tra la superficie di un corpo omogeneo bidimensionale e la sua temperatura può essere ricondotto allo studio della relazione tra la lunghezza e la temperatura di uno stesso corpo che può considerarsi in forma unidimensionale. Per esempio: lo studio della relazione superficie - temperatura per una lastra omogenea di acciaio si può ricondurre allo studio della relazione lunghezza - temperatura di una sbarra d'acciaio. Uno sviluppo analogo al solido omogeneo bidimensionale si può ottenere anche per il solido omogeneo tridimensionale. In questo caso, la variazione dello stato termico del corpo implica la variazione del suo volume secondo la relazione:

$$(1.3.11) \qquad V = V_0 \left(1 + \gamma \Delta t\right)$$

in cui $\gamma = 3\lambda$ prende il nome di *coefficiente di dilatazione termica tridimensionale*.

Si osservi che il problema fondamentale per la dilatazione termica è la determinazione sperimentale dei coefficienti di dilatazione; questi possono essere determinati con l'uso di un dilatometro ogni volta che il corpo è omogeneo ed è possibile lavorarlo in modo da ottenere una forma geometrica che consente l'approssimazione unidimensionale. Se ciò non fosse possibile è necessario istituire metodi di misurazione che conducono alla soluzione del problema. Un caso tipico in cui non è possibile parlare di dilatazione termica unidimensionale è quello dei corpi fluidi; in questi casi si parla di *dilatazione volumica*. Variando lo stato termico di un liquido il volume cambia secondo una relazione analoga a quella espressa dall'equazione $(1.3.1)$:

$$(1.3.12) \qquad V = V\left(1 + \beta_1 \Delta t + \beta_2 \Delta t^2 + \dots\dots\dots + \beta_n \Delta t^n\right)$$

che si riduce alla forma:

$$(1.3.13) \qquad V = V_0\left(1 + \beta \Delta t\right)$$

se la variazione dello stato termico avviene in un intervallo non molto ampio. Risolvendo l'equazione $(1.3.13)$ rispetto a $\beta$, si ottiene l'equazione:

$$(1.3.14) \qquad \beta = \frac{\Delta V}{V_0 \Delta t}$$

che esprime la variazione relativa di volume quando lo stato termico varia di una unità. Esprimendo $\beta$ come funzione della temperatura, l'equazione $(1.3.13)$ si può considerare come l'equazione generale della dilatazione termica dei liquidi. Se si vuole istituire una misurazione per il coefficiente $\beta$, si può osservare che una volta considerata costante la massa $m$ del liquido in esame il volume $V$ e la massa volumica $\rho$ sono legati dalla seguente relazione:

$$(1.3.15) \qquad V_0 \rho_0 = V \rho = m = \text{cost}$$

che combinata con l'equazione $(1.3.13)$ fornisce l'equazione:

$$(1.3.16) \qquad \frac{V}{V_0} = \frac{\rho_0}{\rho} = \left(1 + \beta \Delta t\right)$$

dalla quale si deduce che il coefficiente $\beta$ può essere determinato sia studiando le variazioni di volume come funzione della temperatura sia studiando le variazioni della massa volumica. Un metodo ovvio potrebbe essere quello di introdurre il liquido in un recipiente, a forma di parallelepipedo, e misurare le dimensioni della base e l'altezza a cui il liquido giunge per i diversi stati termici che assume. Se invece si volesse determinare il coefficiente $\beta$ attraverso uno studio della massa volumica, si potrebbe usare un picnometro e misurare la massa volumica per i diversi stati termici che il liquido assume. In ogni caso, i risultati che si ottengono devono essere corretti perché bisogna tenere in considerazione anche le variazioni dei volumi dei recipienti che contengono il liquido. Tuttavia, vi sono metodi che consentono lo studio delle variazioni della massa volumica dei liquidi in funzione dello stato termico e totalmente indipendenti dalle variazione di volume del recipiente. Uno di questi metodi è quello di Dulong e Petit che fanno uso di un tubo piegato ad $U$ i cui bracci verticali vengono mantenuti in due diversi stati termici: uno costante e l'altro variabile *(vedi figura (1.3.2)*. Facendo uso del principio dei vasi comunicanti, si può scrivere la seguente equazione:

$$(1.3.17) \qquad h_0 \rho_0 = h \rho_-$$

in cui sostituendo $\rho$ con il valore fornito dall'equazione $(1.3.16)$, si ottiene l'equazione:

$$(1.3.18) \qquad \beta = \frac{h - h_0}{h_0 \Delta t}$$

che riconduce la determinazione del coefficiente $\beta$ a misure di lunghezza e temperatura.

Si osservi che questo metodo ha un inconveniente nel senso che il dislivello delle colonne di liquido è determinato anche dalla tensione superficiale che è legata allo stato termico del liquido.

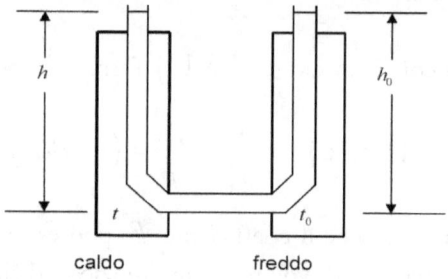

caldo    freddo

*Figura* (1.3.2)

Comunque questo inconveniente può essere risolto apportando una modifica all'apparato sperimentale come indicato nella figura $(1.3.3)$.

Prima di concludere questo argomento è opportuno osservare che non sempre il volume di un liquido è una funzione crescente della temperatura; si osservano alcune eccezioni a questa regola, la più nota fra tutte è quella dell'acqua che diminuisce il suo volume quando la temperatura varia da $0°C$ a $3.98°C$. Questo comportamento anomalo dell'acqua fornisce una spiegazione al perché le grandi masse d'acqua, come i mari, i fiumi e i laghi, nei periodi di basse temperature, ghiacciano solo in superficie. Infatti, l'abbassamento della temperatura ambientale determina il raffreddamento dell'acqua che diminuendo il proprio volume aumenta la sua massa volumica e si sposta verso il fondo; questo processo continua finché l'acqua non raggiunge il valore di temperatura di $3.98°C$. Quando però l'acqua continuando a raffreddarsi raggiunge valori di temperatura inferiori a $3.98°C$ il suo volume aumenta e la sua massa volumica diminuisce, sicché si porta verso l'alto raffreddando rapidamente l'acqua degli stati superiori; il processo continua fino alla trasformazione dell'acqua in ghiaccio che può avvenire solo verso gli strati superiori. Tale comportamento è provvidenziale ai fini della sopravvivenza di tutte le specie che abitano quegli ambienti.

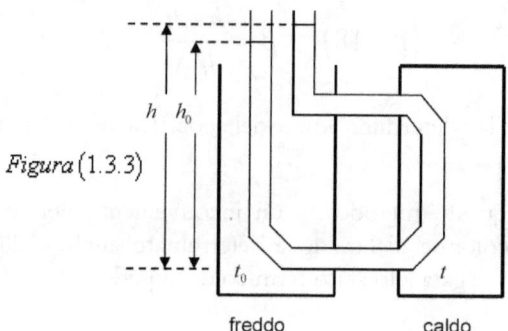

*Figura* (1.3.3)

freddo    caldo

Si osservi che, nello studio sulla dilatazione termica dei solidi e dei liquidi, non è stata mai presa in considerazione la pressione esterna, ciò è dovuto al fatto che sia i solidi che i liquidi sono poco comprimibili. Per contro i corpi gassosi sono molto comprimibili e quindi lo studio della variazione del volume, in funzione dello stato termico, comporta anche la variazione della pressione del corpo. I primi studi sulla dilatazione termica dei corpi gassosi risalgono ad Alessandro Volta che misurò il coefficiente della dilatazione termica dell'aria a pressione costante, trovando un valore pari a $\dfrac{1}{270}\,^\circ C^{-1}$ per un ampio intervallo di temperatura. Il francese Charles, indipendentemente da Volta, trovò che anche l'ossigeno, l'idrogeno e l'azoto si dilatano ugualmente entro ampi intervalli di temperatura e, successivamente, Gay Lussac, completando questi studi, determinò, per tali corpi gassosi, un coefficiente di dilatazione termica a pressione costante pari a $\dfrac{1}{266.6}\,^\circ C^{-1}$. Infatti, nel 1841, Regnault, perfezionando gli studi di Volta, Charles e Gay Lussac, pervenne all'importante risultato che tutti i corpi gassosi, lontano dal punto di liquefazione, se sufficientemente rarefatti hanno lo stesso comportamento termico ed il loro coefficiente di dilatazione termica a pressione costante è pari a $\dfrac{1}{273}\,^\circ C^{-1}$. Il valore attualmente accettato $\dfrac{1}{273.15}\,^\circ C^{-1}$. Allora anche per i corpi gassosi è possibile scrivere un'equazione analoga a quella dei solidi e i liquidi:

$$(1.3.19) \qquad V = V_0\left(1 + \alpha_v \Delta t\right)$$

nota come prima equazione di Gay Lussac. Risolvendo questa equazione rispetto ad $\alpha_v$ si ottiene:

$$(1.3.20) \qquad \alpha_v = \frac{\Delta V}{V_0 \Delta t}$$

in cui osservando che il valore di $\alpha_v$ è: $\alpha_v = \dfrac{1}{273.15}\,^\circ C^{-1}$ del suo volume iniziale per ogni variazione unitaria dello stato termico.

Mantenendo costante il volume, si può verificare che anche la pressione varia con una legge analoga a quella espressa dall'equazione $(1.3.19)$:

$$(1.3.21) \quad P = P_0 \left(1 + \alpha_p \Delta t\right)$$

Risolvendo questa equazione rispetto ad $\alpha_p$ si ottiene:

$$(1.3.22) \quad \alpha_p = \frac{\Delta P}{P_0 \Delta t}$$

da cui si deduce che la pressione di un corpo gassoso, essendo $\alpha_v = \alpha_p$, varia di $\dfrac{1}{273.15}°C^{-1}$ della sua pressione iniziale per ogni variazione unitaria dello stato termico.

| VALORI DEL COEFFICIENTE DI DILATAZIONE TERMICA DI ALCUNE SOSTANZE | | |
|---|---|---|
| Elemento | $\beta$ | Intervallo di validità in $°C$ |
| Mercurio | $1.81 \cdot 10^{-4}$ | $20 \div 30$ |
| Acqua | $2.1 \cdot 10^{-4}$ | $18$ |
| Benzene | $11.76 \cdot 10^{-4}$ | $10 \div 80$ |
| Glicerina | $4.85 \cdot 10^{-4}$ | $10 \div 80$ |
| Tabella (1.3.2) | | |

# 1.4 QUANTITA' DI CALORE SCAMBIATA TRA DUE CORPI POSTI A CONTATTO

Quando due corpi con diverse temperature vengono posti a contatto, se non si verificano reazioni chimiche o mutamenti nel loro stato fisico, i due corpi raggiungono uno stato termico comune il cui valore di temperatura è intermedio tra i valori di temperatura che definiscono gli stati termici dei due corpi. Questa fenomenologia è solitamente descritta dicendo che, al contatto i due corpi si scambiano una quantità di calore $\Delta Q$ che può essere determinata facendo ricorso ad un particolare recipiente: il *thermos*, la cui caratteristica fondamentale è quella di scambiare, con l'ambiente esterno, una quantità di calore molto piccola tanto che si possa ritenere, con buona approssimazione, un recipiente termicamente isolato. Quindi, le operazioni sperimentali condotte all'interno di un thermos devono ritenersi condotte in un ambiente termicamente isolato. Si ponga nel thermos una quantità $m_0$ di acqua e sia $t_0$ il valore di temperatura che definisce il suo stato termico; un cilindretto di piombo di massa $m < m_0$ ed il cui stato termico è definito da un valore di temperatura $t > t_0$, quando viene immerso nell'acqua contenuta nel thermos cede una quantità di calore all'acqua e raggiunge uno stato termico, comune con l'acqua, il cui valore di temperatura può essere facilmente determinato facendo uso di un appropriato termometro inserito nel thermos.

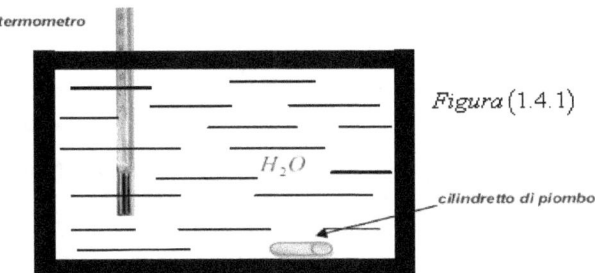

Figura $(1.4.1)$

Si verifica che lo stato termico comune all'acqua e al piombo non è determinato solo dai valori di temperatura $t_0$ e $t$ degli stati termici dell'acqua e del piombo, ma anche dalle loro masse. Infatti, variando prima la massa del piombo e poi la massa dell'acqua, mantenendo costante le altre grandezze, si perviene alla determinazione che il valore di temperatura dello stato termico comune è direttamente proporzionale alla massa del piombo ed inversamente proporzionale alla massa dell'acqua:

$$(1.4.1) \qquad t_e = \left( k_1 \frac{m}{m_0} \right)$$

in cui $t_e$ esprime il valore di temperatura dello stato termico comune. Successivamente, facendo variare prima lo stato termico del piombo e poi lo stato termico dell'acqua, mantenendo costante le altre grandezze, si perviene alla determinazione che il cambiamento dello stato termico dell'acqua è proporzionale al cambiamento dello stato termico del piombo secondo l'equazione:

$$(1.4.2) \qquad (t_e - t_0) = k_2 (t - t_e)$$

Combinando le equazioni $(1.4.1)$ e $(1.4.2)$ si ottiene l'equazione:

$$(1.4.3) \qquad m_0 (t_e - t_0) = km(t - t_e)$$

dalla quale si deduce che il valore esprimente il cambiamento dello stato termico dell'acqua moltiplicato la sua massa è proporzionale al valore esprimente il cambiamento dello stato termico del piombo moltiplicato la sua massa. Poiché le operazioni sperimentali si svolgono in ambiente termicamente isolato, la quantità di calore che il piombo cede deve essere uguale a quella che l'acqua riceve, quindi l'equazione $(1.4.3)$ si deve interpretare come un bilancio alla pari e si dovrà scrivere in modo simmetrico come:

$$(1.4.4) \qquad c_{H_2O} m_0 (t - t) = c_{pb} m (t - t_e)$$

in cui $c_{H_2O}$ e $c_{pb}$ sono costanti che dipendono dalla natura dei corpi. Quindi la quantità di calore $\Delta Q_{pb}$ che il piombo cede è data dall'equazione:

$$(1.4.5) \qquad \Delta Q_{pb} = c_{pb} m (t - t_e)$$

e la quantità di calore $\Delta Q_{H_2O}$ che l'acqua riceve è data dall'equazione:

$$(1.4.6) \qquad \Delta Q_{H_2O} = c_{H_2O} m_0 (t_e - t_0)$$

Generalizzando questi risultati , si può affermare che la quantità di calore $\Delta Q$ che un corpo cede o assorbe, quando è posto a contatto con un altro corpo *(e al contatto non si verificano né reazioni chimiche né mutamenti nel loro stato fisico)* è data dall'equazione:

$$(1.4.7) \qquad \Delta Q = cm\Delta t$$

Se l'equazione $(1.4.7)$ si riferisce ad un corpo di massa unitaria che subisce un cambiamento unitario del suo stato termico, diventa:

$$(1.4.8) \qquad \Delta Q = c$$

dalla quale si deduce che la costante $c$ esprime la quantità di calore necessaria all'unità di massa per variare di una unità il suo stato termico.

Alla costante $c$ si dà il nome di *calore specifico* e al prodotto $cm$ *capacità termica;* quest'ultima è solitamente indicata con la lettera $C$ ed esprime *la quantità di calore necessaria ad un corpo per variare di una unità il suo stato termico.* Si definisce *quantità unitaria di calore* e si indica con il simbolo $Kcal$ *(chilocaloria) la quantità di calore necessaria ad un corpo a far variare lo stato termico* di $1kg$ *di acqua distillata dal valore di temperatura* $287.65K$ *al valore* $288.65K$ *alla pressione di* $1.012 \cdot 10^5 P_a$. Da questa definizione e dall'equazione $(1.4.8)$ consegue che il calore specifico dell'acqua distillata, nell'intervallo di temperatura $(287.65K, 288.65K)$ vale $\dfrac{1Kcal}{kg \cdot K}$. Pertanto utilizzando questo valore nell'equazione $(1.4.4)$, si può determinare il calore specifico del piombo e quindi di qualsiasi altro corpo in quanto l'equazione $(1.4.4)$ è valida in generale. Quindi, noto il calore specifico di un corpo, si può determinare attraverso l'equazione $(1.4.7)$ la quantità di calore che un corpo scambia con un altro corpo, nelle condizioni dette, attraverso una misurazione sia della sua massa che del cambiamento del suo stato termico. Si osservi che accanto alla chilocaloria è usualmente definita anche la *piccola caloria o semplicemente caloria*

$$1 cal = 10^{-3} Kcal$$

| CALORI SPECIFICI DI ALCUNE SOSTANZE | | |
|---|---|---|
| Corpo | Calore specifici $\dfrac{cal}{g°C}$ | Intervallo di temperature in $°C$ |
| Litio | 0.94 | $27 \div 99$ |
| Ferro | 0.119 | $20 \div 100$ |
| Nichel | 0.109 | $18 \div 100$ |
| Rame | 0.0936 | $20 \div 100$ |
| Zinco | 0.093 | $20 \div 100$ |
| Tabella $(1.4.1)$ | | |

## 1.5 EQUIVALENZA TRA LAVORO E CALORE

Quando un corpo assorbe una quantità di calore varia il suo stato termico aumentando il valore di temperatura; per contro, questa quantità di calore gli è fornita da un altro corpo che varia il suo stato termico diminuendo il valore di temperatura. Quindi, il riscaldamento di un corpo si può interpretare ammettendo che ci sia un altro corpo che si raffreddi e ciò induce ad affermare che il calore può solo trasferirsi da un corpo ad un altro, non potendosi né creare né distruggere, cioè si ammette un *principio di conservazione del calore*. In contrasto con questa affermazione, non è difficile individuare un insieme di fenomeni fisici in cui la variazione dello stato termico di un corpo avviene senza assorbimento o cessione di calore:

a) è possibile variare lo stato termico di un metallo, aumentando il valore di temperatura, strofinandolo molto energicamente con un altro metallo. In tal caso, il riscaldamento del metallo avviene senza assorbire calore da un altro corpo, in contrasto con il principio di conservazione del calore *(creazione di calore)*

b) è possibile variare lo stato termico di un gas, aumentando il valore di temperatura, comprimendolo all'interno di un thermos. In tal caso, il riscaldamento del gas avviene senza assorbire calore da un altro corpo, in contrasto con il principio di conservazione del calore *(creazione di calore)*

c) è possibile variare lo stato termico di un gas, diminuendo il valore di temperatura, facendolo espandere all'interno di un thermos. In tal caso, il raffreddamento del gas avviene senza cedere calore ad un altro corpo, in contrasto con il principio di conservazione del calore *(distruzione di calore)*

d) è possibile variare lo stato termico di un metallo, aumentando il valore di temperatura, facendolo attraversare da una corrente elettrica. In tal caso, il riscaldamento del metallo avviene senza assorbire calore da un altro corpo, in contrasto con il principio di conservazione del calore *(creazione di calore)*

e) è possibile variare lo stato termico dei pneumatici di un'auto , aumentando il valore di temperatura, azionando i freni ed arrestando molto energicamente il moto. In tal caso, il riscaldamento dei pneumatici avviene senza assorbire calore da un altro corpo, in contrasto con il principio di conservazione del calore *(creazione di calore)*

Nel fenomeno a), lo strofinio tra i due metalli equivale ad eseguire un lavoro meccanico che determina la variazione dello stato termico dei metalli con conseguente riscaldamento delle superfici. Ne consegue che *il lavoro meccanico è equivalente al calore.*

Nel fenomeno b) la diminuzione del volume del gas equivale ad eseguire un lavoro meccanico che determina la variazione dello stato termico del gas con conseguente riscaldamento. Ne consegue che *il lavoro meccanico è equivalente al calore.*

Nel fenomeno c), l'aumento del volume del gas equivale ad eseguire un lavoro meccanico che determina la variazione dello stato termico del gas con conseguente raffreddamento. *Ne consegue che il lavoro meccanico è equivalente al calore.*

Nel fenomeno d), l'attraversamento della corrente elettrica nel metallo equivale ad eseguire un lavoro elettrico che determina la variazione dello stato termico del metallo con conseguente riscaldamento. *Ne consegue che il lavoro elettrico è equivalente al calore.*

Nel fenomeno e), l'azione dei freni sui pneumatici equivale ad eseguire un lavoro meccanico che determina la variazione dello stato termico dei pneumatici con conseguente riscaldamento. *Ne consegue che il lavoro meccanico è equivalente al calore.*

In tutti questi fenomeni fisici che sono stati presi in considerazione, si constata un'equivalenza tra lavoro e calore che per poterla determinare è necessario misurare il loro rapporto.

La prima misurazione del rapporto lavoro – calore $\Delta W / \Delta Q$ fu eseguita nel 1843 da Joule con un dispositivo detto *mulinello di Joule* costituito da un thermos nel quale l'acqua viene posta in movimento da un sistema di pale *(vedi figura (1.5.1)* solidale con un alberello che viene posto in rotazione dalla discesa di un peso mediante un sistema di carrucole. Supponendo che il peso non sia collegato all'alberello e quindi che sia in caduta libera dalla quota $h$, il lavoro $\Delta W'$ da esso eseguito è pari a:

$$(1.5.1) \qquad \Delta W' = mgh$$

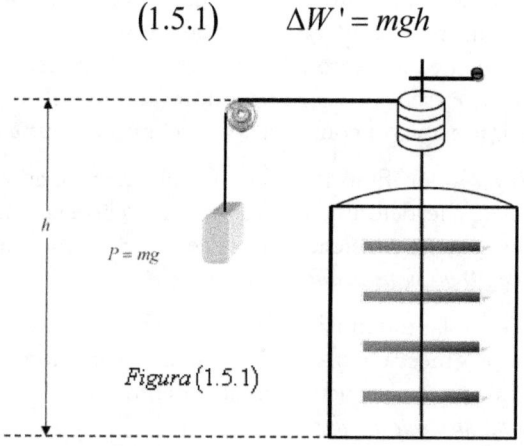

*Figura* (1.5.1)

Poiché il peso è collegato all'alberello, una parte del lavoro dato dall'equazione $(1.5.1)$ viene impiegato per far ruotare l'alberello e quindi per variare lo stato termico dell'acqua con conseguente riscaldamento; un'altra parte viene utilizzata per produrre una variazione di energia cinetica del peso. Quindi, poiché la velocità di caduta del peso diventa subito costante, essa può essere determinata misurando lo spazio $h$ di caduta ed il tempo impiegato a percorrerlo:

$$(1.5.2) \qquad v = \frac{h}{\Delta t}$$

Sicché il lavoro utilizzato per produrre la variazione di energia cinetica è:

$$(1.5.3) \qquad \Delta W'' = \frac{1}{2} mv^2$$

Sottraendo membro a membro le equazioni $(1.5.1)$ e $(1.5.3)$ si ottiene l'equazione:

$$(1.5.4) \qquad \Delta W = Nm\left(gh - \frac{1}{2}v^2\right)$$

in cui è stato posto $\Delta W = \Delta W' - \Delta W''$ e si è tenuto conto che il peso compie $N$ cadute.

Trascurando gli attriti nel sistema di carrucole, l'equazione $(1.5.4)$ fornisce la quantità di lavoro utilizzata per variare lo stato termico dell'acqua con conseguente riscaldamento. Misurando la massa dell'acqua e la sua temperatura iniziale e finale, si può determinare, facendo uso dell'equazione $(1.4.7)$ del paragrafo precedente, la quantità di calore necessaria a produrre la stessa variazione dello stato termico dell'acqua che ha prodotto il lavoro fornito dall'equazione $(1.5.4)$. Così facendo otteniamo la seguente equazione:

$$(1.5.5) \qquad \Delta Q = c_{H_2O} m_{H_2O} \Delta t$$

Dividendo membro a membro le equazioni $(1.5.4)$ e $(1.5.5)$, otteniamo l'equazione:

$$(1.5.6) \qquad \frac{\Delta W}{\Delta Q} = \frac{Nm\left(gh - \frac{1}{2}v^2\right)}{c_{H_2O} m_{H_2O} \Delta t}$$

che fornisce il valore del rapporto lavoro-calore; esso vale:

$$(15.7) \qquad J = \frac{\Delta W}{\Delta Q} = 4186 \frac{Joule}{Kcal}$$

ed è detto equivalente meccanico della caloria, sicchè è: $1Kcal = 4186 Joule$ il che significa che se si vuole variare lo stato termico di $1kg$ di acqua distillata dal valore di temperatura di $287.65K$ al valore di $288.65K$, alla pressione di $1.012 \cdot 10^5 P_a$ è necessario eseguire un lavoro di $4186 Joule$. Un criteri più semplice di quello esposto, per la determinazione del rapporto lavoro - calore, è quello di fare uso di un particolare thermos: *il calorimetro delle mescolanze* in cui si pone una resistenza elettrica in modo da realizzare il fenomeno di cui al punto d). Una misurazione di questo tipo è facilmente realizzabile nei laboratori scolastici. Il calorimetro delle mescolanze è costituito da un supporto cilindrico in resina in cui è inserito un *vaso Dewar* avente un volume di circa $500cm^3$ e da un coperchio con due fori in cui vengono inseriti un termometro ed un agitatore *(vedi figura (1.5.2))*. Modificando leggermente il

coperchio è possibile inserire una appropriata resistenza in modo da realizzare il fenomeno di cui al punto d) ed eseguire la misurazione. Si osservi che quando si operi con un calorimetro, la quantità di calore che viene immessa in esso non è assorbita interamente dal liquido calorimetrico, una parte di essa è assorbita dal termometro, dall'agitatore e dal calorimetro stesso; è possibile tener conto di tale quantità di calore supponendo che sia assorbita da una certa massa $m_e$ di liquido calorimetrico in aggiunta alla massa $m$ di liquido che è realmente presente nel calorimetro. Il suo valore è fornito dal costruttore, ma può essere facilmente determinato usando l'equazione $(1.4.4)$ del paragrafo precedente, in cui il cilindretto di piombo è sostituito da una quantità di acqua distillata. Ponendo nel calorimetro una quantità $m_{H_2O}$ di acqua distillata e facendo attraversare la resistenza $R$, per un certo intervallo di tempo $\Delta \tau$, da una intensità $I$ di corrente continua, si determina una variazione dello stato termico dell'acqua con conseguente riscaldamento. Misurando la differenza di potenziale ai capi della resistenza, l'intensità di corrente e la durata $\Delta \tau$, si può determinare il lavoro elettrico che determina la variazione dello stato termico dell'acqua con conseguente riscaldamento:

$$(1.5.8) \qquad \Delta W = VI\Delta\tau$$

Misurando la massa dell'acqua e la sua temperatura iniziale e finale, si può determinare, facendo uso dell'equazione $(1.4.7)$ del paragrafo precedente, la quantità di calore necessaria a produrre la stessa variazione dello stato termico dell'acqua prodotto dal lavoro fornito dall'equazione $(1.5.8)$:

$$(1.5.9) \qquad \Delta Q = c_{H_2O}\left(m_{H_2O} + m_e\right)\Delta t$$

Dividendo membro a membro le equazioni $(1.5.8)$ e $(1.5.9)$, si ottiene la seguente equazione:

$$(1.5.10) \qquad \frac{\Delta W}{\Delta Q} = \frac{VI\Delta\tau}{c_{H_2O}\left(m_{H_2O} + m_e\right)}$$

che fornisce il valore del rapporto lavoro-calore

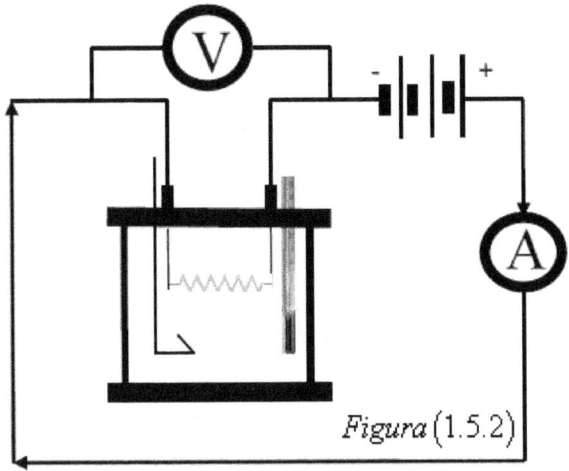

*Figura* $(1.5.2)$

**calorimetro delle mescolanze**

## 1.6    DA DEMOCRITO A SCRÖDINGER

L'osservazione di alcuni fenomeni, come per esempio, il cambiamento dello stato di aggregazione di un corpo, indica che molte proprietà del corpo possono mutare pur conservandosi la sostanza di cui è fatto; così acqua e ghiaccio sono due aspetti di una stessa realtà. Per contro, si osservano fenomeni in cui i processi di trasformazione implicano un cambiamento della sostanza di cui il corpo è fatto; così la combustione di un pezzo di legno trasforma il legno in cenere. In tal caso, quantunque le sostanze: legno e cenere, siano diverse, si può ritenere che abbiano qualcosa in comune, cioè si può pensare che siano combinazioni diverse degli stessi elementi assunti come *entità materiali immutabili e indistruttibili*. In altre parole la descrizione del mondo fisico risulta semplificata se si ammette l'esistenza di un numero limitato di *elementi fondamentali* che combinandosi in diversi modi diano luogo a tutte le sostanze; pertanto, la ricerca di questi elementi si pone come *problema fondamentale*. La più antica scuola di cui si ha notizia e che per prima ha posto il problema è quella fondata da Leucippo di Mileto, discepolo di Zenone. Secondo questa scuola, il cui massimo splendore si ebbe nel 420 a.C. sotto la guida di Democrito, la materia ha una struttura discontinua nel senso che i corpi sono costituiti da piccolissime particelle indivisibili e perciò dette *atomi (da atomos che significa indivisibile)*. Dai pochi resti delle opere di questi atomisti appare molto probabile che essi intendessero l'atomo più come *entità geometrica* che come *entità fisica* secondo quando viene inteso oggi. Ad ogni modo l'ipotesi atomica viene utilizzata da Epicuro *(341- 270 a.C.)* per rendere ragione delle proprietà dei corpi e delle sostanze; ciò viene magistralmente descritto da Lucrezio nel suo famoso poema *DE RERUM NATURA* in cui sono esposte alcune idee, ancora oggi, interessanti:

a) gli atomi sono invisibili: si nota l'acqua sparire dai panni stesi al Sole, si nota l'assottigliarsi di un anello con il lungo uso, ecc., ma non si vedono gli atomi che si staccano

b) tra gli atomi vi sono spazi vuoti: il diverso peso specifico dei corpi è dovuto alla diversa proporzione di pieno e di vuoto *(si sa oggi che esso è dovuto non solo a questo, ma anche al diverso peso degli atomi stessi)*

c) gli atomi si muovono incessantemente e si urtano tra loro, anche in quei corpi che sembrano fermi

d) vi sono molte specie di atomi: questi riunendosi in varie combinazioni e in varie posizioni reciproche, danno origine all'infinita varietà delle cose, così come con le lettere di un alfabeto si forma tutto un libro

L'analogia tra queste idee e le idee fondamentali dell'odierna teoria atomica non deve far credere che quest'ultima sia stata sviluppata come conseguenza della prima. La teoria di Democrito è un sistema filosofico sostanzialmente materialistico, mentre l'attuale teoria atomica è una teoria fisica che si basa su un gran numero di fatti sperimentali; inoltre, l'atomo di Democrito è indivisibile, mentre l'atomo attuale è un sistema complesso fatto di parti elementari. L'atomo di Democrito fu osteggiato da Platone e poi da Aristotele che affermò il principio secondo il quale qualsiasi fenomeno naturale avviene con continuità; non esiste il vuoto e non si pone alcun limite alla divisibilità della materia in parti sempre più piccole. Come si sa, verso il XII secolo, l'aristotelismo divenne la dottrina ufficiale della Chiesa; pertanto, l'ipotesi dell'atomo fu abbandonata e dimenticata fino al 1600, quando nel corso della polemica aristotelica venne ripresa e riaffermata da Gassendi che ne trasse alcune conseguenze fisiche giuste sugli stati di aggregazione e sui cambiamenti di stato: mancavano però ancora le basi per una vera teoria fisica. Queste basi furono poste da Dalton, Gay Lussac e Avogadro con lavori pubblicati nei primi anni del 1800. Dalton, sulla base di dati sperimentali grossolani a sua disposizione, suggerì l'esistenza di particelle indivisibili *(atomi)* e affermò che atomi di elementi diversi hanno pesi diversi e si combinano in una serie di rapporti numerici semplici e interi formando i composti. Si riconosce oggi che questi postulati non sono tutti proprio corretti, ma che essi rappresentano la prima razionalizzazione delle leggi quantitative delle combinazioni chimiche e pongono le basi sperimentali della teoria atomica. Formulata l'ipotesi dell'esistenza degli atomi, la comunità scientifica riconobbe molto presto l'esistenza di specie diverse di atomi, dotate di proprietà diverse e dalle quali deriva la diversità delle proprietà dei corpi. Di queste proprietà vennero precisate e poste in evidenza prima quelle chimiche *(peso atomico - valenza - tipo di composto)*, poi quelle spettroscopiche, accumulando, così, una enorme quantità di dati sperimentali. Pertanto, verso la fine del 1800, cominciava a farsi strada l'idea che l'atomo dovesse essere necessariamente un sistema fisico complesso, e ciò soprattutto per il numero sempre crescente delle proprietà dell'atomo e per la scoperta dell'elettrone. A rafforzare questa idea fu la scoperta della natura elettromagnetica della luce e lo studio dei fenomeni che pongono in relazione la materia e la radiazione. Considerando che una carica elettrica accelerata emette radiazione elettromagnetica, risulta naturale ammettere che l'emissione di luce da parte dei corpi materiali sia dovuta al moto di cariche elettriche in essi contenute. Poiché la spettroscopia prova che l'emissione di luce proviene dai singoli atomi, risulta naturale ammettere che in essi vi siano cariche elettriche in movimento. Poiché l'atomo nel suo complesso è elettricamente neutro, bisogna ammettere l'esistenza di una particella con carica elettrica positiva che bilanci la carica elettrica dell'elettrone. La natura di questa particella rimase per molto tempo un problema insoluto, finché nel 1911, in seguito ad esperienze sulla diffusione delle particelle $\alpha$, Rutherford concluse che ogni atomo contiene una particella di carica elettrica positiva, di dimensione molto piccola rispetto alle dimensioni dell'intero atomo. Questa particella fu chiamata *nucleo atomico* e la sua carica elettrica è pari a $Ze$ dove $Z$ indica il numero atomico ed $e$ la carica elettrica dell'elettrone. Quindi, ammessa l'esistenza in ogni atomo di un nucleo con le proprietà che sono state indicate sopra, si può pensare ad un *modello atomico* così costituito: un nucleo centrale di carica positiva $Ze$ con $Z$ elettroni che gli ruotano intorno. Questo modello, proposto da Rutherford nel 1912, condusse a risultati in contrasto con l'esperienza. Infatti, poiché l'elettrone ruota intorno al nucleo risulta avere un'accelerazione; d'altro canto, secondo la teoria elettromagnetica, una carica elettrica accelerata irraggia energia, ne consegue che l'elettrone deve perdere gradualmente energia e quindi rimpicciolire sempre più la sua orbita finché, in un tempo pari a $10^{-11} s$, collassa sul nucleo determinando la distruzione stessa dell'atomo. Poiché questa conseguenza non risulta verificata, si può ipotizzare che gli elettroni dentro l'atomo siano governati da leggi diverse da quelle fornite dalla meccanica newtoniana e dalla teoria elettromagnetica di Maxwell. Questa ipotesi si dimostrò fondata e condusse per tappe molto graduali, prima ad una correzione del modello atomico di Rutherford secondo la teoria di Bohr *(modello atomico di Bohr)* e poi ad una correzione del modello atomico di Bohr secondo la teoria di Sommerfeld *(modello atomico di Sommerfeld)*. Queste correzioni consentirono ai fisici di interpretare correttamente un certo numero di fatti sperimentali, ma non erano del tutto soddisfacenti in quanto facevano uso di postulati ad hoc. Un progresso decisivo si ebbe solo nel 1925 quando Heinsenberg inaugurò un nuovo indirizzo che, ripreso in forma diversa da Scrödinger nel 1926 e poi da altri, condusse alla forma attuale della meccanica atomica *(meccanica quantistica)* che nella forma di Scrödinger è detta *meccanica ondulatoria*. Orbene, si osservi che il modello atomico di Rutherford, benché oggi risulti superato, è utilissimo per comprendere intuitivamente molti fatti fisici. Nel seguito ci si riferirà sempre a questo modello salvo avviso contrario.

# 1.7 LE LEGGI FONDAMENTALI DELLA CHIMICA

Tutto ciò che occupa uno spazio è *materia;* essa non riempie lo spazio in modo continuo, ma è distribuita in porzioni più o meno estese, e comunque limitate, che si dicono *corpi.* La *sostanza* è una proprietà che consente di distinguere il costituente materiale di un corpo. Un sistema omogeneo non separabile nei componenti per mezzo di un cambiamento dello stato fisico si dice *entità chimica.* Per esempio, un sistema costituito da una certa quantità di acqua allo stato puro è omogeneo; se esso viene sottoposto ad un cambiamento dello stato fisico, resta solo e sempre acqua: solida, liquida o gassosa. Una trasformazione che muta un'entità chimica in un'altra si dice *trasformazione chimica* o *reazione chimica;* per contro, una trasformazione che conserva l'entità chimica si dice *trasformazione fisica.* Per esempio, un truciolo di magnesio *(entità chimica)* posto in contatto termico con la fiamma di un bruciatore si trasforma in ossido di magnesio *(altra entità chimica);* per contro, un filo di platino *(entità chimica )* posto in contatto termico con la fiamma di un bruciatore non si trasforma in un'altra *entità chimica.* Una trasformazione chimica si rappresenta simbolicamente con un'equazione *(equazione chimica);* riferendosi all'esempio precedente si ha:

$$(1.7.1) \qquad M_g + O = OM_g$$

in cui $M_g$ è il simbolo chimico del magnesio, $O$ il simbolo chimico dell'ossigeno e $OM_g$ il simbolo chimico dell'ossido di magnesio.

L'equazione $(1.7.1)$ esprime il fatto che il truciolo di magnesio quando viene posto in contatto termico con la fiamma di un bruciatore reagisce con l'ossigeno atmosferico ed insieme danno luogo all'ossido di magnesio. Una reazione chimica, espressa da un'equazione del tipo $(1.7.1)$, si dice *sintesi;* i termini del primo membro si dicono *entità chimiche elementari* o semplicemente *elementi* mentre il secondo membro si dice *entità chimica composta* o semplicemente *composto.* Invertire l'equazione significa considerare la trasformazione chimica che decompone l'ossido di magnesio nei suoi componenti costituenti: l'ossigeno e il magnesio:

$$(1.7.2) \qquad OM_g = M_g + O$$

Una reazione chimica espressa da un'equazione del tipo $(1.7.2)$ si dice *analisi;* quindi l'analisi è la decomposizione di un composto nei suoi elementi costitutivi. Si osservi che la chimica iniziò a svilupparsi come scienza quando, nello studio delle sostanze e nei fenomeni connessi alle loro trasformazioni, venne introdotto l'uso sistematico della bilancia. Pesando le sostanze prima e dopo una trasformazione chimica, si possono determinare le masse secondo le quali le sostanze si combinano; ciò ha condotto ad un insieme di importanti conclusioni di validità generale che costituiscono il fondamento della chimica moderna. La prima di queste conclusioni è nota come *principio di conservazione della massa* secondo il quale la massa totale di un sistema che non scambia materia con l'ambiente circostante resta costante nel corso di qualsiasi trasformazione chimica o fisica. Ciò significa che qualsiasi variazione di massa che si osserva nel sistema è compensata da una variazione uguale ed opposta della massa nell'ambiente circostante. Così, per esempio, l'aumento di massa che si osserva nell'ossidazione del magnesio avviene a spesa della massa dell'aria circostante; infatti, se si pesa il magnesio e l'ossigeno necessario all'ossidazione si trova che la somma delle due masse è pari alla massa del magnesio ossidato. Al principio di conservazione della massa, dovuto al chimico francese Antoine Laurent Lavoisier, seguì la legge di Proust secondo la quale in una reazione chimica gli elementi si uniscono in un rapporto di massa definito e costante, caratteristico di quella particolare reazione. Se, per esempio, si fa reagire una determinata massa $m_H$ di idrogeno con una determinata massa di ossigeno $m_O$, si verifica che la reazione si sviluppa in modo che la combinazione tra idrogeno e ossigeno soddisfa la seguente proporzione:

$$(1.7.3) \qquad \frac{m_H}{m_O} = \frac{1}{8}$$

e qualunque quantità di idrogeno ed ossigeno eccedente rispetto a questa proporzione non interviene nella reazione.

La combinazione tra idrogeno $(simbolo\ H)$ e ossigeno $(simbolo\ O)$ secondo la proporzione $(1.7.3)$ dà luogo alla formazione di acqua; ma oltre all'acqua ordinaria, i due elementi possono generare un composto con proprietà molto diverse, l'acqua ossigenata, nella quale il rapporto tra la massa dell'idrogeno e la massa dell'ossigeno soddisfa la seguente proporzione:

$$(1.7.4) \qquad \frac{m_H}{m_O} = \frac{1}{16}$$

Quindi, in determinate condizioni, due stessi elementi possono combinarsi secondo rapporti di massa diversi dando luogo a composti diversi. Questa affermazione costituisce l'enunciato della legge delle proporzioni multiple, dovuta a Dalton, e può così enunciarsi: *quando due elementi possono combinarsi secondo rapporti di massa, dando luogo a composti diversi, fissata la massa di uno di questi elementi, le masse del secondo, presenti nei vari composti, sono sempre multiple di un certo valore.* Come ulteriore esempio che illustri la legge delle proporzioni multiple, si può considerare la reazione tra l'azoto $(simbolo\ N)$ e l'ossigeno $(simbolo\ O)$; essa può dar luogo a cinque composti diversi: protossido di azoto, ossido nitrico, anidride nitrosa, anidride nitrosa -nitrica, anidride nitrica i cui rapporti di massa $\frac{m_H}{m_O}$ sono rispettivamente: $\frac{7}{4}, \frac{7}{8}, \frac{7}{12}, \frac{7}{16}, \frac{7}{20}$. Da questi rapporti risulta, come deve essere, che fissata una determinata quantità di azoto, per esempio 7 grammi, le masse dell'ossigeno presenti nei diversi composti sono tutte multiple del numero 4 rispettivamente secondo i numeri 1,2,3,4,5 . Dalton, per fornire la spiegazione di questi risultati sperimentali, avanzò l'ipotesi che ciascun elemento fosse costituito di atomi e, nella formazione di un dato composto, gli atomi dei vari elementi si uniscono, costituendo molecole, secondo un rapporto numerico definito e costante per tutte le molecole.

*La molecola è la più piccola parte di un elemento o di un composto capace di un'esistenza indipendente; essa può essere costituita da uno o più atomi: nel primo caso è detta monoatomica e nel secondo caso è detta poliatomica.*

Poiché qualunque composto contiene necessariamente un numero intero di molecole, questo rapporto si riproduce immutato su scala macroscopica in qualunque reazione che dà luogo a quel composto. In questo modo la legge di Proust e la legge di Dalton trovano una spiegazione sulla base dell'ipotesi atomica; infatti, poiché il rapporto di masse deve valere anche per la singola molecola, si può scrivere la seguente equazione:

$$(1.7.5) \qquad \frac{n_x m_x}{n_y m_y} = \text{cost}$$

in cui $n_x$ indica il numero di atomi dell'elemento $x$, $n_y$ il numero di atomi dell'elemento $y$, $m_x$ la massa dell'atomo $x$ e $m_y$ la massa dell'atomo $y$. Quindi, noto il rapporto tra le masse degli atomi, si può determinare la composizione delle molecole, ovvero il rapporto $n_x / n_y$; inversamente, nota la composizione delle molecole, si può determinare il rapporto delle masse atomiche. Poiché non è possibile misurare direttamente la massa di un singolo atomo è necessario trovare qualche indizio che dia la possibilità di formulare una qualche ipotesi sulla costituzione di almeno una molecola, in modo che si possa stabilire il rapporto di massa di due elementi. Ciò condurrà alla ricostruzione della composizione di altre molecole e quindi alla determinazione di altri rapporti di masse atomiche, fino alla costruzione dell'intera tavola delle masse atomiche degli elementi conosciuti. Questo indizio è fornito dalla legge dei volumi di Gay Lussac che afferma:

*due gas diversi si combinano chimicamente in modo tale che i loro volumi ed i volumi dei loro composti, misurati nelle stesse condizioni di temperatura e pressione, stanno in un rapporto semplice e costante.*

E' infatti:

| LEGGE DEI VOLUMI DI GAY LUSSAC | | | | |
|---|---|---|---|---|
| Idrogeno | + | Cloro | = | Acido Cloridrico |
| 1 vol | | 1 vol | | 2 vol |
| Idrogeno | + | Ossigeno | = | Acqua |

| 2 vol | | 1 vol | | 2 vol |
|:---:|:---:|:---:|:---:|:---:|

Si osservi che se gli elementi gassosi sono presenti in volumi uguali *(prima reazione )*, il volume del prodotto gassoso risulta uguale alla loro somma; se invece i volumi sono disuguali *(seconda reazione)*, il volume del prodotto gassoso è una frazione semplice della somma dei volumi degli elementi gassosi. Questa legge richiamava straordinariamente quella di Proust, per cui Dalton formulò l'ipotesi che volumi uguali di gas contenessero un ugual numero di atomi; questa ipotesi non fornisce la spiegazione della legge dei volumi. Infatti, se 1 vol. di idrogeno + 1 vol. di cloro forniscono 2 vol. di acido cloridrico bisogna ammettere che, riducendo il volume dei rispettivi gas al volume di un solo atomo, 1 atomo di idrogeno + 1 atomo di cloro forniscono 2 molecole di acido cloridrico e, di conseguenza, che 1 molecola di acido cloridrico sia formata di $1/2$ atomo di idrogeno e di $1/2$ atomo di cloro, fatto che, evidentemente distrugge l'ipotesi della indivisibilità dell'atomo di Dalton. La soluzione a questo enigma era molto vicina, ma non sfiorò nemmeno una mente così acuta come quella di Dalton che ripudiò decisamente la legge dei volumi. Vi arrivò nel 1811 Amedeo Avogadro, professore di matematica e fisica nel Real Collegio d Vercelli. Egli modificò l'enunciato di Dalton ammettendo che tutti i gas sono formati da particelle di ordine superiore agli atomi: le *molecole,* separate tra loro da spazi infinitesimi; ciascuna molecola essendo costituita da atomi è, per conseguenza, divisibile. Considerando poi che i gas si combinano secondo rapporti volumetrici semplici, sostenne che ciò non si poteva spiegare se non ammettendo che in volumi gassosi uguali vi fosse un ugual numero di molecole ed enunciò il seguente principio, detto successivamente *principio di Avogadro:*

*volumi uguali di gas, nelle stesse condizioni di temperatura e pressione contengono lo stesso numero di molecole.*

E' evidente allora che, a parità di condizioni fisiche, lo stesso rapporto esistente tra i volumi esisterà pure tra le molecole; basterà sostituire nella legge dei volumi alla parola volume quella di molecola perché la legge dei volumi risulti completamente spiegata. Premesso che le molecole dell'idrogeno, dell'ossigeno, del cloro e dell'azoto sono biatomiche e detto *n* il numero di molecole contenute in un volume di gas ad una data temperatura e pressione, dal fatto che un volume di idrogeno e un volume di cloro danno due volumi di acido cloridrico, segue che $n$ molecole di idrogeno e $n$ molecole di cloro devono dare $2n$ molecole di acido cloridrico. Da ciò si ricava che una molecola di acido cloridrico contiene un atomo di idrogeno e un atomo di cloro, come viene mostrato nella seguente equazione:

$$(1.7.6) \qquad nH_2 + Cl_2 = 2nHCl$$

in cui si tiene conto che il numero di atomi di ciascun elemento si conserva nel corso della reazione. Con ragionamento analogo si ricava che $2n$ molecole di idrogeno si uniscono a $n$ molecole di ossigeno per formare $2n$ molecole di acqua, ognuna delle quali contiene 2 atomi di idrogeno e 1 atomo di ossigeno:

$$(1.7.7) \qquad 2nH_2 + nO_2 = 2nH_2O$$

Quindi, scrivendo l'equazione $(1.7.5)$ per la reazione idrogeno-ossigeno che produce acqua, si ha:

$$(1.7.8) \qquad \frac{n_H m_H}{n_O m_O} = \frac{1}{8}$$

in cui ponendo $\dfrac{n_H}{n_O} = 2$, si ottiene la seguente equazione:

$$(1.7.9) \qquad 2\frac{m_H}{m_O} = \frac{1}{8}$$

da cui segue:

$$(1.7.10) \qquad m_O = 16 m_H$$

Assumendo la massa dell'atomo di idrogeno come unità di misura della masse atomiche, si ottiene il valore della massa atomica dell'ossigeno: $m_O = 16$. Procedendo in questo modo si può determinare, per ogni elemento, la massa atomica relativa, ma per determinare il valore assoluto, il fisico tedesco Loschmidt, verso il 1865, determinò il numero di molecole contenute in un litro di gas alla temperatura di $0°C$ e alla pressione di $1.012 \cdot 10^5 P_a$; tale numero è $2.68718 \cdot 10^{22}$ e pertanto consegue che, per conoscere la massa di una molecola di un certo gas, è sufficiente dividere la massa di un litro di quel gas alla temperatura di $0°C$ e alla pressione di $1.012 \cdot 10^5 P_a$ per il numero di Loschmidt. Nel caso dell'idrogeno risulta che la massa molecolare è:

$$(1.7.11) \qquad m_{H_2} = 3.33700 \cdot 10^{-27} kg$$

Poiché la molecola dell'idrogeno è biatomica, si ha che la massa atomica è:

$$(1.7.12) \qquad m_H = 1.66850 \cdot 10^{-27} kg$$

Questo valore è leggermente superiore all'unità di massa atomica $u$ scelta arbitrariamente pari a:

$$(1.7.13) \qquad u = 1.66053 \cdot 10^{-27} kg$$

in questa unità la massa dell'atomo di idrogeno vale:

$$(1.7.14) \qquad m_H = 1.00797u$$

Nella tabella $(1.7.1)$ sono riportati i valori attuali delle masse atomiche di alcuni elementi; questi valori vengono usualmente arrotondati all'intero più vicino ed il numero che si ottiene assume il nome di numero di massa. Questo numero, indicato universalmente con la lettera $A$ vale 1 per l'idrogeno, 12 per il carbonio, 14 per l'azoto, 16 per l'ossigeno, ecc. È opportuno osservare che tutte le leggi fisiche nelle quali le grandezze fisiche dipendono dal numero di molecole invece che dalla massa, risultano espresse in forma più semplice se in luogo della massa viene posto il prodotto del numero di moli $n$ per la massa molecolare $M$ *(la massa molecolare è spesso detta peso molecolare)*.

*Pertanto si definisce grammo mole o semplicemente mole la quantità di sostanza espressa in grammi e pari alla sua massa (peso) molecolare; per esempio, la massa (peso) molecolare dell'ossigeno è 32 e la grammo mole di ossigeno è pari a 32 grammi.*

*Si definisce numero di moli n l'espressione data dal rapporto tra la massa m della sostanza e la sua massa molecolare M :*

$$(1.7.5) \qquad n = \frac{n}{M}$$

Una conseguenza fondamentale del concetto di grammo mole è che una *grammo mole* di qualsiasi sostanza contiene sempre un numero di Avogadro $N_A$ di molecole che è pari $6.02 \cdot 10^{23} \dfrac{molecole}{mole}$

| SIMBOLO CHIMICO E MASSA ATOMICA DI ALCUNI ELEMENTI | | |
|---|---|---|
| Elemento | Simbolo Chimico | Massa Atomica |
| Idrogeno | $H$ | 1.00797 |
| Carbonio | $C$ | 12.0111 |
| Ossigeno | $O$ | 15.9994 |
| Elio | $H_e$ | 4.0026 |
| Fluoro | $F$ | 18.9984 |
| Sodio | $N_a$ | 22.9898 |
| Allumino | $Al$ | 26.9815 |
| Silicio | $S_i$ | 28.086 |
| Cloro | $Cl$ | 35.453 |
| Calcio | $C_a$ | 40.08 |
| Ferro | $F_e$ | 55.847 |
| Rame | $C_u$ | 63.546 |
| Zinco | $Z_n$ | 65.37 |
| Argento | $A_g$ | 107.870 |

| Oro | $A_u$ | 196.967 |
|---|---|---|
| Mercurio | $H_g$ | 200.59 |
| Piombo | $P_b$ | 207.19 |
| Uranio | $U$ | 238.04 |
| Tabella (1.7.1) | | |

# 1.8  FORZE MOLECOLARI

Le molecole costituenti lo stato solido e lo stato liquido della materia sono a stretto contatto le une con le altre, mentre quelle costituenti lo stato gassoso sono più o meno distanziate tra loro a seconda della pressione a cui sono sottoposte. Per tale ragione si dice che lo stato solido e lo stato liquido costituiscono gli **stati condensati** della materia. Il fatto che negli stati condensati le molecole siano a stretto contatto tra loro implica l'esistenza di *interazioni molecolari* che si esplicano attraverso forze reciproche di tipo attrattivo. Queste forze si oppongono in misura variabile, a seconda della natura della sostanza, al *moto termico (vedi paragrafo (2.16) del prossimo capitolo)*, ovvero al moto causato dall'apporto di calore che tende a separare le molecole le une dalle altre determinando, così, il passaggio della materia dagli stati condensati allo stato attenuato. Tuttavia, solidi e liquidi, pur costituendo i due stati condensati della materia, presentano notevoli differenze: nei solidi, le molecole *(o gli atomi)* sono confinate in determinate posizioni invece, nei liquidi, possono scorrere le une sulle altre, nonostante siano sottoposte a forze reciproche di tipo attrattive. Nello stato attenuato, poiché le molecole sono più o meno distanziate tra loro, le forze attrattive reciproche sono nulle o quasi; però quando le molecole sono molto compresse si avvicinano tra loro e le forze attrattive cominciano a far sentire la loro presenza determinando un'ulteriore avvicinamento delle molecole. Esercitando un'ulteriore compressione sulle molecole oppure sottraendo calore oppure eseguendo entrambe le operazioni, la materia passa dallo stato attenuato allo stato condensato. Le forze attrattive che si esercitano tra le molecole, di natura non sempre uguale e, talvolta, non del tutto chiara, sono dette *forze di Van der Waals;* esse hanno origine da una ineguale distribuzione delle nubi elettroniche negative intorno ai nuclei atomici positivi e sono preponderanti in tutte quelle sostanze le cui molecole non hanno alcuna tendenza a legarsi stabilmente tra loro come, per esempio, nel caso dei gas nobili *(elio He, neon Ne , argo Ar , cripton Kr xenon Xe , randon Rn )* le cui molecole sono costituite dal solo atomo dei gas *(molecole monoatomiche).* Queste strutture sono particolarmente stabili; tuttavia, quando due di esse sono sufficientemente vicine, ad una distanza dell'ordine di qualche decina di diametri atomici, la loro simmetria sferica viene alterata e si polarizzano determinando delle deboli forze attrattive: le forze di Van der Waals. Particolarmente intense sono le forze di Van der Waals che si determinano tra le molecole dell'acqua. In tal caso, i due atomi di idrogeno si trovano dalla stessa parte rispetto al centro della molecola; pertanto, poiché l'ossigeno ha una tendenza molto più pronunciata dell'idrogeno ad attirare verso di sé gli elettroni, le molecole risultano fortemente polarizzate e danno luogo a forze attrattive molto forti. Ad ogni modo, le forze che si esercitano tra le molecole possono essere descritte qualitativamente facendo uso del modello energetico del moto. Osservando che le molecole posseggono sia energia cinetica che energia potenziale e che un tipico grafico, esprimente l'energia potenziale $E_p(r)$ come funzione della distanza $r$ tra i centri delle due molecole, è indicato nella figura $(1.8.1)$, si ha che la forza $R$ che si esercita tra le due molecole è espressa dalla seguente relazione:

$$(1.8.1) \qquad R = -\frac{d}{dr} E_p(r)$$

Poiché la quantità $\dfrac{d}{dr} E_p(r)$ si può interpretare come la tangente geometrica alla curva dell'energia potenziale $E_p(r)$, si può dedurre quanto segue: nel punto $r_0$ essendo la tangente parallela all'asse $r$, si ha $\dfrac{d}{dr} E_p(r) = 0$; ciò significa che quando la distanza tra i centri delle due molecole è $r_0$ tra le molecole non agisce alcuna forza e sono tra loro in equilibrio. Quando la distanza $r$ tra le due molecole diventa

85

minore della distanza di equilibrio $r_0$, la tangente alla curva dell'energia potenziale nel punto $r$ è negativa e di conseguenza è negativa quantità $\dfrac{d}{dr}E_p(r)$; pertanto dalla relazione $(1.8.1)$ segue $R > 0$ e ciò significa che la forza $R$ che si esercita tra le due molecole, poiché ha il verso concorde al verso dell'asse $r$, è repulsiva e tende ad allontanare le due molecole. Quando la distanza $r$ tra le due molecole diventa maggiore della distanza di equilibrio $r_0$, la tangente alla curva dell'energia potenziale nel punto $r$ è positiva e di conseguenza è positiva la quantità $\dfrac{d}{dr}E_p(r)$; pertanto dalla relazione $(1.8.1)$ segue $R < 0$ e ciò significa che la forza $R$ che si esercita tra le due molecole, poiché ha il verso opposto al verso dell'asse $r$, è attrattiva e tende ad avvicinare le due molecole. Quindi, se l'energia totale $E_0$ è minore di zero, la curva dell'energia potenziale interseca la retta di equazione $E_0 = \mathrm{cost}$ nei punti di coordinate $r_1$ e $r_2$ *(punti di inversione del moto);* pertanto, il sistema delle due molecole è un sistema legato e può dar luogo alla formazione di corpi solidi e liquidi le cui molecole oscillano intorno alla posizione di equilibrio $r_0$. Se invece l'energia totale $E_0$ è maggiore di zero, la curva dell'energia potenziale interseca la retta di equazione $E_0 = \mathrm{cost}$ nel solo punto di coordinata $r_3$; in questo punto il moto si inverte e le molecole tendono a riacquistare la posizione di equilibrio allontanandosi tra loro. Superato il valore di coordinata $r_0$, se la curva dell'energia potenziale non interseca la retta di equazione $E_0 = \mathrm{cost}$, le due molecole si allontanano definitivamente rompendo il loro legame e diventando libere di muoversi; in tal caso, l'energia totale è costituita dalla sola energia cinetica.

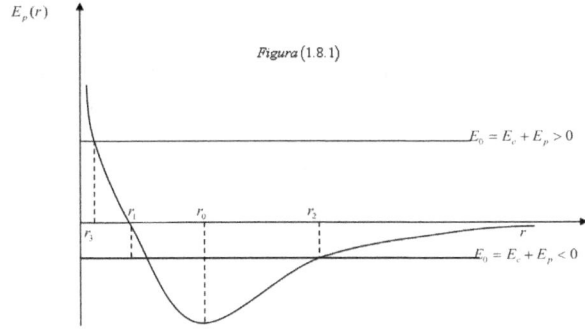

Figura (1.8.1)

# 1.9 FENOMENI MOLECOLARI NEI LIQUIDI

In questo paragrafo vengono presi in considerazione alcuni fenomeni direttamente collegati con la struttura molecolare della materia; si tratta di fenomeni che interessano la superficie limite dei corpi liquidi sia che essi siano isolati nel vuoto, sia che essi siano in contatto, lungo tale superficie, con altri corpi. Sperimentalmente si osserva che se un volume di liquido viene sottratto all'azione di ogni forza esterna acquista una forma sferica. Per fornire una spiegazione di questo risultato sperimentale si prendono in considerazione le forze molecolari; queste forze, come è stato visto nel paragrafo precedente, diminuiscono all'aumentare della distanza di equilibrio e si possono ritenere nulle ad una distanza pari a $10^{-5} cm$. Pertanto, una molecola posta nel centro di una sfera di raggio $10^{-5} cm$ interagisce solo con quelle molecole che sono interne alla sfera *(sfera d'azione)*.

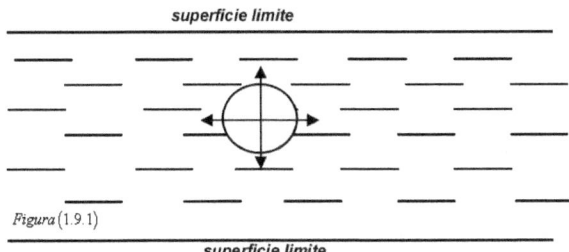

Figura (1.9.1)

Se la sfera d'azione è interamente contenuta nel liquido *(vedi figura (1.9.1))*, il risultante delle forze che si esercitano sulla molecola è nullo per ragioni di simmetria; diversamente, se la sfera d'azione non è non è interamente contenuta nel liquido ed il suo centro è posto sulla superficie limite del liquido *(vedi figura (1.9.2))*, il risultante delle forze che agiscono sulla molecola è diverso da zero perché vengono meno le ragioni di simmetria: infatti, nella semisfera esterna al liquido non agisce alcuna forza perché non vi sono molecole.

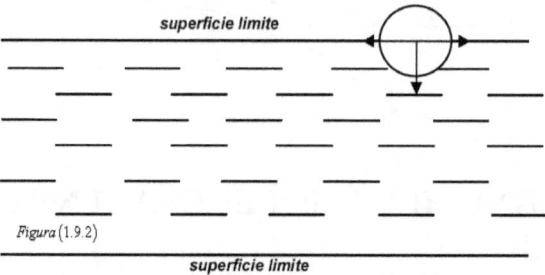

*Figura* (1.9.2)

Se il liquido fosse immerso in aria, come accade spesso nella realtà, nella semisfera esterna al liquido vi sarebbero molecole d'aria che interagirebbero con la molecola posta al centro della sfera. Tuttavia, questa combinazione non comporterebbe comunque un ripristino della simmetria in quanto le molecole d'aria sono diverse dalle molecole del liquido posto in esame. Quindi, tutte le molecole, appartenenti ad uno strato superficiale di spessore inferiore al raggio della sfera d'azione *(vedi figura (1.9.3))*, sono soggette a forze dirette verso l'interno del liquido; sotto l'azione di queste forze, le molecole tendono a spostarsi verso l'interno del liquido e poiché il loro numero per unità di superficie deve mantenersi costante, la superficie limite tende a diminuire comportandosi come una membrana elastica che avvolge il liquido. Di conseguenza i liquidi tendono ad assumere forme tali da racchiudere il proprio volume entro la minima superficie possibile; ma dalla geometria è noto che la forma sferica è quella che meglio soddisfa tali requisiti e pertanto risulta spiegato il risultato sperimentale che, se il lettore desidera, lo può osservare ponendo una goccia d'olio in una miscela di acqua - alcol di concentrazione tale che la sua massa volumica uguagli quella dell'olio. In tali condizioni, la spinta di Archimede $\vec{A}$ bilancia esattamente il peso $\vec{p}$ della goccia d'olio che viene così sottratta all'azione di ogni forza esterna ed assume la forma sferica. Ancora, riempendo un contagocce d'acqua si possono formare delle gocce d'acqua e osservare la forma sferica.

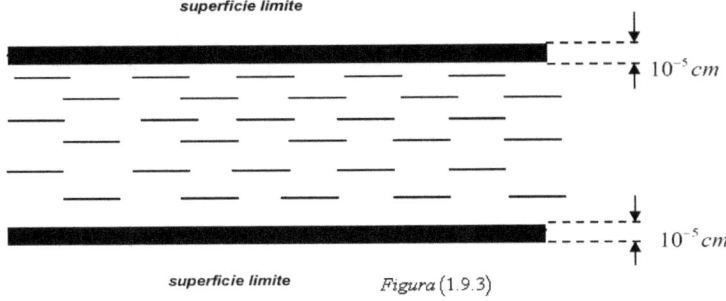

superficie limite

$10^{-5}\,cm$

$10^{-5}\,cm$

superficie limite     *Figura* (1.9.3)

Osservando la loro formazione con attenzione, si nota che esse cadono solo dopo che hanno raggiunto una determinata grandezza e, quando si staccano, la loro forma, prima allungata, diventa sferica. In tal caso, essendo la massa delle gocce molto piccola e quindi confrontabile con la massa molecolare, si ha che la forza peso è trascurabile rispetto alle forze molecolari, per cui la forma delle gocce è governata dalle forze molecolari di superficie. Volendo determinare queste forze di superfici si può fissare l'attenzione sul comportamento elastico della superficie limite ed immergere, per esempio, nell'acqua saponata un telaietto costituito da un filo metallico molto sottile e avente un lato che può scorrere liberamente *(vedi figura (1.9.4))*. Estraendo il telaietto dall'acqua saponata, si forma una lamina liquida molto sottile avente il contorno determinato dal perimetro del telaietto. Questa lamina tende a contrarsi ed esercita sul lato scorrevole una forza tangente alla superficie, il cui modulo può essere misurato facendo uso della bilancia indicata nella figura (1.9.5). Al di sotto di uno dei piatti si sospenda il telaietto senza il lato scorrevole a forma di $U$ rovesciata e lo si immerga nell'acqua saponata; estraendo il telaietto solo parzialmente si forma una lamina liquida, limitata in basso dalla superficie libera del liquido, e quindi si può stabilire l'equilibrio della bilancia ponendo della zavorra sull'altro piatto.

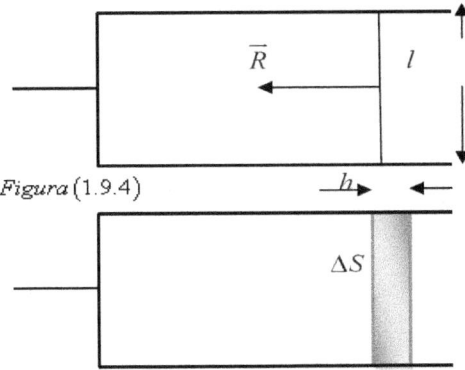

*Figura* (1.9.4)

Rompendo la lamina liquida si rompe l'equilibrio della bilancia che può essere ripristinato aggiungendo dei pesi dalla parte del telaietto. Questi forniscono il modulo della forza distribuito lungo il margine inferiore della membrana ed eseguendo più volte la misurazione con telaietti di diverse dimensioni, si rileva che il modulo della forza $\vec{R}$ è direttamente proporzionale al doppio della larghezza $l$ della lamina liquida:

$$(1.9.1) \qquad R = \tau 2l$$

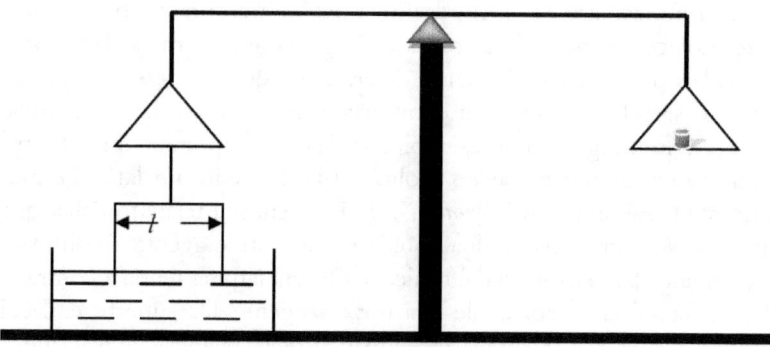

*Figura* (1.9.5)

La lamina liquida si può considerare come un sottile strato liquido costituito da due superfici limite; per ottenere il modulo della forza di contrazione $\vec{F}$ di una sola superficie limite è sufficiente dividere ambo i membri dell'equazione (1.9.1) per 2 . Così facendo si ottiene:

$$(1.9.2) \qquad F = \tau l$$

La costante di proporzionalità $\tau$ assume il nome di *tensione superficiale;* essa può essere definita come la forza di contrazione agente tangenzialmente alla superficie limite, in direzione perpendicolare ad un tratto unitario della linea di contorno della superficie stessa. In formula si ha:

$$(1.9.3) \qquad \tau = \frac{F}{l}$$

e la sua unità di misura, nel S.I., è: *Newton / metro* . Si osservi che la tensione superficiale $\tau$ si può anche definire in un altro modo; così facendo, si ritorni all'esperienza della formazione della lamina liquida con il telaietto indicata nella figura (1.9.4) e si fissi l'attenzione sul fatto che lamina liquida è capace di contrarsi spostando il lato scorrevole del telaietto e quindi di diminuire la superficie. Per riportare il lato scorrevole del telaietto nella posizione iniziale e quindi aumentare la superficie della lamina liquida, è necessario eseguire un lavoro contro la tensione superficiale; questo lavoro viene immagazzinato nella lamina liquida, sotto forma di energia potenziale di superficie, e viene integralmente restituito quando la lamina liquida si contrae. Poiché la forza da vincere, per aumentare la superficie della lamina liquida, è indipendente dall'estensione della superficie stessa, anche il lavoro per aumentare l'unità di superficie non ne dipende; quindi, se il lato scorrevole del telaietto si sposta di un tratto $h$ , il lavoro $W$ è:

$$(1.9.4) \qquad W = Rh$$

e corrispondentemente le due superfici limite della lamina aumentano della quantità:

$$(1.9.5) \qquad \Delta S = 2lh$$

Dividendo membro a membro le equazioni $(1.9.4)$ e $(1.9.5)$, si ha:

$$(1.9.6) \qquad \frac{W}{\Delta S} = \frac{Rh}{2lh} = \frac{R}{2l} = \frac{F}{l} = \tau$$

| TENSIONE SUPERFICIALE DI ALCUNE SOSTANZE IN PRESENZA DI ALTRE ALLA TEMPERATURA DI $20°C$ | | |
|---|---|---|
| SOSTANZE | SOSTANZE | TENSIONE SUPERFICIALE $\dfrac{Newton}{m}$ |
| Acqua | Olio d'oliva | $20.0 \cdot 10^{-3}$ |
| Acqua | Aria | $72.7 \cdot 10^{-3}$ |
| Mercurio | Aria | $480.0 \cdot 10^{-3}$ |
| Mercurio | Vuoto | $435.0 \cdot 10^{-3}$ |
| Mercurio | Acqua | $418.0 \cdot 10^{-3}$ |
| Alcol etilico | Aria | $22.3 \cdot 10^{-3}$ |
| Olio d'oliva | Aria | $35.4 \cdot 10^{-3}$ |
| Glicerina | Aria | $64.3 \cdot 10^{-3}$ |
| Benzolo | Aria | $29.2 \cdot 10^{-3}$ |
| Tabella (1.9.1) | | |

Pertanto la tensione superficiale si può definire come il lavoro necessario che si deve eseguire sul liquido per estendere la sua superficie limite di una unità, oppure, più brevemente, come l'energia potenziale superficiale per unità di superficie. Secondo questa definizione, l'unità di misura è: $\dfrac{Joule}{m^2} = \dfrac{Newton}{m}$.

Si osservi che la tensione superficiale dipende dall'eventuale presenza di altre molecole nella semisfera emergente dalla superficie limite del liquido e diminuisce al crescere della temperatura. A titolo di esempio, nella tabella (1.9.1) sono indicati i valori della tensione superficiale a

$20°C$ di alcune sostanze in presenza di altre. Giunti a questo punto si deve esplicitamente osservare che, quando la superficie limite del liquido non è piana, la tensione superficiale dà luogo ad una pressione sulla superficie stessa; è come quando si tende un nastro elastico su una superficie piana, per esempio, un tavolo, qualunque sia la tensione a cui è sottoposto il nastro non vi è alcuna pressione esercitata dalla tensione sul tavolo, se invece il nastro viene teso su una superficie curva come, per esempio, una superficie cilindrica o sferica, si avrà una pressione sulla superficie curva tanto più grande quanto più è grande la tensione a cui è sottoposto il nastro. Limitandosi al caso di una superficie sferica, si può facilmente determinare la relazione tra la tensione superficiale $\tau$ la pressione $p$ ed il raggio $R$ della sfera. A tal fine, siano $M$ un punto della superficie sferica ed $S$ una calotta sferica di raggio molto piccolo contenente il punto $M$ *(vedi figura (1.9.6))*.

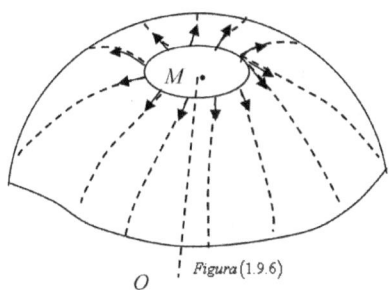

*Figura* (1.9.6)

Le forze dovute alla tensione superficiale sono applicate al cerchio limite della calotta; dividendo questo cerchio limite in archetti uguali, si avrà che su ogni archetto agirà una forza normale all'archetto e tangente alla superficie sferica. Queste forze hanno un componente normale ed un piccolo componente parallelo al raggio $OM$ della sfera; pertanto il risultante dei componenti normali è nullo per ragioni di simmetria, mentre il risultante dei componenti paralleli è diverso da zero e diretto nel verso $MO$ in quanto tutti i componenti paralleli hanno il verso $MO$ . Quindi, la tensione superficiale $\tau$ sollecita la calotta sferica verso il centro della sfera determinando su di essa una pressione. Poiché questo ragionamento può essere fatto per ogni punto della superficie sferica, ne consegue che la tensione superficiale

$\tau$ determina una pressione $P$ verso il centro della sfera su tutta la superficie. Variando la superficie della sfera dal valore $4\pi R^2$ al valore $4\pi(R+\Delta R)^2$ si ha che la variazione $\Delta S$ è espressa dalla seguente quantità:

$$(19.7) \qquad \Delta S = 4\pi(R+\Delta R)^2 - 4\pi R^2$$

da cui segue l'equazione:

$$(1.9.8) \qquad \Delta S = 8\pi R \Delta R$$

in cui si è trascurato il termine $4\pi\Delta R^2$.

Il lavoro che si deve eseguire sulla superficie per produrre la variazione espressa dall'equazione (1.9.8) è:

$$(1.9.9) \qquad W = 8\pi R(\Delta R)\tau$$

D'altro canto, osservando che su ogni elemento di superficie $\Delta S$ agisce una forza $P\Delta S$ normale all'elemento stesso *(vedi figura (1.9.7))* e diretta verso il centro della sfera, il lavoro $W$ si può anche calcolare sommando tra loro tutti i lavori parziali del tipo $P\Delta S\Delta R$ in quanto la forza $P\Delta S$, quando la superficie varia, sposta il suo punto di applicazione, nel verso ad essa opposta, della quantità $\Delta R$ (vedi figura (1.9.7)). Quindi si può scrivere la seguente equazione:

$$(1.9.10) \qquad W = \lim_{\Delta S_i \to 0} \sum_i P\Delta S_i \Delta R = P\Delta R \lim_{\Delta S_i \to 0} \sum_i \Delta S_i = P\Delta R \int dS$$

da cui segue l'equazione:

$$(1.9.11) \qquad W = 4\pi R^2 P\Delta R$$

in quanto il fattore $\int dS$ esprime l'area della superficie sferica.

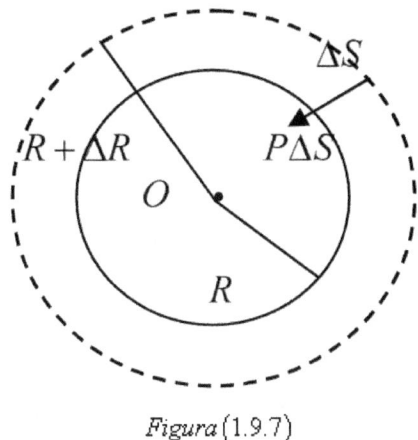

*Figura* $(1.9.7)$

Confrontando le equazioni $(1.9.9)$ e $(1.9.11)$ si ottiene l'equazione:

$$(1.9.12) \quad P = \frac{2\tau}{R}$$

che esprime la relazione cercata; essa è un caso particolare di una formula più generale: *formula di Laplace*. Un uso significativo dell'equazione (1.9.12) può essere fatto nei fenomeni di capillarità che consistono nell'alterazione delle condizioni di equilibrio di un liquido, in quiete in un campo gravitazionale, quando viene posto in un tubo verticale di raggio molto piccolo dell'ordine di $10^{-4}\,m$. Per rendersi conto di questo fenomeno si consideri un tubo di vetro a forma di $U$, verticale, con rami disuguali, uno del diametro di qualche centimetro e l'altro inferiore a al millimetro *(vedi figura (1.9.8))* e si versi dentro un liquido omogeneo, per esempio acqua. Per il principio dei vasi comunicanti, ci si aspetta che, in condizioni di equilibrio, il liquido si disponga allo stesso livello nei due rami; tutto ciò non si verifica e precisamente si ha che il livello del liquido nel ramo di raggio minore supera il livello nel ramo di raggio maggiore.

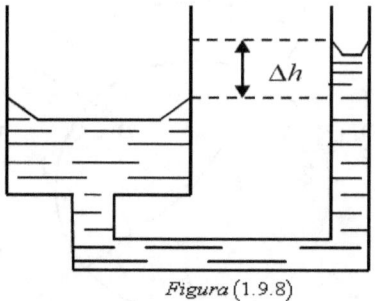

Figura (1.9.8)

Diversamente, se nel tubo ad $U$ si versa mercurio invece di acqua, il livello del liquido nel ramo di raggio minore si dispone al di sotto del livello nel ramo di raggio maggiore *(vedi figura (1.9.9))*.

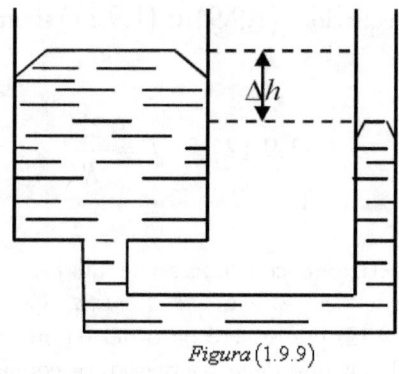

Figura (1.9.9)

Questi fatti sembrano sovvertire il principio dei vasi comunicanti; in realtà, quando le dimensioni dei contenitori dei liquidi sono dell'ordine di grandezza del decimo di millimetro è necessario prendere in considerazione le forze di tensione superficiale che si esercitano al contatto tra le pareti del contenitore, il liquido e l'aria. Questa necessità si evidenzia dall'osservazione che la configurazione della superficie dei liquidi non è piana; essa ha la forma di un *menisco convesso* nel caso del mercurio e la forma di un *menisco concavo* nel caso dell'acqua. Questi fatti riguardano tutti i liquidi e pertanto per l'acqua e per tutti i liquidi che hanno lo stesso comportamento, si dirà che bagnano le pareti del contenitore; diversamente, per il mercurio e per tutti i liquidi che hanno lo stesso comportamento si dirà che non bagnano le pareti del contenitore. Quindi, lungo la linea su cui la superficie libera del liquido tocca le pareti del contenitore si esercitano tre forze dovute alle tensioni superficiali: *liquido - aria, liquido - contenitore, contenitore - aria* e dirette verso l'interno della superficie di separazione dei due corpi che si corrispondono. Distinguendo i corpi con gli indici 1,2,3 *(vedi figura (1.9.10))* e indicando i coefficienti di tensione superficiale con $\tau_{1,2}$ *(liquido – aria)*, $\tau_{1,3}$ *(liquido - contenitore)*, $\tau_{2,3}$ *(contenitore - aria )*, si ha che un punto $A$ della linea di contatto dei tre corpi è in equilibrio se è soddisfatta la seguente equazione:

$$(1.9.13) \qquad \tau_{1,3} + \tau_{1,2} \cos\theta = \tau_{2,3}$$

in cui $\theta$ esprime l'angolo di raccordo definito dalla superficie del liquido e dalla superficie piana del solido *(contenitore)*.

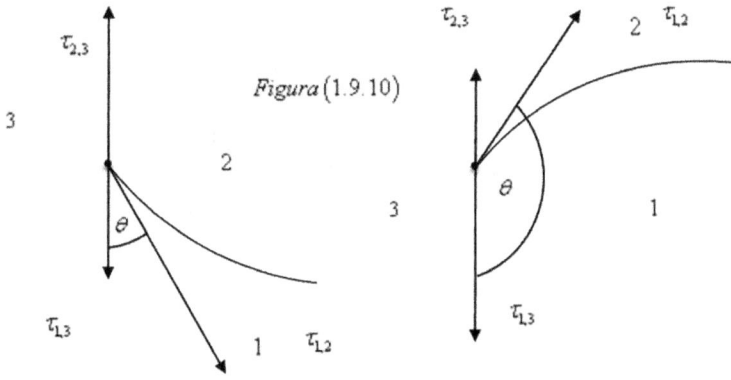

Figura (1.9.10)

Risolvendo l'equazione $(1.9.13)$ rispetto a $\cos\theta$, si ha:

$$(1.9.14) \qquad \cos\theta = \frac{\tau_{2,3} - \tau_{1,3}}{\tau_{1,2}}$$

dalla quale si deduce che se la tensione superficiale tra contenitore –
aria $\tau_{2,3}$ è maggiore della tensione superficiale tra contenitore – liquido
$\tau_{1,3}$ allora l'angolo di raccordo $\theta$ è acuto; mentre se è $\tau_{2,3} < \tau_{1,3}$ allora
l'angolo di raccordo $\theta$ è ottuso *(vedi figura (1.9.10))*. Siano $r$ il raggio del
tubo capillare e $\theta$ l'angolo di raccordo, supposto acuto, in tal caso la
superficie del liquido è un menisco concavo e costituisce una calotta
sferica di raggio espresso dalla seguente equazione (vedi figura (1.9.11)):

$$(1.9.15) \quad R = \frac{r}{\cos\theta}$$

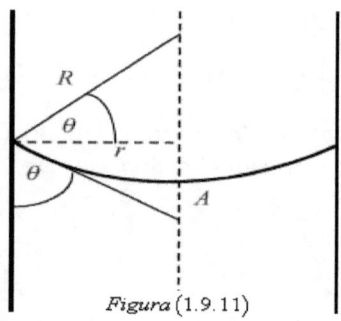

*Figura* (1.9.11)

Quindi, nel vertice $A$ , in direzione dell'asse del tubo, agisce una
pressione $P$ data dall'equazione (1.9.12); sostituendo in questa
equazione il valore del raggio $R$ fornito dall'equazione (1.9.15), si
ottiene la seguente equazione:

$$(1.9.16) \quad P = 2\tau \frac{\cos\theta}{r}$$

Questa pressione si trasmette inalterata a tutti i punti del liquido ed è
bilanciata dalla pressione idrostatica esercitata dal dislivello tra il ramo
maggiore ed il ramo minore del tubo ad $U$; quindi, si può scrivere la
seguente equazione:

$$(1.9.17) \quad \gamma\Delta h = 2\tau \frac{\cos\theta}{r}$$

da cui segue l'equazione:

$$(1.9.18) \qquad \Delta h = \frac{2\cos\theta}{r\gamma} = \frac{2\cos\theta}{r\rho g}$$

che esprime la legge di Jurin secondo la quale la variazione del livello di liquido in un tubo capillare è inversamente proporzionale al raggio $r$ del tubo capillare. Per dare un'idea dell'ordine di grandezza dei dislivelli che si verificano nei tubi capillari, si può determinare il dislivello dell'acqua in un tubo capillare di raggio $0.1\,mm$ Assumendo $\cos\theta = 1$ ed essendo:

$$\tau = 72.7 \cdot 10^{-3}\,\frac{N}{m}; \quad \rho = 1000\,\frac{kg}{m^3}; \quad g = 9.8\,\frac{m}{s^2}$$

si ha:

$$\Delta h = \frac{2 \cdot 72.7 \cdot 10^{-3}}{0.1 \cdot 10^{-3} \cdot 10^3 \cdot 9.8} \cong 0.15 m = 15 cm$$

Questo risultato fa comprendere che i dislivelli che si verificano nei tubi capillari sono tutt'altro che trascurabili.

## TEST VERIFICA (1.1)

Il lettore risponda, a seconda del tipo di quesito, elaborando una propria risposta oppure ponendo un segno sulla casella in corrispondenza della risposta che ritiene esatta.

| | |
|---|---|
| 1 | come si definisce la temperatura di un corpo |
| 2 | come si può assegnare un valore numerico alla temperatura di un corpo secondo un criterio oggettivo |
| 3 | cosa esprime il principio zero della termodinamica |
| 4 | al livello di mercurio del termoscopio, in equilibrio termico con una miscela acqua - ghiaccio alla pressione di $P = 1.012 \cdot 10^5 P_a$, quale dei seguenti valori si assegna:<br><br>[a] $100°C$<br><br>[b] $0.01°C$<br><br>[c] $0°C$<br><br>[d] $0K$ |
| 5 | come si determinano le costanti $a$ e $b$ nell'equazione $t = al + b$ |
| 6 | come si determina la costante $a$ nell'equazione $t = ap$ |
| 7 | la minima temperatura che può essere misurata con un termometro a gas è dell'ordine di:<br><br>[a] $1°$<br><br>[b] $10°$<br><br>[c] $100°$<br><br>[d] $1000°$ |
| 8 | in che cosa consiste la scala pratica internazionale delle temperature |

| | |
|---|---|
| 9 | le attuali norme della scala pratica internazionale delle temperature suddividono le temperature superiori al punto triplo dell'idrogeno in tre intervalli. Il lettore indichi questi intervalli ed il tipo di termometro che si usa per le misurazioni delle temperature comprese in ogni intervallo indicato |
| 10 | quale delle seguenti equazioni esprime la relazione tra la scala Fahrenheit e la scala centigradi<br><br>[a] $t_F = 1.8°Ft_c + 32°F$<br><br>[b] $t_F = 1.8°Ft_c$<br><br>[c] $t_F = 2.8°Ft_c + 32°F$<br><br>[d] $t_F = 1.8°Ft_c + 32°Ft_c$ |
| 11 | quale valore di temperatura si assegna ad un gas in equilibrio termico con il sistema acqua - ghiaccio - vapore acqueo |
| 12 | commentare l'equazione: $\lambda = \dfrac{\Delta l}{l_0 \Delta t}$ |
| 13 | esprimere la relazione tra il coefficiente di dilatazione termica bidimensionale $\sigma$ ed il coefficiente di dilatazione termica unidimensionale $\lambda$ per un corpo omogeneo e commentarla |
| 14 | un problema fondamentale per la dilatazione termica è:<br><br>[a] la determinazione delle dimensioni del corpo<br><br>[b] la determinazione sperimentale dei coefficienti di dilatazione termica<br><br>[c] la determinazione della temperatura del corpo<br><br>[d] la ricerca della forma del corpo |
| 15 | nel caso dei corpi liquidi come si può determinare sperimentalmente il coefficiente di<br><br>dilatazione termica $\beta$ |
| 16 | quale fu la conclusione cui pervenne, nel 1841, Regnault dopo che ebbe perfezionato gli studi di Volta, Charles e Gay Lussac |

| | |
|---|---|
| 17 | scrivere l'equazione che esprime la quantità di calore che un corpo assorbe o cede quando è in contatto con un altro corpo; definire il calore specifico e la capacità termica di un corpo |
| 18 | definire la quantità unitaria di calore |
| 19 | la prima misurazione del rapporto lavoro - calore fu eseguita da: <br><br> [a] Watt nel 1800 <br><br> [b] Carnot nel 1824 <br><br> [c] Newton nel 1715 <br><br> [d] Joule nel 1843 |
| 20 | l'equivalente meccanico del calore $J$ vale: <br><br> [a] $2.126 \dfrac{Joule}{Kcal}$ <br><br> [b] $4186 \dfrac{Joule}{Kcal}$ <br><br> [c] $4136 \dfrac{Joule}{Kcal}$ <br><br> [d] $3127 \dfrac{Joule}{Kcal}$ |
| 21 | quale differenza esiste, sostanzialmente, tra la teoria atomica di Democrito e l'attuale teoria atomica |
| 22 | chi pose le basi per uno sviluppo scientifico della teoria atomica |
| 23 | quale modello atomico fu proposto da Rutherford nel 1912 |
| 24 | a quale contraddizione condusse il modello atomico di Rutherford |
| 25 | come venne risolta la contraddizione a cui condusse il modello atomico di Rutherford |
| 26 | esprimere la differenza tra corpo e sostanza |

| 27 | come si può definire una reazione chimica |
|---|---|
| 28 | esprimere il principio di conservazione della massa |
| 29 | esprimere la legge di Proust e chiarirla con un esempio |
| 30 | esprimere la legge delle proposizioni multiple |
| 31 | cosa afferma la legge dei volumi di Gay Lussac |
| 32 | cosa afferma il principio di Avogadro |
| 33 | la grammo mole si definisce come:<br><br>[a] la quantità di sostanza espressa in grammi e pari alla sua massa molecolare<br><br>[b] la quantità di sostanza espressa in grammi<br><br>[c] il numero di molecole contenute in un grammo di sostanza<br><br>[d] la massa molecolare di un grammo di sostanza |
| 34 | cos'è il numero di Avogadro |
| 35 | cos'è il numero di moli |
| 36 | qual è l'origine delle forze di Van der Waals |
| 37 | se la distanza $r$ tra due molecole è minore della distanza di equilibrio $r_0$ , la forza R<br><br>che si esercita tra le due molecole è:<br><br>[a] nulla<br><br>[b] attrattiva<br><br>[c] repulsiva<br><br>[d] attrattiva per tutti i valori di $r$ compresi nell'intervallo $[\frac{r_0}{2}, r_0)$ e repulsiva per tutti i valori di $r$ compresi nell'intervallo $(0, \frac{r_0}{2}]$ |

| | |
|---|---|
| 38 | un sistema costituito da due molecole si dice legato quando: <br><br> [a] l'energia totale $E_0$ è maggiore di zero <br><br> [b] l'energia totale $E_0$ è minore di zero <br><br> [c] l'energia totale $E_0$ è costituita dalla sola energia potenziale <br><br> [c] l'energia totale $E_0$ è costituita dalla sola energia cinetica |
| 39 | se un volume di liquido viene sottratto all'azione di ogni forza esterna acquista una forma: <br><br> [a] cubica <br> [b] conica <br> [c] sferica <br> [d] cilindrica |
| 40 | spiegare la forma sferica che assume un volume di liquido quando viene sottratto all'azione di ogni forza esterna |
| 41 | come si può definire la tensione superficiale $\tau$ |
| 42 | quale delle seguenti equazioni esprime la relazione tra la tensione superficiale $\tau$, la pressione $P$ ed il raggio $R$ della sfera per un volume di liquido la cui superficie ha la forma sferica: <br><br> [a] $P = \dfrac{1}{2}\dfrac{\tau}{R}$ <br><br> [b] $P = 2\dfrac{\tau}{R}$ <br><br> [c] $P = 2\tau e^{-R}$ <br><br> [d] $P = 2\dfrac{\tau}{R^2}$ |
| 43 | in che cosa consistono i fenomeni di capillarità nei liquidi |
| 44 | la superficie libera di un liquido che bagna le pareti del contenitore ha la forma: |

| | |
|---|---|
| | [a] piana |
| | [b] sferica |
| | [c] di un menisco concavo |
| | [d] di un menisco convesso |
| 45 | cos'è l'angolo di raccordo |
| 46 | commentare l'equazione $\cos\theta = \dfrac{\tau_{2,3} - \tau_{1,3}}{\tau_{1,2}}$ |
| 47 | Cosa afferma la legge di Jurin |

# 2.1 STATO TERMODINAMICO DI UN SISTEMA

Lo stato di moto di un sistema di corpi è completamente determinato quando si conoscono istante per istante le posizioni e le velocità di ogni corpo appartenente al sistema. Ciò implica la conoscenza di 6N variabili: 3N quantità scalari per le posizioni e 3N quantità scalari per le velocità, se il sistema è costituito da $N$ corpi soddisfacenti condizione di punto materiale. Diversamente, bisogna considerare anche i moti interni di ogni singolo corpo ed il numero di variabili che definiscono lo stato di moto cresce ulteriormente. Si comprende, quindi, come la determinazione dello stato di moto di un sistema di corpi sia un'impresa estremamente complicata che diventa disperata ed impossibile nel caso di certi sistemi come, per esempio, un sistema costituito da una grammo mole di gas. Un tale sistema è costituito da un numero di Avogadro: $6.02 \cdot 10^{23}$ di molecole alle quali se si volesse assegnare solo coordinata di posizione, tramite il calcolatore elettronico, al ritmo di $1 \mu s$ per molecola, sarebbero necessari $6 \cdot 10^7 s \cong 2 \cdot 10^{10}$ anni che coincide con l'ordine di grandezza dell'età dell'Universo. Quindi, un approccio allo studio dei sistemi, costituiti da molti corpi, è improponibile da questo punto di vista, sicché risulta praticabile la determinazione dello stato del sistema con l'uso di variabili che descrivono il comportamento d'insieme del sistema stesso.

*Ogni volta che un sistema a molti corpi è studiato da questo punto di vista, si dice sistema termodinamico ed il valore che le variabili assumono definiscono lo stato termodinamico.*

# 2.2 EQUAZIONE DI STATO DI UN GAS PERFETTO

Il più semplice sistema termodinamico che si possa considerare è costituito da una quantità di gas omogeneo di bassissima massa volumica il cui stato termico assume valori distanti dal valore per il quale diventa liquido.

*Un gas che soddisfa queste condizioni si dice perfetto.*

La massa gassosa viene pensata sempre contenuta in un recipiente di forma cilindrica la cui base superiore è costituita da un pistone di perfetta tenuta; nel cilindro sono alloggiati un termometro ed un manometro che fuoriescono dalle pareti e consentono rispettivamente la misura della temperatura e della pressione. Inoltre, rigidamente connesso al pistone, vi è indice $i$ che scorrendo lungo una scala graduata $S$ , consente la misura indiretta del volume. Il cilindro sarà supposto fatto di materiale isolante *(perfetto)* di calore tranne la base inferiore che sarà supposta fatta di materiale conduttore *(perfetto)* di calore; il fondo sarà coperto con un tappo isolante *(perfetto)* di calore; il tappo può essere tolto o messo a seconda della necessità.

*Le variabili termodinamiche che definiscono lo stato di questo sistema sono la pressione P, il volume V e la temperatura t*

*Si definisce sorgente di calore qualsiasi corpo capace di scambiare solo calore con i corpi che lo circondano senza modificare il valore del suo stato termico.*

Si supponga che, inizialmente, il sistema si trovi in un stato termodinamico definito dai seguenti valori di pressione, volume e temperatura:

| $P_0$ | $V_0$ | $t_0$ |
|---|---|---|
|  |  |  |

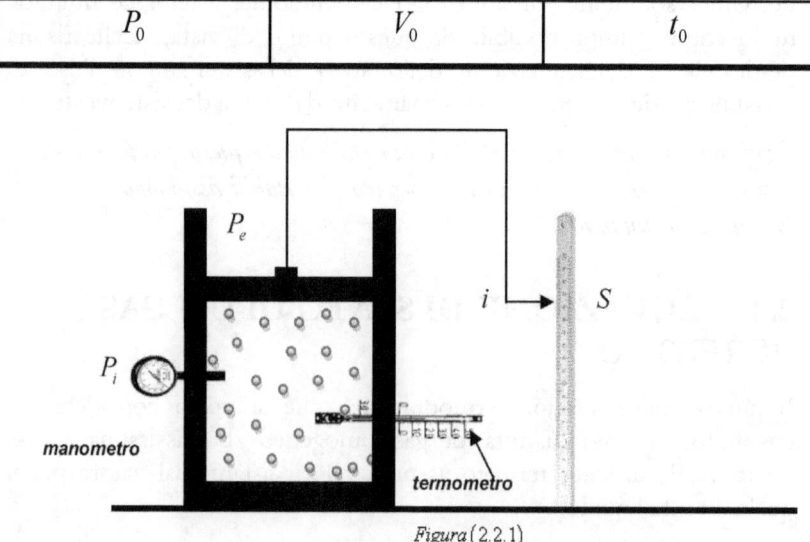

*Figura* (2.2.1)

e si ponga il cilindro a contatto termico con una sorgente di calore il cui stato termico abbia valore $t_0$ □

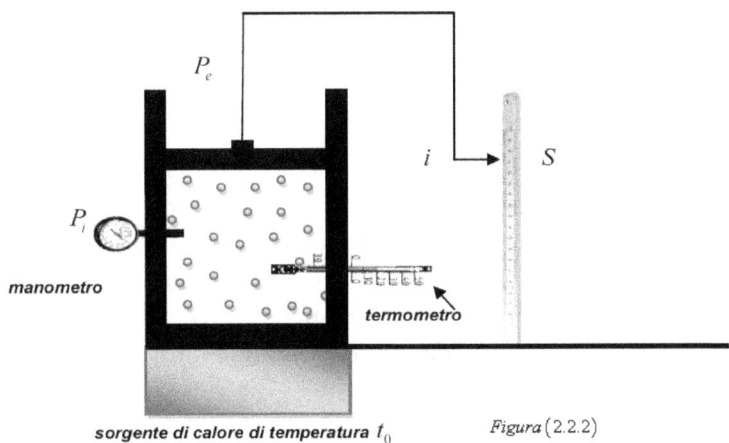

sorgente di calore di temperatura $t_0$            Figura (2.2.2)

Se la pressione interna al gas è maggiore della pressione esterna, il gas si espanderà aumentando il proprio volume fino al valore per il quale la pressione interna uguaglia la pressione esterna; se invece la pressione interna al gas è minore della pressione esterna, il gas si comprimerà diminuendo il proprio volume fino al valore per il quale la pressione interna uguaglia la pressione esterna. Il caso di uguaglianza delle pressioni non interessa tuttavia, qualora si presentasse, si può sempre applicare una forza al pistone in modo da sbilanciare, convenientemente, l'equilibrio delle pressioni. In ogni caso, la temperatura del sistema resta costante, come si può verificare osservando il valore fornito dal termometro; ciò induce a ritenere che il sistema, pur mantenendo costante il suo stato termico, deve, nel primo caso, assorbire calore dalla sorgente e, nel secondo caso, cedere calore alla sorgente. Ad equilibrio delle pressioni raggiunto, gli strumenti di misura forniscono i valori del nuovo stato termodinamico:

| $P'$ | $V$ | $t_0$ |
|------|-----|-------|

Una trasformazione di questo tipo, che cambia lo stato termodinamico del sistema, mantenendo costante il valore dello stato termico, è detta *trasformazione isotermica.* Essa è matematicamente descritta dall'equazione di Boyle:

$$(2.2.1) \qquad P' = \frac{P_0 V_0}{V}$$

Si ponga il cilindro a contatto termico con una sorgente di calore il cui stato termico abbia valore $t > t_0$ e si blocchi il volume al valore $V$ ; poiché il sistema assorbe calore dalla sorgente dovrà variare sia la temperatura che la pressione come, d'altro canto, si verifica osservando i valori di temperatura e pressione forniti dagli strumenti. Ad equilibrio termico raggiunto, gli strumenti forniscono il valore $t$ per la temperatura ed il valore $P$ per la pressione, pertanto il nuovo stato termodinamico del sistema è definito dai valori:

| $P$ | $V$ | $t$ |
|---|---|---|
|  |  |  |

Una trasformazione di questo tipo che cambia lo stato termodinamico del sistema, mantenendo costante il volume, è detta *trasformazione isocora.* Essa è matematicamente descritta dalla seconda equazione di Gay Lussac:

$$(2.2.2) \qquad P' = \frac{P}{1 + \alpha \Delta t}$$

Combinando questa equazione con l'equazione (2.2.1) si ottiene la seguente equazione:

$$(2.2.3) \qquad PV = P_0 V_0 \left( 1 + \alpha \Delta t \right)$$

che lega le tre variabili che definiscono lo stato termodinamico del sistema. L'equazione (2.2.3) è detta *equazione di stato* e contiene in sé l'equazione di Boyle e le due equazioni di Gay Lussac; essa può essere posta in una forma più elegante se si tiene conto del valore del coefficiente di dilatazione termica $\alpha$ . Infatti, ricordando che $\alpha = \dfrac{1}{273.15} \, ^\circ C^{-1}$ l'equazione (2.2.3) si può scrivere come:

$$(2.2.4) \qquad PV = P_0V_0\left(\frac{273.15 + \Delta t}{273.15}\right)$$

in cui il numeratore della frazione esprime, per l'equazione (1.2.1) del capitolo precedente, il valore

dello stato termico finale in termini della temperatura assoluta, sicché si può scrivere la seguente equazione:

$$(2.2.5) \qquad PV = \left(\frac{P_0V_0}{273.15}\right)T$$

in cui il fattore in parentesi dipende solo dalla quantità di gas considerata. Esprimendo la massa del gas in funzione del numero di moli e definendo dei valori standard di pressione e temperatura, è possibile assegnare un valore costante al fattore $\left(\dfrac{P_0V_0}{273.15}\right)$. Dalla legge dei volumi di Avogadro si deduce che una grammo mole di qualsiasi gas, nelle stesse condizioni di pressione e temperatura, occupa sempre lo stesso volume quindi, considerando un sistema costituito da una grammo mole di gas alla temperatura di $273.15K$ e alla pressione di $1.012 \cdot 10^5 P_a$, il suo volume ha il valore di $22.415 \cdot 10^{-3}\,\dfrac{m^3}{mol}$ qualunque sia la natura del gas. Pertanto si ha:

$$\frac{P_0V_0}{273.15} = \frac{1.012 \cdot 10^5 P_a \cdot 22.415 \cdot 10^{-3}\,\dfrac{m^3}{mol}}{273.15K} = 8.304\frac{Joule}{K}$$

Questo valore è solitamente indicato con la lettera $R$ che è nota come costante universale dei gas, sicché l'equazione (2.2.5) si può scrivere come:

$$(2.2.6) \qquad PV = nRT$$

in cui $n$ esprime il numero di moli.

*L'equazione (2.2.6) rappresenta la forma più elegante dell'equazione di stato del gas perfetto.*

Si può far vedere che *l'equazione (2.2.6)* è estendibile ad una miscela di gas perfetti non interagenti chimicamente. A tale scopa, siano, per semplicità, e $A$ $B$ due sistemi gassosi soddisfacenti le condizioni di gas perfetto ed i cui stati termodinamici siano definiti dai valori:

| $P, V_A, T$ | $P, V_B, T$ |
|---|---|

Eseguendo una trasformazione isotermica sui sistemi e $A$ $B$ in modo da portare il volume di entrambi al valore comune $(V_A + V_B)$, si ottengono due nuovi stati termodinamici definiti dai seguenti valori:

| $P_A, (V_A + V_B), T$ | $P_B, (V_A + V_B), T$ |
|---|---|

Usando l'equazione (2.2.6), si possono scrivere le seguenti equazioni:

$$(2.2.7) \qquad PV_A = n_A RT = P_A (V_A + V_B)$$

$$(2.2.8) \qquad PV_B = n_B RT = P_B (V_A + V_B)$$

che sommate membro a membro forniscono l'equazione:

$$(2.2.9) \qquad P(V_A + V_B) = (n_A + n_B) RT = (P_A + P_B)(V_A + V_B)$$

da cui segue l'equazione:

$$(2.2.10) \qquad P = P_A + P_B$$

La somma membro a membro delle equazioni (2.2.7) e (2.2.8) equivale fisicamente ad eseguire un'operazione di miscelamento dei due sistemi gassosi; quindi, l'equazione (2.2.10) afferma che qualora i sistemi gassosi vengono miscelati e non si verificano reazioni chimiche, la pressione da essi esercitata è uguale alla somma delle pressioni che ogni sistema eserciterebbe se occupasse da solo l'intero volume $(V_A + V_B)$. Una verifica di questa affermazione può essere ottenuta con l'apparato sperimentale di figura (2.2.3) in cui è sufficiente aprire il rubinetto R , aspettare che i due gas si miscelano e controllare che i valori di pressione forniti dai due manometri siano uguali. Ciò è quanto si verifica e pertanto dall'equazione (2.2.9) segue l'equazione:

$$(2.2.11) \quad P = (V_A + V_B) = (n_A + n_B) RT$$

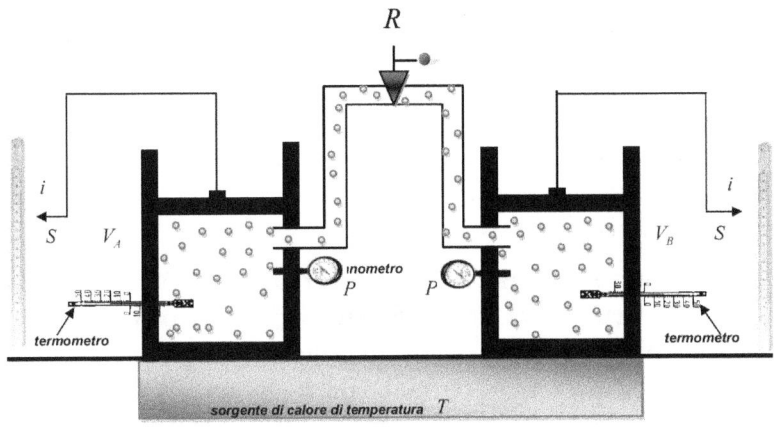

Figura (2.2.3)

in cui ponendo $(V_A + V_B) = V$ e $(n_A + n_B) = n$, si ottiene l'equazione:

$$(2.2.12) \quad PV = nRT$$

che dimostra l'asserto.

# 2.3 TRASFORMAZIONI TERMODINAMICHE

*Una trasformazione termodinamica è un processo che trasforma stati di equilibrio termodinamico ancora in stati di equilibrio termodinamico.*

Lo stato di un sistema si dice di *equilibrio termodinamico* se il sistema soddisfa le seguenti condizioni:

a) la pressione interna ha lo stesso valore in tutti i punti del sistema ed è uguale al valore della pressione esterna *(equilibrio meccanico)*

b) la temperatura interna ha lo stesso valore in tutti i punti del sistema ed è uguale al valore della temperatura esterna *(equilibrio termico)*

c) il sistema deve conservare la struttura interna e la composizione chimica *(equilibrio chimico)*

*Lo spazio i cui punti rappresentano stati di equilibrio termodinamico si dice spazio termodinamico.*

Introdotto un sistema di assi cartesiani ortogonali nello spazio termodinamico, le coordinate cartesiane *(dette anche coordinate termodinamiche)* determinano univocamente gli stati di equilibrio termodinamico di un sistema.

Se e A B sono due stati equilibrio termodinamico, esiste almeno una trasformazione che porta il sistema dallo stato A allo stato B; poiché i punti di uno spazio termodinamico rappresentano solo stati di equilibrio termodinamico, una trasformazione termodinamica che venga rappresentata in tale spazio è considerata come una successione infinita di stati di equilibrio termodinamico. In realtà, le trasformazioni termodinamiche non possono realizzarsi come una successione infinita di stati di equilibrio termodinamico; per meglio chiarire questo aspetto ci si può riferire ad un caso concreto, per esempio alla trasformazione isotermica eseguita sul gas perfetto nel paragrafo precedente. Per realizzare questa trasformazione, si determina lo stato iniziale di equilibrio termodinamico e si pone il cilindro a contatto termico con una sorgente di calore il cui stato termico ha valore uguale al valore dello stato termico del gas. Ciò fatto, il sistema si trova ancora nello stato iniziale di equilibrio termodinamico; questo equilibrio può essere rotto in modo violento aumentando o diminuendo bruscamente la pressione esterna. Così facendo si instaurano fenomeni di turbolenza in seno al gas per cui non è possibile definire univocamente i valori di pressione, volume e temperatura fino a quando non si è ristabilito un nuovo stato di equilibrio termodinamico, cioè fino a quando non ha termine la trasformazione. Una tale trasformazione non è rappresentabile in uno spazio termodinamico; essa non è invertibile ed è pertanto detta trasformazione irreversibile. Per contro, una trasformazione termodinamica costituita da una successione infinita di stati di equilibrio termodinamico è invertibile ed è detta trasformazione reversibile. Una trasformazione reversibile è una trasformazione ideale, non realizzabile fisicamente, ma molto utile come strumento concettuale nello studio della termodinamica. Ritornando alla trasformazione isotermica, l'equilibrio termodinamico può essere rotto anche con estrema delicatezza in modo che la trasformazione si svolga molto lentamente senza determinare turbolenza in seno al gas; in questo modo il sistema evolve secondo una successione di *stati di quasi equilibrio*. Una tale trasformazione è detta *trasformazione quasi statica;* essa approssima tanto più una trasformazione reversibile quanto più lentamente si svolge. Nel caso del gas perfetto l'esistenza dell'equazione (2.2.6) del paragrafo precedente riduce il numero di variabili indipendenti e ciò implica che sono sufficienti due sole variabili per definire lo stato termodinamico. Scegliendo come variabili indipendenti la pressione $P$ ed il volume $V$, la temperatura $T$ è data dalla seguente equazione:

$$(2.3.1) \qquad T = \frac{PV}{nR}$$

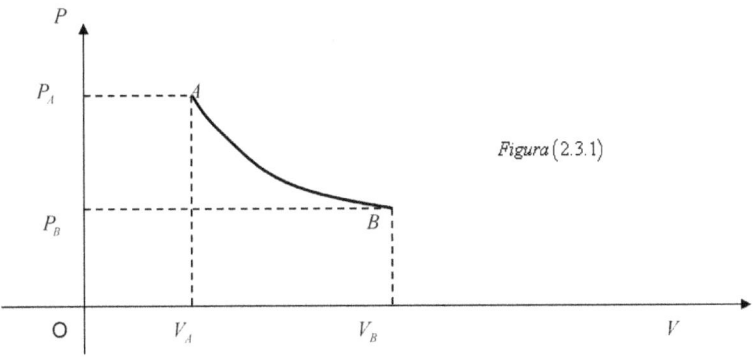

*Figura* $(2.3.1)$

Queste considerazioni implicano che la trasformazione isotermica, quando viene considerata come una trasformazione reversibile, può essere considerata in uno spazio termodinamico bidimensionale; infatti,

115

introdotto il sistema di coordinate termodinamiche $(O,V,P)$ in tale spazio, si ottiene la rappresentazione di figura (2.3.1). Si osservi che quanto è stato finora detto non deve far nascere il sospetto che la differenza tra trasformazione irreversibile e trasformazione reversibile sia non essenziale e quindi trascurabile. Per rendersene conto è sufficiente osservare che fino a quando il sistema non è isolato, si può operare con estrema delicatezza in modo che la trasformazione si svolga molto lentamente tale da approssimare in modo soddisfacente una trasformazione reversibile; qualora il sistema sia isolato non è possibile eseguire alcuna azione tramite corpi che non appartengono al sistema, quindi non è possibile produrre trasformazioni quasi statiche perché lo squilibrio necessario a produrre la trasformazione in un senso dovrebbe verificarsi nel senso opposto per produrre la trasformazione inversa e ciò, come si vedrà nel seguito, non è possibile. Quindi, nel sistema resta una traccia non cancellabile dalla trasformazione avvenuta.

## 2.4 IL LAVORO NELLE TRASFORMAZIONI TERMODINAMICHE

Nel corso di una trasformazione termodinamica il sistema interagisce con l'ambiente circostante scambiando, in generale, calore e lavoro. Per determinare il lavoro che il sistema esegue sull'ambiente circostante ci si può riferire al sistema del gas perfetto ed osservare che, nel corso di una generica trasformazione, variano sia la temperatura, sia la pressione, sia il volume. Il cambiamento di volume è osservabile sperimentalmente attraverso il cambiamento di posizione del pistone, pertanto se $PA$ ( $A$ superficie del pistone ) è la forza agente sul pistone e $\Delta x$ è un piccolo spostamento in modo che la pressione possa ritenersi costante, il lavoro $\Delta W$ che il sistema esegue è dato dall'equazione:

$$(2.4.1) \qquad \Delta W = PA\Delta x$$

in cui osservando che $A\Delta x = \Delta V$ è una piccola variazione di volume che il sistema subisce nel corso della sua trasformazione, si ha:

$$(2.4.2) \qquad \Delta W = P\Delta V$$

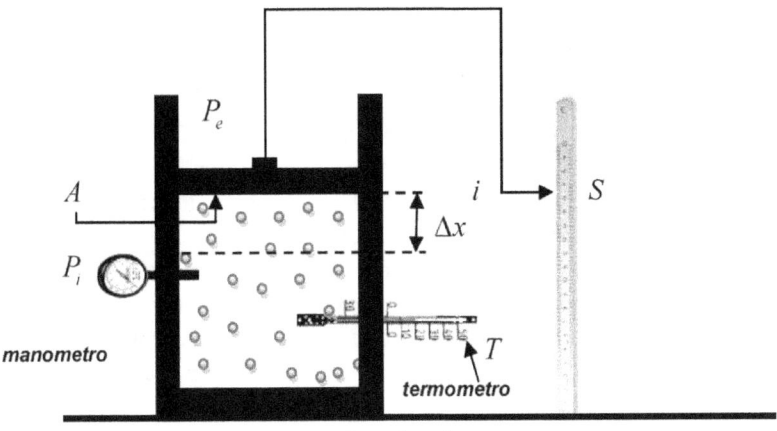

Figura (2.4.1)

L'equazione (2.4.2) esprime il lavoro eseguito dal sistema sull'ambiente circostante quando il volume varia di una quantità $\Delta V$. Se si vuole ottenere il lavoro eseguito nel corso dell'intera trasformazione è sufficiente dividere l'intervallo di volume in tanti piccoli intervalli tale che in ognuno de essi la pressione possa ritenersi costante, scrivere un'equazione del tipo (2.4.2) per ogni intervallo ed eseguire la somma:

$$(2.4.3) \qquad W = \sum_i \Delta W_i = \sum_i P_i \Delta V_i$$

Nell'ipotesi che gli intervalli di volume $\Delta V_i$ diventano infinitesimi, l'equazione (2.4.3) si può scrivere come:

$$(2.4.4) \qquad W = \lim_{\Delta V \to 0} \sum_i P_i \Delta V_i = \int_{V_A}^{V_B} P dV$$

ed esprime in modo rigoroso il lavoro fatto dal sistema sull'ambiente circostante nel corso dell'intera trasformazione.

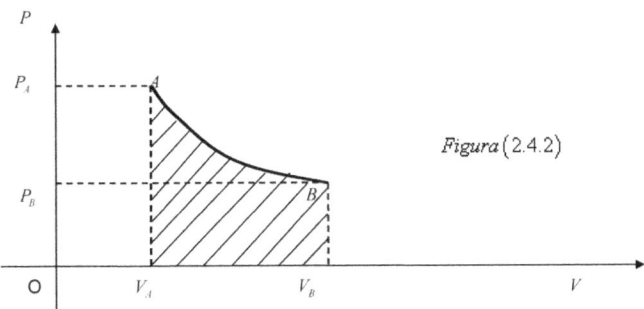

Figura (2.4.2)

Se la trasformazione termodinamica è reversibile, l'equazione (2.4.4) ha un'interpretazione geometrica molto semplice nello spazio termodinamico. Infatti, detto $\left( O, V, P \right)$ il sistema di coordinate termodinamiche, una generica trasformazione reversibile ha la rappresentazione di figura (2.4.2) dalla quale si deduce che il lavoro eseguito dal sistema sull'ambiente circostante è dato dall'area sottesa dalla curva $AB$. Si osservi che esistono diverse trasformazioni reversibili che conducono il sistema dallo stato di equilibrio termodinamico $A$ allo stato di equilibrio termodinamico $B$. Si può espandere il gas a pressione costante finché il volume raggiunge il valore $V_B$ e poi diminuire la pressione fino al valore $P_B$ mantenendo costante il volume al valore $V_B$ *(vedi figura (2.4.3))*.

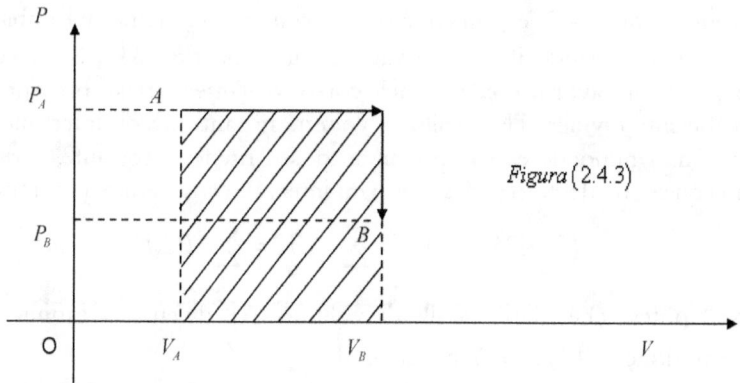

*Figura* (2.4.3)

Diversamente, mantenendo costante il volume al valore $V_A$ si può diminuire la pressione fino a farla raggiungere il valore $P_B$ e poi aumentare il volume fino al valore $V_B$ (vedi figura (2.4.4)).

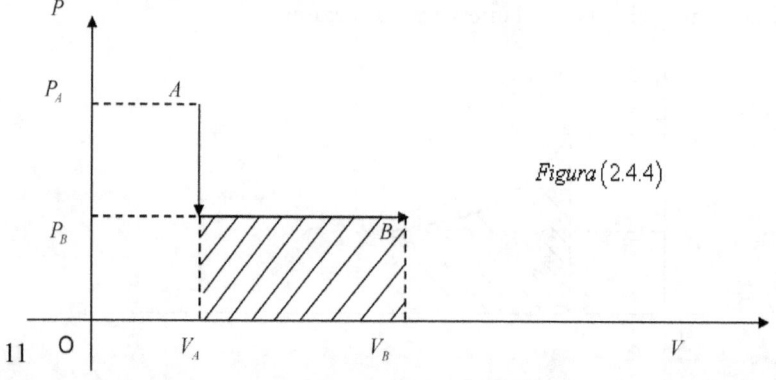

*Figura* (2.4.4)

Dall'esame dei grafici (2.4.2) , (2.4.3) e (2.4.4) consegue che il lavoro che il sistema scambia con l'ambiente circostante non è univocamente definito, ma dipende dal tipo di trasformazione considerata. Questo risultato, anche se è stato ottenuto nel caso particolare del gas perfetto, è di validità generale e vale qualunque sia il sistema termodinamico.

## 2.5  PRIMO PRINCIPIO DELLA TERMODINAMICA

*Dal punto di vista della meccanica, quando un sistema è capace di eseguire un lavoro si dice che possiede una certa quantità di energia ovvero, l'energia che il sistema possiede viene misurata dal lavoro che è in grado di eseguire.*

Nel paragrafo precedente è stato visto che, quando si esegue una trasformazione termodinamica, il sistema può scambiare lavoro con l'ambiente circostante sicché, in analogia con il punto di vista della meccanica, si può dire che esso possiede una certa quantità di energia *(energia interna al sistema)*. Se l'energia interna al sistema termodinamico fosse di tipo esclusivamente meccanico allora, nell'ipotesi che il sistema sia isolato, l'energia deve conservarsi. Quindi, se $U_A$ è l'energia interna corrispondente allo stato di equilibrio termodinamico $A$ e $U_B$ è l'energia interna corrispondente allo stato di equilibrio termodinamico $B$, si deve avere:

$$(2.5.1) \qquad U_A = U_B = \text{cost}$$

Nell'ipotesi che il sistema non sia isolato deve verificarsi la seguente uguaglianza:

$$(2.5.2) \qquad U_B - U_A = W$$

dalla quale si deduce che se il lavoro è positivo allora è $U_B > U_A$ e quindi il sistema ha aumentato il valore della sua energia interna; ciò significa che l'ambiente circostante ha eseguito lavoro sul sistema. Se il lavoro è negativo allora è $U_B < U_A$ e quindi il sistema ha diminuito il valore della sua energia interna; ciò significa che il sistema ha eseguito lavoro sull'ambiente circostante. Scrivendo l'equazione (2.5.2) nella forma seguente:

$$\left(2.5.3\right) \qquad U_B = U_A + W$$

si osserva che l'energia interna è definita a meno di una costante arbitraria; cioè se si vuole conoscere l'energia interna nello stato $B$ è necessario assegnare un valore arbitrario all'energia interna nello stato $A$. Una situazione analoga è stata già incontrata nella meccanica a proposito dell'energia potenziale. In analogia a quanto è stato finora detto, se l'energia interna non è solo di tipo meccanico, come d'altro canto si verifica per i sistemi termodinamici, può essere determinata se il sistema soddisfa le seguenti condizioni:

a) l'energia interna si deve conservare se il sistema è isolato

b) il lavoro che il sistema scambia con l'ambiente circostante non deve dipendere dalla particolare trasformazione termodinamica considerata. Infatti, in tal caso, è possibile scegliere arbitrariamente uno stato $O$ di equilibrio termodinamico ed assegnare il valore zero all'energia interna. Per determinare l'energia interna $U_A$ in un qualsiasi stato $A$ di equilibrio termodinamico è sufficiente scrivere l'equazione:

$$\left(2.5.4\right) \qquad U_A = W\left(O, A\right)$$

che esprime il lavoro che il sistema scambia con l'ambiente circostante quando cambia il suo stato $O$ di equilibrio termodinamico nello stato $A$ di equilibrio termodinamico. Osservando che il lavoro

necessario per condurre il sistema dallo stato $A$ di equilibrio termodinamico allo stato $B$ di equilibrio termodinamico non dipende dalla particolare trasformazione eseguita, si può scrivere la seguente equazione:

$$\left(2.5.5\right) \qquad U_B = U_A + W$$

identica all'equazione (2.5.3). Evidentemente, le equazioni (2.5.4) e (2.5.5) sono valide se sono soddisfatte le condizione a) e b).

Dal paragrafo precedente si sa che il lavoro scambiato tra un sistema e l'ambiente circostante non è univocamente definito e dipende dal particolare tipo di trasformazione considerata. Ciò significa che la condizione b) non è soddisfatta e pertanto o si rinuncia al principio di conservazione dell'energia o si ammette la possibilità che il sistema possa scambiare energia con l'ambiente circostante anche con una forma diversa dal lavoro. Sperimentalmente si osserva che se le trasformazioni sono *adiabatiche,* cioè avvengono senza che il sistema scambia calore con l'ambiente circostante, allora la condizione b) è sufficientemente soddisfatta e quindi le equazioni (2.5.4) e (2.5.5) possono ritenersi valide. Nel caso generale che il sistema scambia sia lavoro che calore con l'ambiente circostante, la quantità $(U_B - U_A) - W$ risulta sperimentalmente diversa da zero: positiva se il sistema assorbe calore dall'ambiente circostante, negativa se cede calore. Ciò implica che anche un assorbimento o cessione di calore corrisponde, come per il lavoro, un aumento o diminuzione di energia interna. Questa previsione ha una consistente conferma sperimentale; infatti, riferendosi all'esperienza di Joule trattata nel capitolo precedente, si osserva che la variazione dello stato termico dell'acqua calorimetrica può essere attenuata sia eseguendo lavoro adiabatico sul sistema, sia ponendo il sistema a contatto termico con una sorgente di calore il cui stato termico ha un opportuno valore di temperatura. Questa esperienza fornisce una relazione di proporzionalità diretta tra lavoro e calore espressa dalla seguente equazione:

$$(2.5.6) \qquad W = JQ$$

in cui $J$ è l'equivalente meccanico della caloria. Decidendo di assumere la stessa unità di misura sia per il lavoro cha per il calore, l'equazione (2.5.6) si può scrivere come:

$$(2.5.7) \qquad W = Q$$

Ne consegue che una stessa variazione di energia interna di un sistema termodinamico può essere determinata, equivalentemente, da uno scambio adiabatico di lavoro o da uno scambio di calore con l'ambiente circostante:

$$U_B - U_A = W$$

$$(2.5.8)$$

$$U_B - U_A = Q$$

Se un sistema termodinamico interagisce con l'ambiente circostante scambiando sia lavoro che calore, in accordo con i risultati precedenti, bisogna ammettere che la variazione di energia interna sia dovuta ad uno scambio di lavoro non adiabatico e ad uno scambio di calore con l'ambiente circostante. Pertanto si potrà scrivere l'equazione:

$$(2.5.9) \qquad \Delta U = W + Q$$

che esprime quantitativamente il *primo principio della termodinamica;* essa dice che la variazione di energia interna di un sistema termodinamico è uguale alla somma del lavoro e del calore che il sistema riceve dall'ambiente circostante. Prima di concludere questo paragrafo è opportuno sottolineare che l'equazione (2.5.9) è solitamente scritta nel modo seguente:

$$(2.5.10) \qquad \Delta U = Q - W$$

in cui si considera negativo il lavoro eseguito sul sistema dall'ambiente circostante e positivo il calore che assorbe.

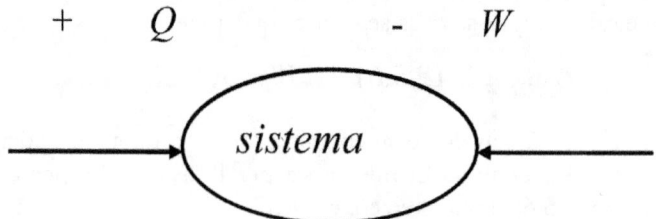

Figura (2.5.1)

Questa convenzione nasce dall'applicazione dell'equazione (2.5.9) alle macchine termiche che assorbono calore ed eseguono lavoro sull'ambiente circostante, si pensi, per esempio, ad un motore per auto.

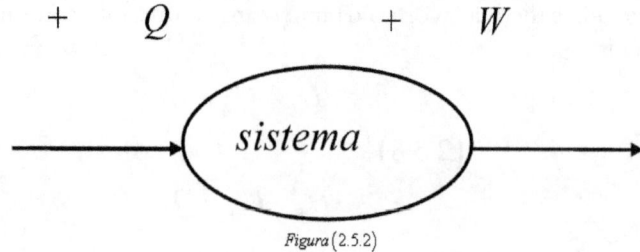

Figura (2.5.2)

Infine si osservi che se nel sistema viene eseguita una trasformazione molto piccola, soltanto una quantità di calore molto piccola $\Delta Q$ viene assorbita e una quantità di lavoro molto piccola $\Delta W$ viene eseguita sull'ambiente circostante, sicché il cambiamento di energia interna sarà anch'esso molto piccolo. In tal caso, l'equazione (2.5.10) si scrive nella forma seguente:

$$(2.5.11) \quad \Delta U = \Delta Q - \Delta W$$

ed il primo principio della termodinamica può essere espresso nel modo seguente :

*ad ogni sistema che si trova in uno stato di equilibrio termodinamico compete una funzione U delle coordinate termodinamiche, detta energia interna, la cui variazione molto piccola è data dall'equazione (2.5.11).*

## 2.6. CALORI SPECIFICI

La definizione di calore specifico fornita dall'equazione (1.4.8) del capitolo precedente non è in realtà sufficientemente rigorosa. L'esperienza insegna che la quantità di calore necessaria per variare lo stato termico di un corpo tra due valori assegnati di temperatura, dipende non solo da questi ultimi ma anche, in generale, dalle modalità con cui il corpo viene riscaldato: ovvero bisogna precisare anche il tipo di trasformazione termodinamica che il corpo subisce. Riscrivendo l'equazione (1.4.8) nella forma data dalla seguente equazione:

$$(2.6.1) \quad c = \frac{1}{m}\frac{\Delta Q}{\Delta T}$$

si osserva che se il corpo subisse una trasformazione isotermica, essendo $\Delta T = 0$ il calore specifico diventerebbe infinito; se invece il corpo subisse una trasformazione adiabatica, essendo $\Delta Q = 0$, il calore specifico diventerebbe nullo. Pertanto queste trasformazioni non sono di alcuna utilità ai fini della determinazione del calore specifico di un corpo. Diverso è il caso se il corpo subisse una trasformazione a volume costante *(trasformazione isocora)* oppure a pressione costante *(trasformazione isobara);* nel primo caso il calore specifico corrispondente si chiama *calore specifico a volume costante* e si indica, per convenzione internazionale, con il simbolo $c_v$, mentre l'equazione (2.6.1) si scrive come:

$$(2.6.2) \quad c_v = \frac{1}{m}\left(\frac{\Delta Q}{\Delta T}\right)_{isocora}$$

Osservando che in una trasformazione isocora il sistema non scambia lavoro con l'ambiente circostante in quanto è $\Delta V = 0$, si ha, per il primo principio della termodinamica, la seguente equazione:

$$(2.6.3) \quad \Delta Q = \Delta U$$

e tenendo conto di questo risultato, l'equazione (2.6.2) si può scrivere nella forma seguente:

$$(2.6.4) \quad c_v = \frac{1}{m}\left(\frac{\Delta U}{\Delta T}\right)_{isocora}$$

Nel secondo caso, il calore specifico corrispondente si *chiama calore specifico a pressione costante* e si indica, per convenzione internazionale, con il simbolo $c_p$, mentre l'equazione (2.6.1) si scrive come:

$$(2.6.5) \quad c_p = \frac{1}{m}\left(\frac{\Delta Q}{\Delta T}\right)_{isobara}$$

Poiché in una trasformazione isobarica il sistema scambia sia calore che lavoro con l'ambiente circostante si ha, per il primo principio della termodinamica, la seguente equazione:

$$(2.6.6) \quad \Delta Q = \Delta U + \Delta W$$

Tenendo conto di questo risultato, l'equazione (2.6.5) si può scrivere nella forma seguente:

$$(2.6.7) \quad c_p = \frac{1}{m}\left[\left(\frac{\Delta U}{\Delta T}\right)_{isobara} + \left(\frac{\Delta W}{\Delta T}\right)_{isobara}\right]$$

in cui osservando che il lavoro si esprime come: $P\Delta V$, si ottiene l'equazione:

$$(2.6.8) \qquad c_p = \frac{1}{m} \left[ \left( \frac{\Delta U}{\Delta T} \right)_{isobara} + \left( \frac{P\Delta V}{\Delta T} \right)_{isobara} \right]$$

Confrontando questa equazione con l'equazione (2.6.4) si può dedurre che, se risulta:

$$(2.6.9) \qquad \left( \frac{\Delta U}{\Delta T} \right)_{isocora} = \left( \frac{\Delta U}{\Delta T} \right)_{isobara}$$

allora il calore specifico a pressione costante è maggiore del calore specifico a volume costante:

$$c_p > c_v$$

Questa conclusione non è valida per quei corpi che diminuiscono il proprio volume quando vengono riscaldati; in tal caso la diminuzione di volume dà luogo ad un lavoro negativo che il corpo esegue sull'ambiente circostante. Nel caso di corpi solidi e liquidi, poiché i coefficienti di dilatazione termica sono molto piccoli, si può ritenere trascurabile la variazione di volume e quindi il lavoro che il corpo scambia con l'ambiente circostante: ovvero si può trascurare la differenza tra calore specifico a volume costante e calore specifico a pressione costante e parlare semplicemente di calore specifico. In realtà, per questi corpi, l'esperienza viene eseguita, generalmente, all'aria libera, cioè sotto pressione atmosferica costante e quindi il calore specifico a cui si riferisce è quello a pressione costante $c_p$. Nel caso di un gas perfetto, come si vedrà nel prossimo paragrafo, l'energia interna dipende solo dalla temperatura e pertanto, essendo soddisfatta l'equazione (2.6.9), l'equazione (2.6.8) si può scrivere nella forma seguente:

$$(2.6.10) \qquad c_p = c_v + \frac{1}{m} \frac{p\Delta V}{\Delta T}$$

Usando l'equazione di stato del gas perfetto, è possibile scrivere la seguente equazione:

$$(2.6.11) \qquad P\Delta V = \frac{m}{M} R\Delta T$$

che posta nell'equazione (2.6.10) fornisce l'equazione:

$$(2.6.12) \quad c_p = c_v + \frac{R}{M}$$

che può porsi nella forma seguente:

$$(2.6.13) \quad \left( Mc_p - Mc_v \right) = R$$

in cui il prodotto del peso molecolare $M$ per il calore specifico fornisce la *capacità termica di una grammomolecola*, detta anche *calore molare*. Quindi si può affermare che, per un gas perfetto, la differenza tra i calori molari a pressione e a volume costante è pari alla costante universale dei gas.

## 2.7 ENERGIA INTERNA DI UN GAS PERFETTO

L'apparato sperimentale con cui fu condotta l'esperienza è costituito da un calorimetro in cui è posto un recipiente formato da due contenitori e $A$ $B$ comunicanti tra loro mediante un condotto munito di rubinetto *(vedi figura (2.7.1))*. Nel contenitore $A$ è posta aria alla pressione di $2.33 \cdot 10^6 P_a$ e nel contenitore $B$ , a rubinetto chiuso, è praticato il vuoto. Ad equilibrio termico raggiunto, indicato da un termometro posto dentro il calorimetro, viene aperto il rubinetto $R$ in modo che l'aria fluisce liberamente dal contenitore $A$ al contenitore $B$ fino ad avere un'uguale pressione su tutti i punti del recipiente. Joule osservò che la temperatura indicata dal termometro variava molto poco rispetto al valore iniziale; tale variazione significa che tra il calorimetro ed il recipiente vi è uno scambio di calore che Joule attribuì al fatto che il gas usato *(aria alla pressione di* $2.33 \cdot 10^6 P_a$ *)* era ben lungi dalle condizioni per potersi considerare un gas perfetto. Quindi, ripetendo l'esperimento più volte diminuendo successivamente la pressione iniziale dell'aria, Joule verificò che a pressioni basse il termometro non indicava alcuna differenza di temperatura tra lo stato iniziale e lo stato finale; ciò implica che non vi è alcuno scambio di calore tra il calorimetro ed il recipiente: $\Delta Q = 0$ . D'altro canto, essendo rigide le pareti del recipiente, non vi alcun scambio di lavoro tra il sistema e l'ambiente circostante: $\Delta W = 0$ sicché, dal primo principio della termodinamica, risulta:

$$(2.7.1) \qquad \Delta U = 0 \Rightarrow U = \text{cost}$$

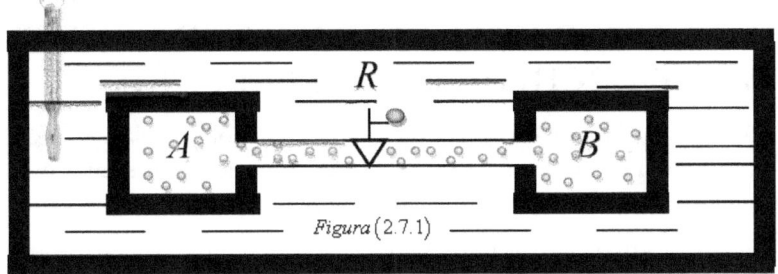

Figura (2.7.1)

Osservando la trasformazione nel suo insieme si ha che nonostante siano variati il volume e la pressione, l'energia interna è rimasta costante il che significa che $U$ è indipendente da $V e P$ e dipende solamente da $T$:

$$(2.7.2) \qquad U = U(T)$$

Per determinare la forma di questa funzione si sfrutta il fatto sperimentale che il calore specifico a volume costante per un gas dipende molto poco dalla temperatura e si suppone che, per un gas perfetto, sia esattamente costante. Pertanto, scrivendo l'equazione:

$$(2.7.3) \qquad \Delta U = mc_v \Delta T$$

e tenendo conto che $mc_v$ è la capacità termica, si ha:

$$(2.7.4) \qquad U_B - U_A = C_v(T_B - T_A)$$

in cui ponendo $T_A = 0$ si ha:

$$(2.7.5) \qquad U_B = C_v T_B + U_A$$

dalla quale si deduce che la forma esplicita della dipendenza dalle variabili di stato dell'energia interna $U$ di un gas perfetto è del tipo:

$$(2.7.6) \qquad U = C_v T + K$$

in cui $K$ è una costante ed esprime l'energia residua del gas alla temperatura dello zero assoluto.

## 2.8 TRASFORMAZIONI ISOTERMICHE ED ADIABATICHE DI UN GAS PERFETTO

Due processi quasi - statici che svolgono un ruolo fondamentale nello studio della termodinamica sono: la trasformazione isotermica quasi – statica e la trasformazione adiabatica quasi - statica.

Una trasformazione isotermica quasi - statica si può realizzare ponendo il gas perfetto dentro il recipiente di forma cilindrica indicato nel paragrafo (2.2) di questo capitolo e ponendo, successivamente, il cilindro con la base su una sorgente di calore. Ciò fatto si fa variare molto lentamente il volume del cilindro facendo espandere il gas oppure comprimendolo. In ogni caso, poiché il processo si svolge molto lentamente, può essere rappresentato in uno spazio termodinamico e scegliendo come coordinate termodinamiche la pressione $P$ e il volume $V$, si ottiene il grafico indicato nella figura (2.8.1).

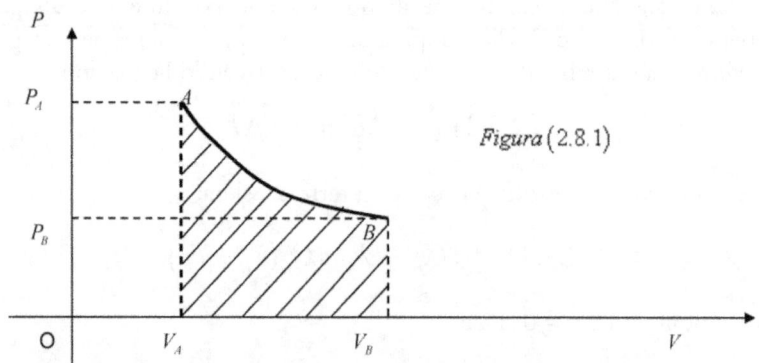

Figura (2.8.1)

La curva AB è un ramo di iperbole equilatera in quanto il processo di trasformazione avvenendo a temperatura costante implica la seguente equazione:

$$(2.8.1) \qquad PV = nRT = \text{cost}$$

da cui segue l'asserto.

Il lavoro compiuto dal sistema durante una trasformazione molto piccola è:

$$(2.8.2) \qquad \Delta W_i = P_i \Delta V_i = n \frac{RT}{V_i} \Delta V_i$$

quindi, il lavoro compiuto dal gas quando si espande isotermicamente dal volume $V_A$ al volume $V_B$ è:

$$(2.8.3) \qquad W = \sum_i \Delta W_i = \lim_{\Delta V_i \to 0} \sum_i P_i \Delta V = nRT \lim_{\Delta V_i \to 0} \sum_i \frac{\Delta V_i}{V_i} =$$

$$= nRT \int_{V_A}^{V_B} \frac{dV}{V} = nRT \ln \frac{V_B}{V_A}$$

Questo lavoro è indicato dall'area tratteggiata nella figura (2.8.1). Osservando che l'energia interna di un gas perfetto dipende solo dalla temperatura e che il processo è isotermico, si può affermare che l'energia interna $U$ non cambia. Pertanto dal primo principio della termodinamica segue:

$$(2.8.4) \qquad Q = W$$

dalla quale si deduce che il calore sottratto alla sorgente di calore e assorbito dal gas durante l'espansione isotermica è uguale al lavoro eseguito dal gas, dato dall'equazione (2.8.3). Coprendo il fondo del cilindro con un tappo perfetto isolante di calore, si può realizzare una trasformazione adiabatica quasi - statica facendo espandere il gas molto lentamente oppure comprimendolo. In ogni caso, poiché il processo si svolge senza che il gas scambi calore con l'ambiente circostante: $Q = 0$, dal primo principio della termodinamica segue l'equazione:

$$(2.8.5) \qquad \Delta U = -W$$

dalla quale si deduce che nel corso dell'espansione l'energia interna diminuisce in quanto il gas esegue un lavoro sull'ambiente circostante; mentre, nel corso della compressione l'energia interna aumenta in quanto è l'ambiente circostante che esegue un lavoro sul gas. Poiché l'energia interna di un gas perfetto dipende solo dalla temperatura, bisogna concludere che l'espansione adiabatica implica il raffreddamento del gas, mentre la compressione adiabatica implica il riscaldamento del gas. Il processo considerato, svolgendosi molto lentamente, può essere rappresentato in uno spazio termodinamico e scegliendo come coordinate termodinamiche indipendenti la pressione $P$ ed il volume $V$, si ottiene il grafico indicato nella figura (2.8.2).

La curva $AB$ non è un ramo di iperbole equilatera in quanto il processo adiabatico si svolge a temperatura non costante, ne consegue che l'equazione $PV = nRT$ non è idonea a rappresentare la curva in questione. Quindi, volendo determinare il lavoro che il sistema scambia con l'ambiente circostante bisogna determinare l'equazione che rappresenta la curva $AB$ poiché, com'è noto, il lavoro è espresso dall'area da essa sottesa. A tal fine, si osservi che l'equazione (2.8.5), per una trasformazione molto piccola, si può scrivere come:

$$(2.8.6) \qquad \Delta U_i = -W_i$$

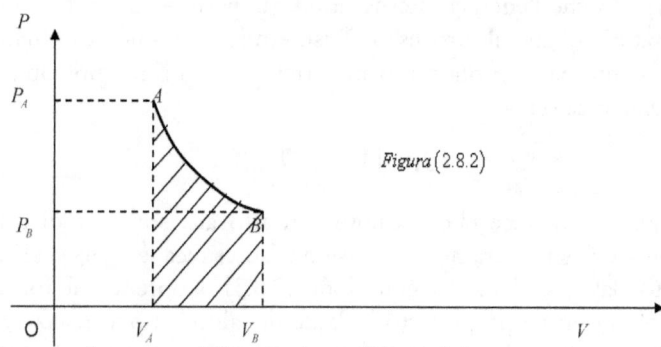

Figura (2.8.2)

in cui, tenendo conto dell'equazione (2.7.6) del paragrafo precedente e dell'espressione del lavoro: $\Delta W_i = P_i \Delta V_i$ si ha:

$$(2.8.7) \qquad C_v \Delta T_i + P_i \Delta V_i = 0$$

Dall'equazione $PV = nRT$ segue l'equazione:

$$(2.8.8) \qquad P_i \Delta V_i + V_i \Delta P_i = nR \Delta T_i$$

Moltiplicando primo e secondo membro di questa equazione per la capacità termica a volume costante $C_v$, si ha:

130

$$(2.8.9) \qquad C_v P_i \Delta V_i + C_v V_i \Delta P_i = nRC_v \Delta T_i$$

Confrontando questa equazione con l'equazione (2.8.7), si ottiene l'equazione:

$$(2.8.10) \qquad (C_v + nR) P_i \Delta V_i + C_v V_i \Delta P_i = 0$$

Si consideri l'equazione (2.6.12) del paragrafo (2.6) di questo capitolo di seguito riportata:

$$(2.6.12) \qquad c_p = c_v + \frac{R}{M}$$

Osservando che il peso molecolare $M$ si può scrivere come: $M = \dfrac{m}{n}$, l'equazione (2.6.12) diventa:

$$(2.8.11) \qquad mc_p = mc_v + nR$$

poiché $m$ è la massa del corpo, $mc_p$ e $mc_v$ esprimono rispettivamente le capacità termiche a pressione e a volume costante , l'equazione (2.8.11) si può scrivere come:

$$(2.8.12) \qquad C_p = C_v + nR$$

e ponendola nell'equazione (2.8.10) si ottiene l' equazione:

$$(2.8.13) \qquad C_p P_i \Delta V_i + C_v V_i \Delta P_i = 0$$

Dividendo ogni termine di questa equazione per $C_v V_i \Delta P$ , si ottiene l'equazione:

$$(2.8.14) \qquad \frac{C_p}{C_v} \frac{\Delta V_i}{V_i} + \frac{\Delta P_i}{P_i} = 0$$

Esprimendo il rapporto tra le capacità termiche a pressione e a volume costante con $\gamma$ , si ha:

$$(2.8.15) \qquad \gamma \frac{\Delta V_i}{V_i} + \frac{\Delta P_i}{P_i} = 0$$

Questa equazione, per una trasformazione finita, si scrive come:

$$(2.8.16) \qquad \gamma \lim_{\Delta V_i \to 0} \sum_i \frac{\Delta V_i}{V_i} + \lim_{\Delta P_i \to 0} \sum_i \frac{\Delta P_i}{P_i} = \gamma \int_{V_A}^{V_B} \frac{dV}{V} + \int_{P_A}^{P_B} \frac{dP}{P} = 0$$

da cui segue l'equazione:

$$(2.8.17) \qquad \gamma \ln V + \ln P = \text{cost}$$

che, per nota proprietà dei logaritmi, si può scrivere come:

$$(2.8.18) \qquad \ln PV^\gamma = \text{cost}$$

e passando dal logaritmo al numeri si ha:

$$(2.8.19) \qquad PV^\gamma = \text{cost}$$

Questa equazione, valida sia per un'espansione che per una compressione adiabatica quasi - statica, rappresenta la curva di figura (2.8.2) e consente il calcolo del lavoro. Così facendo, per una trasformazione molto piccola, si ha:

$$(2.8.20) \qquad \Delta W_i = P_i \Delta V_i = K \frac{\Delta V_i}{V_i^\gamma} = K V_i^{-\gamma} \Delta V_i$$

in cui $K$ è una costante data da: $K = P_A V_A^\gamma$

Il lavoro eseguito dal gas quando si espande adiabaticamente dal volume $V_A$ al volume $V_B$ è:

$$(2.8.21) \qquad W = \lim_{\Delta W_i \to 0} \sum_i \Delta W_i = \lim_{\Delta W_i \to 0} \sum_i P_i \Delta V_i = \lim_{\Delta W_i \to 0} K \sum_i \frac{\Delta V_i}{V_i^\gamma} =$$

$$= \lim_{\Delta W_i \to 0} K \sum_i V_i^{-\gamma} \Delta V_i = K \int_{V_A}^{V_B} V^{-\gamma} dV$$

da cui segue l'equazione:

$$(2.8.22) \qquad W = \frac{K}{\gamma - 1}\left(\frac{1}{V_A^{\gamma-1}} - \frac{1}{V_B^{\gamma-1}}\right)$$

Questo lavoro è indicato nell'area tratteggiata della figura (2.8.2). Ha un certo interesse confrontare nel piano $(V, P)$ l'andamento delle curve che rappresentano l'equazione $PV^\gamma = \text{cost}$ con le iperboli equilatere che rappresentano l'equazione $PV = \text{cost}$. Poiché $\gamma$ è sempre maggiore di uno, l'adiabatica che passa per un punto $M$ del piano è più ripida dell'isoterma che passa per lo stesso punto *(vedi figura (2.8.3))*. Ciò è in accordo con il fatto già notato che un'espansione adiabatica è accompagnata da una diminuzione di temperatura, mentre una compressione adiabatica è accompagnata da un aumento di temperatura. Quest'ultima affermazione viene descritta quantitativamente dalla seguente equazione:

$$(2.8.23) \qquad TV^{\gamma-1} = \text{cost}$$

che può essere facilmente determinata combinando l'equazione $PV^\gamma = \text{cost}$ con l'equazione $PV = nRT$. Questa combinazione consente anche la determinazione della seguente altra equazione:

$$(2.8.24) \qquad \frac{T}{P^{\frac{\lambda-1}{\gamma}}} = \text{cost}$$

che può essere utilizzata insieme all'equazione $\Delta P = -\rho g \Delta h$ per calcolare la dipendenza della temperatura dell'atmosfera dall'altezza sul livello del mare. Si osservi che la causa fondamentale di questa variazione risiede nell'esistenza di correnti di convezione nella troposfera; queste correnti sono responsabili dello spostamento continuo di masse d'aria dalle regioni più basse alle regioni più alte e viceversa. Quando le masse d'aria si spostano dalle regioni più basse alle regioni più alte si espandono in quanto la pressione diminuisce con l'aumentare dell'altezza. Poiché l'aria è un cattivo conduttore di calore, ben poco calore è scambiato con l'aria circostante, pertanto si può ritenere adiabatica l'espansione. Di conseguenza la temperatura dell'aria che sale diminuisce; per contro la temperatura dell'aria che si muove verso regioni più basse, a pressioni maggiore, aumenta in quanto l'aria subisce una compressione adiabatica.

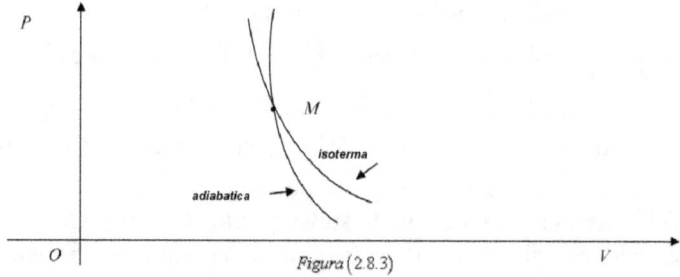

Figura (2.8.3)

Considerando la variazione logaritmica dell'equazione (2.8.24), si ha:

$$(2.8.25) \qquad \frac{\Delta T}{T} = \frac{\gamma - 1}{\gamma} \frac{\Delta P}{P}$$

Dall'equazione $PV = \frac{m}{M} RT$ si si ottiene la seguente equazione:

$$(2.8.26) \qquad \rho = \frac{m}{V} = \frac{PM}{RT}$$

che utilizzata nell'equazione: $\Delta P = -\rho g \Delta h$ consente di scrivere l'equazione:

$$(2.8.27) \qquad \frac{\Delta P}{P} = -\frac{Mg}{RT} \Delta h$$

che confrontata con l'equazione (2.8.25), consente di scrivere l'equazione:

$$(2.8.28) \qquad \frac{\Delta T}{\Delta h} = -\frac{\gamma - 1}{\lambda} \frac{Mg}{R}$$

in cui sostituendo i valori:

$$\gamma = \frac{7}{5}, M = 28.96, g = 9.8 \frac{m}{s^2}, R = 8.304 \frac{J}{mol \cdot K} \quad \text{si ha:}$$

$$\frac{\Delta T}{h} = -\frac{\frac{7}{5}-1}{\frac{7}{5}} \cdot \frac{28.96 \cdot 9.8 ms^{-2}}{8.304 \dfrac{J}{mol \cdot K}} = -9.8 \frac{ms^2}{\dfrac{J}{mol \cdot K}} =$$

$$= -9.8 \frac{Kms^{-2}}{kgm^2 s^{-2} mol^{-1}} = -9.8 \frac{K}{10^3 m} = -9.8 \frac{K}{km}$$

In realtà questo valore è leggermente più grande del valore medio sperimentale in quanto si è trascurato l'effetto dovuto alla condensazione delle masse d'aria in espansione. Prima di concludere questo paragrafo si vuole fare un'osservazione sull'equazione barometrica che, per rendere più agevole il compito al lettore, viene di seguito riportata:

$$P(h) = P_0 e^{-\frac{\gamma_0}{P_0}h}$$

Riscrivendo questa equazione come:

$$(2.8.29) \qquad P(h) = P_0 e^{-\frac{\rho_0 g}{P_0}h}$$

e sostituendo il valore della massa volumica $\rho_0$ fornito dall'equazione (2.8.26), si ottiene la seguente equazione:

$$(2.8.30) \qquad P(h) = P_0 e^{-\frac{Mg}{RT_0}h}$$

che fornisce l'equazione barometrica nell'ipotesi che l'aria possa essere trattata come un gas perfetto.

# 2.9 SECONDO PRINCIPIO DELLA TERMODINAMICA

Il primo principio della termodinamica è un'estensione del principio di conservazione dell'energia ai sistemi termodinamici; esso trae origine dalla impossibilità di costruire un *moto perpetuo di prima specie*: ovvero dell'impossibilità di costruire una *macchina capace di creare energia*, e come tale impone un vincolo al calore e al lavoro secondo la relazione:

$$(2.9.1) \qquad \Delta U = Q - W$$

In particolare, tutte le volte in cui l'energia interna non varia $\Delta U = 0$, il primo principio della termodinamica si riduce alla seguente equazione:

$$(2.9.2) \qquad Q = W$$

dalla quale si deduce che non vi è alcuna limitazione alla possibilità di trasformare calore in lavoro e lavoro in calore; quindi, compatibilmente con il primo principio della termodinamica, è possibile costruire una macchina che assorbe calore dall'ambiente circostante e lo trasforma integralmente in lavoro. Poiché le riserve di energia termica contenute nel suolo, nell'acqua e nell'aria sono praticamente illimitate, una tale macchina è equivalente a tutti gli effetti pratici ad un *moto perpetuo si seconda specie*. Il secondo principio della termodinamica nega questa possibilità perché, sperimentalmente, si osserva che la possibilità di trasformare integralmente lavoro in calore è certamente vera:

*un corpo, qualunque sia il valore del suo stato termico, può sempre essere riscaldato per attrito, ricevendo una quantità di energia sotto forma di calore esattamente uguale al lavoro fatto.*

Se il corpo è posto, fin dall'inizio del processo, in contatto termico con una sorgente di calore, ciò che si osserva è che la temperatura del corpo non varia perché cede continuamente calore alla sorgente di calore. Alla fine del processo il corpo non ha cambiato il suo stato e pertanto la sua energia interna non è cambiata $\Delta U = 0$; ne consegue che tutto ciò che si è verificato è una trasformazione integrale di lavoro in calore in cui il corpo ha unicamente svolto il ruolo di tramite. Per fare un riferimento concreto si può considerare l'esperienza di Joule, trattata nel paragrafo (1.5) del capitolo precedente, in cui il fondo del thermos sia reso perfetto conduttore di calore e posto in contatto termico con una sorgente di calore; in tal caso, il recipiente pieno d'acqua svolge il ruolo di corpo.

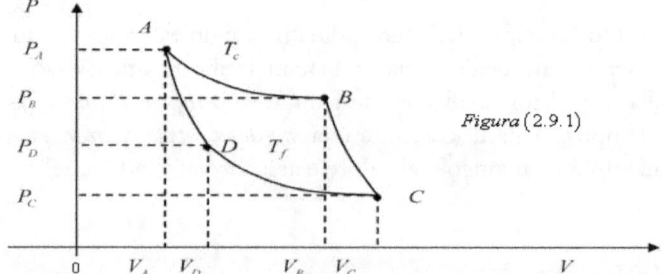

Figura $(2.9.1)$

Ma non è certamente vera la possibilità di trasformare integralmente calore in lavoro. Per rendersi conto di ciò, si consideri una trasformazione ciclica: ovvero una trasformazione in cui lo stato finale coincide con lo stato iniziale, costituita da due trasformazioni adiabatiche reversibili e da due trasformazioni isotermiche reversibili di diverse temperature, così come sono indicate nella figura (2.9.1). Queste trasformazioni si possono realizzare con un gas perfetto così come sono state realizzate nel paragrafo precedente. Durante l'espansione isotermica, rappresentata dal ramo AB, il sistema assorbe una quantità di calore $|Q_c|^*$ dalla sorgente di calore di temperatura $T_c$ *(sorgente calda);* mentre, durante la compressione isotermica, rappresentata dal ramo CD , cede la quantità di calore $|Q_f|$ alla sorgente di calore di temperatura $T_f$ *(sorgente fredda).* La quantità di calore che il sistema assorbe durante il ciclo è quindi data dalla relazione:

$$(2.9.3) \qquad \Delta|Q| = |Q_c| - |Q_f|$$

Poiché in una trasformazione ciclica lo stato finale coincide con lo stato iniziale, la variazione dell'energia interna è nulla e pertanto, dovendo valere l'equazione (2.9.2), si può scrivere la seguente equazione:

$$(2.9.4) \qquad W = |Q_c| - |Q_f|$$

dalla quale si deduce che solo una parte di calore $|Q_c|$, sottratto dalla sorgente calda, viene trasformato in lavoro, la restante parte $|Q_f|$, invece di essere trasformata in lavoro, viene ceduta alla sorgente fredda. Tutto ciò induce ad enunciare il secondo principio della termodinamica nella forma seguente:

*è impossibile eseguire una trasformazione termodinamica il cui unico risultato sia una trasformazione integrale in lavoro di calore sottratto ad una sorgente di calore (postulato di Kelvin - Planck)*

---

*Si usa la convenzione di esprimere il valore assoluto della quantità di calore in modo che i segni algebrici figurano esplicitamente nelle formule e non implicitamente all'interno dei simboli Q

In questa forma, il secondo principio della termodinamica esclude la possibilità di un *moto perpetuo di seconda specie;* si osservi però che la possibilità che resta esclusa da questo enunciato è che *l'unico risultato della trasformazione sia quello di trasformare integralmente in lavoro del calore sottratto ad una sorgente di calore.* Così, per esempio, non è impossibile trasformare integralmente in lavoro del calore sottratto ad una sorgente di calore, purché alla fine del processo di trasformazione vi sia qualche altro cambiamento nello stato del sistema. E' il caso di un'espansione isotermica quasi - statica di un gas perfetto *(vedi il paragrafo precedente)* in cui il calore sottratto alla sorgente di calore e assorbito dal gas viene integralmente trasformato in lavoro che il gas esegue sull'ambiente circostante; ma questo non è l'unico risultato della trasformazione in quanto alla fine il gas occupa un volume maggiore di quello iniziale. Vi è un altro aspetto dell'equazione (2.9.1) da chiarire; essa non fissa alcun verso della trasformazione, ovvero non dice se, in determinate condizioni, avviene una trasformazione di calore in lavoro o di lavoro in calore. Per esempio, riferendosi all'esperienza di Joule, trattata nel paragrafo (1.5) del capitolo precedente, il dispositivo indicato nella figura (1.5.1) di quel capitolo, abbandonato a se stesso, potrebbe ugualmente funzionare nei due versi: il peso $P$ si abbassa e la temperatura dell'acqua aumenta, oppure la temperatura dell'acqua diminuisce ed il peso $P$ si innalza. In realtà l'esperienza insegna che quest'ultimo caso non si verifica mai, ovvero quest'ultimo  caso esprime un carattere generale dei fenomeni naturali e cioè che essi evolvono spontaneamente in un ben determinato verso e mai nel verso opposto. Così, il calore non va mai, spontaneamente, da un corpo freddo ad un corpo caldo; se un corpo si muove con una certa energia cinetica lungo un piano ruvido: il lavoro contro la forza d'attrito si trasforma tutto in calore che aumenta l'energia interna del corpo e del piano. Il processo inverso non avviene mai: l'energia interna del corpo e del piano non si convertirà mai, spontaneamente, in energia cinetica del corpo, facendolo muovere lungo il piano, mentre corpo e piano si raffreddano. Il secondo principio della termodinamica, nella forma dell'enunciato di Clausius, esprime direttamente il carattere irreversibile dei fenomeni naturali. Esso può così enunciarsi:

*è impossibile eseguire una trasformazione termodinamica il cui unico risultato sia il passaggio di calore da un corpo freddo ad un corpo caldo. (postulato di Clausius)*

Si osservi però, come per il postulato di Kelvin - Planck, la possibilità che resta esclusa da questo enunciato è che *l'unico risultato della trasformazione sia quello di far passare calore da un corpo freddo ad un corpo caldo.* E' infatti perfettamente possibile far passare calore da un corpo freddo ad un corpo caldo, si pensi, per esempio, al ciclo di figura (2.9.1) eseguito all'inverso; in tal caso, il ciclo assorbe la quantità di calore $\left|Q_f\right|$ dalla sorgente fredda e cede la quantità di calore $\left|Q_c\right|$ alla sorgente calda, ma questo non è l'unico risultato in quanto il ciclo assorbe anche la quantità di lavoro $W = \left|Q_c\right| - \left|Q_f\right|$.

Si può far vedere che i postulati di kelvin - Planck e di Clausius sono equivalenti. A tal fine è sufficiente far vedere che se è falso l'uno è falso anche l'altro e viceversa.

Si supponga dapprima che il postulato di Kelvin - Planck sia falso. Allora è possibile eseguire una trasformazione in cui l'unico risultato sia una trasformazione integrale in lavoro di calore sottratto ad una sorgente di calore. Questo lavoro può essere ritrasformato in calore che può essere usato per innalzare la temperatura di un corpo, qualunque sia la sua temperatura iniziale. In particolare si può scegliere un corpo avente una temperatura iniziale maggiore della temperatura della sorgente di calore alla quale è stato sottratto calore. Ne consegue una trasformazione il cui unico risultato è il passaggio di una certa quantità di calore da un corpo freddo *(sorgente di calore)* ad un corpo caldo. Questa conclusione contraddice il postulato di Clausius. Ora si supponga che il postulato di Clausius sia falso. Allora è possibile eseguire una trasformazione il cui unico risultato sia il passaggio di calore da un corpo freddo ad un corpo caldo. Usando il ciclo indicato nella figura (2.9.1), si può assorbire la quantità di calore $\left|Q_c\right|$ che è passata dal corpo freddo al corpo caldo e produrre una quantità di lavoro $W$ . Poiché il corpo caldo riceve e cede la quantità di calore $\left|Q_c\right|$ esso non subisce variazioni del suo stato. Ne consegue una trasformazione il cui unico risultato è la trasformazione integrale in lavoro di calore sottratto ad una sorgente di calore. Questa conclusione contraddice il postulato di Kelvin - Planck.

## 2.10 LA MACCHINA DI CARNOT

Per meglio comprendere il secondo principio della termodinamica, nella formulazione di Kelvin - Planck, è vantaggioso metterlo a confronto con le macchine termiche poiché da esse ha avuto origine.

*Una macchina termica è un sistema termodinamico costituito da un fluido, operante tra due sorgenti di calore di diversa temperatura e capace di eseguire ripetutamente una stessa trasformazione ciclica.*

Le trasformazioni eseguite dal sistema, quando occorre, sono reversibili e le perdite di attrito sono sempre nulle. Ciò detto, è comunque opportuno sgombrare subito il campo da ogni dubbio e cioè che il secondo principio della termodinamica sia limitato solo ai sistemi termodinamici che si trasformano ciclicamente, come potrebbe essere suggerito dall'osservazione che le macchine termiche sono sistemi termodinamici che operano ciclicamente tra due sorgenti di calore di diversa temperatura. In realtà, le sue conseguenze sono innumerevoli ed investono un gran numero di fenomeni naturali, cilici o non. Una macchina termica che fa uso di un ciclo reversibile è detta *macchina di Carnot* ed il ciclo è detto *ciclo di Carnot*. Usualmente, il ciclo di Carnot è costituito da due trasformazioni adiabatiche reversibili e da due trasformazioni isotermiche reversibili di diversa temperatura. Il fluido che percorre questo ciclo può essere qualunque; nel caso più conveniente può essere un gas perfetto così com'è stato fatto nel precedente paragrafo. Sulla base dei risultati raggiunti nel precedente punto formativo, il rendimento $\eta$ della macchina di Carnot si può esprimere secondo la seguente equazione:

$$(2.10.1) \qquad \eta = \frac{W}{|Q_c|} = \frac{|Q_c| - |Q_f|}{|Q_c|} = 1 - \frac{|Q_f|}{|Q_c|}$$

in cui $W$ è il lavoro che la macchina esegue in un ciclo e $|Q_c|$ è la corrispondente quantità di calore che la macchina assorbe dalla sorgente calda di temperatura $T_c$. Questo risultato consente la formulazione di un diverso enunciato del secondo principio della termodinamica, equivalente ai postulati di Kelvin - Planck e Clausius:

*il rendimento di una macchina termica, che opera tra due sorgenti di calore di diversa temperatura, è sempre minore di uno, qualunque siano la struttura ed il suo funzionamento.*

Per calcolare il rendimento di una macchina di Carnot, nel caso in cui il fluido che percorre il ciclo sia il gas perfetto, si osservi che, quando il gas si espande isotermicamente da $A$ verso $B$ *(vedi figura (2.9.1) del paragrafo precedente)*, il lavoro è dato da:

$$(2.10.2) \qquad W_{AB} = nRT \ln \frac{V_B}{V_A}$$

Poiché in una espansione isotermica, il lavoro eseguito dal sistema è uguale al calore sottratto alla sorgente di calore, si ha:

$$(2.10.3) \qquad W_{AB} = Q_c = |Q_c| = nRT \ln \frac{V_B}{V_A}$$

Quando il gas viene compresso isotermicamente da $C$ verso $D$ , il lavoro è dato da:

$$(2.10.4) \qquad -W_{CD} = nRT_f \ln \frac{V_D}{V_C}$$

Poiché in una compressione isotermica il lavoro eseguito sul sistema è uguale al calore ceduto alla sorgente di calore, si ha:

$$(2.10.5) \qquad -W_{CD} = -Q_f = W_{DC} = |Q_f| = nRT_f \ln \frac{V_C}{V_D}$$

Dividendo membro a membro questa equazione con l'equazione (2.10.3), si ottiene la seguente equazione:

$$(2.10.6) \qquad \frac{|Q_f|}{|Q_c|} = \frac{T_f}{T_c} \frac{\ln \frac{V_C}{V_D}}{\ln \frac{V_B}{V_A}}$$

che posta nell'equazione (2.10.1) consente di dare al rendimento la seguente forma:

$$(2.10.7) \qquad \eta = 1 - \frac{T_f}{T_c} \frac{\ln \dfrac{V_C}{V_D}}{\ln \dfrac{V_B}{V_A}}$$

Usando l'equazione (2.8.23), di questo capitolo, per le trasformazioni adiabatiche reversibili, si ha:

$$T_C V_B^{\gamma-1} = T_f V_C^{\gamma-1}$$

$$(2.10.8)$$

$$T_C V_A^{\gamma-1} = T_f V_D^{\gamma-1}$$

Queste equazioni sono equivalenti alla seguenti:

$$T_C^{\frac{1}{\gamma-1}} V_B = T_f^{\frac{1}{\gamma-1}} V_C$$

$$(2.10.9)$$

$$T_C^{\frac{1}{\gamma-1}} V_A = T_f^{\frac{1}{\gamma-1}} V_D$$

Dividendo membro a membro le equazione (2.10.9) si ha:

$$(2.10.10) \qquad \frac{V_B}{V_A} = \frac{V_C}{V_D}$$

Utilizzando questo risultato nell'equazione (2.10.7), il rendimento di una macchina di Carnot acquista la forma seguente:

$$(2.10.11) \qquad \eta = 1 - \frac{T_f}{T_c}$$

Confrontando questa equazione con l'equazione (2.10.1) si ottiene la seguente equazione:

$$(2.10.12) \qquad \frac{|Q_f|}{|Q_c|} = \frac{T_f}{T_c}$$

dalla quale si deduce che il rapporto tra il calore ceduto e ed il calore assorbito è uguale al rapporto delle temperature delle corrispondenti sorgenti di calore.

Poiché il ciclo di Carnot è reversibile, può essere percorso all'inverso, in tal caso le energie scambiate con le sorgenti di calore cambiano di segno: vengono assorbiti lavoro meccanico di modulo pari a $|W|$ e la quantità di calore $|Q_f|$ dalla sorgente fredda mentre la quantità di calore $|Q_c|$ viene ceduta alla sorgente calda. Pertanto si ha la seguente relazione:

$$(2.10.13) \qquad |Q_c| = |Q_f| + |W|$$

La macchina di Carnot diviene, allora, una macchina frigorifera o pompa di calore; essa è caratterizzata da un parametro detto *coefficiente di prestazione* definito come:

$$(2.10.14) \qquad COP = \frac{|Q_f|}{|W|} = \frac{|Q_f|}{|Q_c| - |Q_f|} = \frac{1}{\dfrac{|Q_c|}{|Q_f|} - 1}$$

in cui, tenendo conto dell'equazione (2.10.12), si ha:

$$(2.10.15) \qquad COP = \frac{T_f}{T_c - T_f}$$

## 2.11  TEOREMA DI CARNOT

Nel paragrafo precedente è stato calcolato il rendimento di una macchina di Carnot e ciò è stato possibile perché il fluido utilizzato per realizzare il ciclo, il gas perfetto, ha un'equazione di stato nota e di struttura molto semplice. Diverso è il caso di una macchina di Carnot che fa uso di un fluido di cui non è nota l'equazione di stato; in tal caso, tuttavia, non è necessario eseguire il calcolo del rendimento perché ogni cosa è risolta dal secondo principio della termodinamica, ovvero: supposto valido il postulato di Kelvin - Planck, si può dimostrare il seguente *teorema di Carnot:*

*non esistono macchine termiche operanti tra due sorgenti di calore il cui rendimento sia superiore a quello di una macchina di Carnot operante tra le stesse sorgenti di calore.*

Da questo teorema discende il seguente corollario:

*tutte le macchine di Carnot, operanti tra le stesse sorgenti di calore, hanno lo stesso rendimento, qualunque sia il fluido utilizzato per il ciclo.*

Per dimostrare il teorema di Carnot si considerino una qualsiasi macchina termica $M$ e una macchina di Carnot, entrambe operanti tra le stesse sorgenti di calore e regolate in modo che assorbono la stessa quantità di calore dalla sorgente calda *(vedi figura (2.11.1))*.

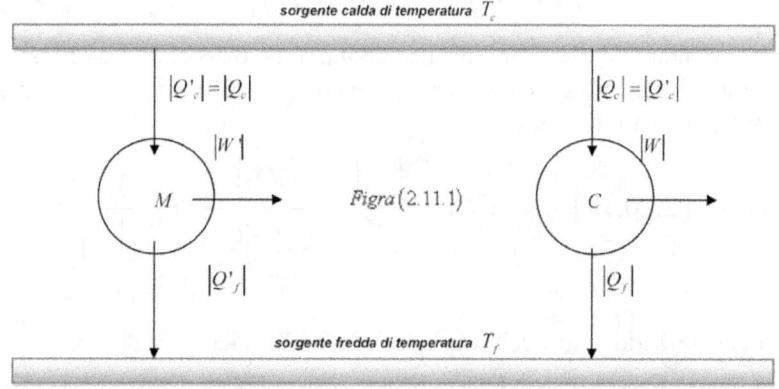

Supponendo che il rendimento $\eta'$ della macchina $M$ sia maggiore del rendimento $\eta$ della macchina di Carnot, si ha:

$$\eta' = \frac{W'}{|Q'_c|} = 1 - \frac{|Q'_f|}{|Q'_c|} > \eta = \frac{W}{|Q_c|} = 1 - \frac{|Q_f|}{|Q_c|}$$

da cui seguono le relazioni:

$$W' > W$$

$$(2.11.1)$$

$$|Q'_f| < |Q_f|$$

Facendo funzionare la macchina di Carnot come macchina frigorifera ed alimentandola con parte del lavoro $|W'|$ che la macchina $M$ esegue, si realizza un'unica macchina termica ciclica capace di trasformare integralmente in lavoro il calore che assorbe dalla sorgente fredda *(vedi figura (2.11.2)).*

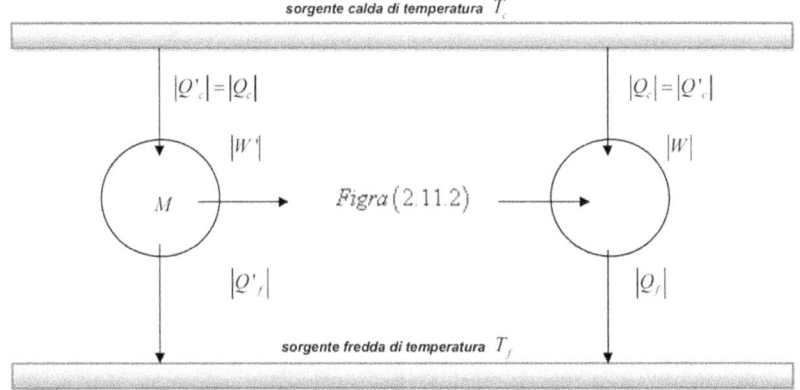

Infatti, la sorgente calda diviene inutile perché assorbe e cede la stessa quantità di calore, mentre la sorgente fredda cede complessivamente la quantità di calore $|Q_f| - |Q'_f|$ che, come viene di seguito verificato, è uguale al lavoro che la macchina esegue:

$$|W'| - |W| = \left(|Q'_c| - |Q'_f|\right) - \left(|Q_c| - |Q_f|\right) = |Q_f| - |Q'_f|$$

Pertanto l'ipotesi che il rendimento $\eta'$ della macchina $M$ sia maggiore del rendimento $\eta$ della macchina di Carnot contraddice il postulato di Kelvin - Planck, ne consegue la validità dell'asserto del teorema di Carnot. Per dimostrare il corollario, si supponga di avere due macchine di Carnot $C_1$ e $C_2$ operanti tra le stesse sorgenti di calore e siano $\eta_1$ e $\eta_2$ i rispettivi rendimenti. Considerando

la macchina complessa costituita dalla macchina $C_1$ e dalla macchina $C_2$, quest'ultima funzionante come macchina frigorifera, si ha, per il teorema di Carnot: $\eta_1 \leq \eta_2$. Considerando poi l'altra macchina complessa, costituita dalla macchina $C_2$ e dalla macchina $C_1$, quest'ultima funzionante come macchina frigorifera, si ha, per il teorema di Carnot: $\eta_2 \leq \eta_1$, segue necessariamente $\eta_1 = \eta_2$.

Si osservi che il teorema di Carnot, con il suo corollario, si può dimostrare anche per le macchine frigorifere: $COP' \leq COP$.

## 2.12  TEMPERATURA TERMODINAMICA ASSOLUTA

Volendo giungere alla definizione di una scala di temperatura che sia indipendente dalla sostanza termometrica utilizzata e cioè avente carattere universale, così com'è stato annunciato nel paragrafo (1.1) del primo capitolo, si consideri il corollario del teorema di Carnot. Secondo questo corollario, tutte le macchine di Carnot, qualunque sia la sostanza che percorre il ciclo, hanno lo stesso rendimento, quindi il rendimento della macchina di Carnot, calcolato nel paragrafo (2.10) di questo capitolo ed espresso dall'equazione (2.10.11), ha carattere universale. D'altro canto, ha carattere universale anche l'equazione (2.10.12) che da esso discende e che, per facilitare il compito al lettore, viene di seguito riportata:

$$(2.10.12) \qquad \frac{|Q_f|}{|Q_c|} = \frac{T_f}{T_c}$$

Secondo questa equazione è possibile ricondurre la misura della temperatura alla misura delle quantità di calore che la macchina di Carnot scambia con le sorgenti di calore. Anzi, è possibile servirsi di una macchina di Carnot per definire operativamente il concetto di temperatura. Così, fissando come sorgente di calore di riferimento il sistema costituito da acqua - ghiaccio e vapore acqueo e assegnando come valore arbitrario di temperatura $T_e = 273.16K$ la temperatura $T$ di un altro corpo, che funzioni come sorgente di calore per la macchina di Carnot, è data dalla relazione:

$$(2.12.1) \qquad T = 273.16K \frac{|Q|}{|Q_c|}$$

Questa equazione, non solo è formalmente identica all'equazione (1.1.13) del gas perfetto ma, fornisce risultati ad essa coincidenti, con la differenza, però, che questi risultati non dipendono da alcuna sostanza utilizzata dalla macchina di Carnot. Si osservi che a temperature molto basse, prossime allo zero assoluto, le misure di temperatura divengono in pratica molto difettose. Ciò nonostante sono state raggiunte e misurate, tramite l'equazione (2.12.1), temperature inferiori al millesimo di grado Kelvin.

## 2.13 REVERSIBILITA' ED IRREVERSIBILITA' DI UN PROCESSO TERMODINAMICO

Un processo termodinamico è irreversibile se il sistema e l'ambiente circostante non possono essere ricondotti nei loro stati iniziali. Così, per esempio, il processo che riguarda la conduzione di calore da un corpo caldo ad un corpo freddo è irreversibile. Per rendersene conto, si supponga che un corpo caldo ceda, per conduzione, una quantità di calore $Q$ ad un corpo freddo, in tal caso il secondo principio della termodinamica, nella forma enunciata da Clausius, proibisce la restituzione di questa quantità di calore al corpo caldo senza che si lasci traccia nell'ambiente circostante. Infatti, per poter restituire la quantità di calore $Q$ al corpo caldo si può utilizzare una macchina frigorifera, in tal caso la macchina frigorifera assorbe dall'ambiente circostante la quantità di lavoro $|W|$ e cede al corpo caldo la quantità di energia $|Q|+|W|$. Affinché il corpo caldo e l'ambiente circostante tornino nei loro stati iniziali è necessario e sufficiente assorbire calore dal corpo caldo pari all'energia $|W|$ e trasformarlo integralmente in lavoro; poiché tutto questo contraddice il secondo principio della termodinamica nella forma dell'enunciato di Kelvin - Planck, segue l'asserto.

Così, per esempio, il processo di un corpo che si muove con energia cinetica lungo un piano ruvido e si ferma a causa della presenza delle forze di attrito, trasforma energia meccanica *(energia cinetica)* in energia interna *(riscaldamento del corpo e del piano ruvido)*. Questo processo non è invertibile senza lasciare traccia nell'ambiente circostante. Sulla base di queste considerazioni e di quanto è stato detto nel paragrafo (2.3) di questo capitolo, si possono elencare alcune condizioni necessarie affinché un *processo* possa ritenersi *reversibile:*

- non deve esserci conduzione di calore dovuta ad una differenza di temperatura

- non deve essere eseguito lavoro dalle forze d'attrito, dalle forze viscose o da altre forze dissipative che producono calore

- il processo deve essere quasi statica

Comunque, deve essere osservato che, in realtà, un processo reversibile non è realizzabile perché non è possibile eliminare dal sistema, in modo totale, le forze d'attrito e le forze dissipative. Tuttavia, è possibile avvicinarsi di molto ad un processo reversibile e ciò torma molto utile e proficuo alla teoria. Così, per esempio, si consideri un'espansione quasi statica, a pressione costante, di un sistema gassoso da un volume iniziale $V_A$ ad un volume finale $V_B$ *(vedi figura (2.13.1)).*

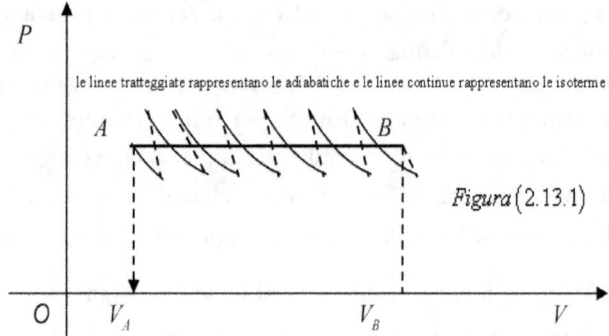

Figura (2.13.1)

Affinché questo processo sia reversibile, il calore deve essere assorbito isotermicamente, in modo che non ci sia conduzione per differenza di temperatura. Quindi, il percorso a pressione costante *(vedi figura (2.13.1))* si può approssimare con un percorso costituito da una serie alternata di isoterme ed adiabatiche quasi - statiche; ne consegue che il calore viene assorbito, lungo ciascuna isoterma, da una sorgente di calore avente la temperatura dell'isoterma.

Con un gran numero di sorgenti di calore si può approssimare quanto si vuole il percorso a pressione costante o qualunque altro percorso quasi - statico si voglia considerare. Queste considerazioni inducono ad enunciare le seguenti definizioni:

- due trasformazioni isotermiche si dicono equivalenti se assorbono la stessa quantità di calore ed eseguono lo stesso lavoro

- data una qualsiasi trasformazione termodinamica, una serie alternata di trasformazioni isotermiche ed adiabatiche è ad essa equivalente, se il calore totale assorbito dalla serie ed il lavoro totale eseguito sono rispettivamente uguali al calore assorbito ed al lavoro eseguito dalla trasformazione data

## 2.14   FORMULAZIONE ANALITICA DEL SECONDO PRINCIPIO DELLA TERMODINAMICA

L'obiettivo che ci poniamo in questo paragrafo è quello di giungere ad una formulazione quantitativa del secondo principio della termodinamica, ovvero, alla determinazione di una funzione di stato in grado di caratterizzare qualsiasi trasformazione e di determinarne l'entità. A tal fine, si consideri un sistema termodinamico che esegua una trasformazione ciclica quasi – statica.

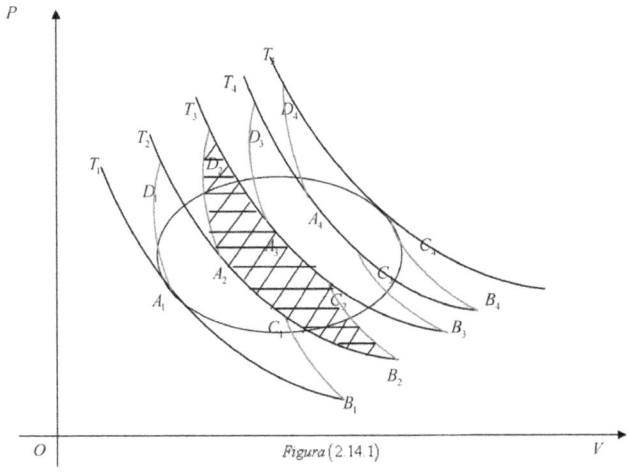

Figura (2.14.1)

Per garantirsi la reversibilità di questa trasformazione, nel senso indicato nel paragrafo precedente, è necessario fare assorbire calore al sistema isotermicamente, in modo da evitare la conduzione di calore per differenza di temperatura. Quindi, la trasformazione considerata può essere approssimata con una serie alternata di trasformazioni isotermiche ed adiabatiche quasi - statiche, così come viene indicato in figura (2.14.1) in cui si osserva che queste trasformazioni danno luogo ad un insieme di cicli di Carnot. Si consideri l'iesimo ciclo di Carnot operante tra le sorgenti di calore rispettivamente di temperatura $T_i$ e $T_{i+1}$ con $T_{i+1} > T_i$ ; per questo ciclo si può scrivere la relazione:

$$(2.14.1) \qquad \frac{|Q_i|}{|Q_{i+1}|} = \frac{T_i}{T_{i+1}}$$

in cui tenendo conto che il calore assorbito dal ciclo è positivo e quello ceduto è negativo e considerando le quantità di calore algebricamente, si ottiene la seguente relazione:

$$(2.14.2) \qquad \frac{Q_i}{T_i} + \frac{Q_{i+1}}{T_{i+1}} = 0$$

Esplicitando questa relazione per tutti i cicli di Carnot indicati nella figura (2.14.1) e tenendo conto che i cicli contigui hanno in comune una stessa sorgente di calore, si può scrivere, per il ciclo complessivo, la seguente relazione:

$$(2.14.3) \frac{Q_{A_1B_1}}{T_1} + \frac{Q_{D_1C_1} + Q_{A_2B_2}}{T_2} + \frac{Q_{D_2C_2} + Q_{A_3B_3}}{T_3} + \frac{Q_{D_3C_3} + Q_{A_4B_4}}{T_4} + \frac{Q_{A_5B_5}}{T_5}$$

che può porsi in forma compatta come:

$$(2.14.4) \qquad \sum_i \frac{Q_i}{T_i} = 0$$

in cui $Q_i$ rappresenta il calore che l'iesimo ciclo assorbe dalla sorgente di calore di temperatura $T_i$. Richiedendo che le trasformazioni adiabatiche siano infinitesime, i cicli di Carnot danno luogo complessivamente ad una trasformazione reversibile equivalente a quella considerata e pertanto, indicando con $\Delta Q_i$ il calore assorbito dalla sorgente di calore di temperatura $T_i$, l'equazione (2.14.4) si può scrivere come:

$$(2.14.5) \qquad \lim_{\Delta Q_i \to 0} \sum_i \frac{\Delta Q_i}{T_i} = \oint \frac{dQ}{T} = 0$$

ed è valida per qualunque trasformazione ciclica reversibile.

Dividendo il ciclo considerato in due parti: un percorso $AB$ e un percorso $BA$ *(vedi figura (2.14.2))*, l'equazione (2.14.5) si può scrivere come:

$$(2.14.5) \lim_{\Delta Q_i \to 0} \left( \sum_i \frac{\Delta Q_i}{T_i} \right)_{AB} + \lim_{\Delta Q_i \to 0} \left( \sum_i \frac{\Delta Q_i}{T_i} \right)_{BA} = \int_A^B \frac{dQ}{T} + \int_B^A \frac{dQ}{T} = 0$$

in cui, tenendo conto che il ciclo è reversibile risulta:

$$(2.14.7) \qquad \int_A^B \frac{dQ}{T} - \int_A^B \frac{dQ}{T} = 0$$

da cui segue l'identità:

$$(2.14.8) \qquad \int_A^B \frac{dQ}{T} = \int_A^B \frac{dQ}{T}$$

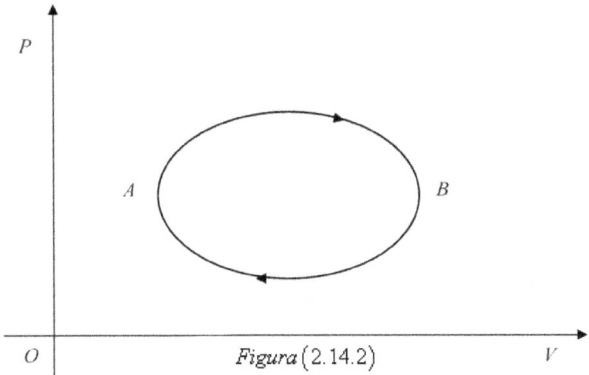

*Figura* $(2.14.2)$

Queste relazioni esprimono un carattere fondamentale della grandezza: $\int_A^B \dfrac{dQ}{T}$ il suo valore non dipende dalla particolare trasformazione considerata, ma dipende unicamente dallo stato del sistema. Quindi, indicata con $S$ questa funzione, universalmente nota con il nome di *entropia* e detto $S(A)$ il suo valore nello stato $A$, il valore $S(B)$ nello stato $B$ è dato dalla seguente relazione:

$$(2.14.9) \qquad S(B) = S(A) + \int_A^B \frac{dQ}{T}$$

dalla quale risulta evidente che l'entropia di un sistema termodinamico è definita a meno di una costante additiva. Se la trasformazione considerata è irreversibile, l'entropia non può essere espressa dall'equazione (2.14.9); in tal caso, si osserva che essendo una funzione di stato e come tale non dipendente dal processo di trasformazione, la sua variazione può essere determinata considerando una qualsiasi trasformazione reversibile che collega i due stati ed osservando che sussiste la seguente disuguaglianza:

$$(2.14.10) \qquad \left( \int_A^B \frac{dQ}{T} \right)_{irreversibile} < \left( \int_A^B \frac{dQ}{T} \right)_{reversibile}$$

Per rendersi conto di questa disuguaglianza, si osservi, dal teorema di Carnot, che il rendimento di qualsiasi ciclo irreversibile è minore del rendimento del ciclo di Carnot, operante tra le stesse sorgenti di calore. Ciò significa che a parità di calore assorbito, il lavoro eseguito dal ciclo irreversibile è minore del lavoro eseguito dal ciclo di Carnot, quindi il calore ceduto dal ciclo irreversibile alla sorgente fredda è maggiore del calore ceduto alla stessa sorgente dal ciclo di Carnot. Tutto ciò implica la disuguaglianza (2.4.10). Quindi, nel caso di una trasformazione irreversibile, indicato con $S(A)$ il valore dell'entropia nello stato $A$, il suo valore $S(B)$ nello stato $B$ è dato dalla seguente relazione:

$$(2.14.11) \qquad S(B) > S(A) + \int_A^B \frac{dQ}{T}$$

*L'equazione (2.14.9) e la disuguaglianza (2.14.11) costituiscono la formulazione analitica del secondo principio della termodinamica*

Per approfondire il significato di queste relazioni, si consideri l'insieme costituito da un sistema termodinamico e l'ambiente che lo circonda; tale insieme viene usualmente detto *Universo*. Nell'insieme Universo, gli scambi di calore avvengono solo al suo interno e pertanto è da ritenersi un insieme chiuso. Si supponga che l'universo sia sede di una trasformazione reversibile e si determini la variazione di tale entropia. In tal caso, le quantità di calore scambiate figurano due volte: una volta con il segno positivo e una volta con il segno negativo; d'altro canto, poiché lo scambio di calore avviene isotermicamente, la temperatura del corpo che cede calore è uguale alla temperatura del corpo che lo assorbe, ne consegue l'annullarsi dell'espressione: $\int_{A}^{B} \dfrac{dQ}{T}$. Pertanto, l'equazione (2.14.9) assume la seguente forma:

$$(2.14.12) \qquad S(B) - S(A) = \Delta S = 0$$

e consente la seguente affermazione:

*Se l'Universo è sede di trasformazioni reversibili, la sua entropia è costante*

Se l'Universo è sede di trasformazioni irreversibili, la sua entropia non è costante e per poterne determinare la variazione totale $\Delta S$, si faccia riferimento ad un caso concreto di trasformazione irreversibile come, per esempio, lo scambio di calore che si verifica nel processo di conduzione di calore tra un corpo caldo e un corpo freddo. In tal caso, per semplificare il discorso, si faccia l'ipotesi che le capacità termiche dei due corpi siano molto grandi in modo che i corpi non variano sensibilmente la loro temperatura quando si scambiano calore. Poiché il processo è irreversibile, la variazione di entropia si può calcolare sostituendo ad esso un processo reversibile che mette in comunicazione i due corpi in modo che il calore possa fluire dal corpo caldo al corpo freddo. A tal fine, si ponga a contatto termico il corpo caldo con un sistema gassoso che si espande isotermicamente assorbendo la quantità di calore $\Delta Q$; ciò fatto, si separi il corpo caldo dal sistema gassoso e si faccia espandere adiabaticamente quest'ultimo fino a raggiungere il valore di temperatura del corpo freddo; quindi, si ponga il corpo freddo a contatto termico con il sistema gassoso e si comprima quest'ultimo fino a quando non abbia ceduto tutto il calore che ha sottratto al corpo caldo. Poiché le trasformazioni considerate sono tutte reversibili, per determinare la variazione di entropia $\Delta S$ si può fare uso dell'equazione (2.14.9); così facendo, si osservi che il corpo caldo, cedendo calore al sistema gassoso, subisce una variazione di entropia $\Delta S_c = -\dfrac{\Delta Q}{T_c}$ mentre il corpo freddo, assorbendo calore dal sistema gassoso, subisce una variazione di entropia. $\Delta S_f = \dfrac{\Delta Q}{T_f}$.

Pertanto, la variazione di entropia totale è:

$$(2.14.13) \qquad \Delta S = \Delta S_c + \Delta S_f = -\frac{\Delta Q}{T_c} + \frac{\Delta Q}{T_f}$$

Osservando che è: $T_c > T_f$ risulta:

$$(2.14.14) \qquad S(B) - S(A) = \Delta S > 0$$

Clausius calcolò la variazione totale dell'entropia per un gran numero di trasformazioni irreversibili e trovò sempre che il valore dell'entropia nello stato finale è maggiore del valore nello stato iniziale. Ciò lo indusse ad affermare che se l'Universo è sede di trasformazioni irreversibili la sua entropia aumenta Questa affermazione e la precedente consentono di enunciare il secondo principio della termodinamica come segue:

*nell'Universo l'entropia non può diminuire*

In questa forma, il secondo principio della termodinamica afferma, sostanzialmente, che, dati due stati qualsiasi A e B dell'Universo, lo stato B al quale compete un'entropia maggiore è futuro rispetto allo stato A ; ciò pone in relazione l'irreversibilità delle trasformazioni termodinamiche con il verso del tempo.

# 2.15 DISPONIBILITA' DI ENERGIA NELL'UNIVERSO

Nel paragrafo (2.13) è stato detto che il processo di trasformazione di energia meccanica in energia interna di un corpo è irreversibile e come esempio è stato citato il fenomeno di un corpo che si muove, con una certa energia cinetica iniziale, lungo un piano ruvido e si arresta a causa della presenza delle forze d'attrito. Volendo determinare, per questo fenomeno, la variazione di entropia dell'Universo, si osservi che, a causa del lavoro eseguito dalle forze d'attrito, l'energia interna del piano ruvido, del corpo e dell'aria aumenta complessivamente della quantità $E_c$. Quindi, poiché la variazione di entropia dell'Universo è quella che si avrebbe se il calore $Q = E_c$ fosse trasferito reversibilmente, si ottiene la seguente relazione:

$$(2.15.1) \qquad \Delta S = \frac{E_c}{T} > 0$$

da cui segue l'equazione:

$$(2.15.2) \qquad E_c = T\Delta S$$

che fornisce, in termini di entropia dell'Universo, la quantità di energia meccanica convertita in energia interna dell'Universo *(corpo-piano ruvido-aria)*.

Si osservi che qualora l'Universo fosse costituito solo dal corpo con energia cinetica $E_c$ , dal piano ruvido e dall'aria, la trasformazione di energia meccanica del corpo in energia interna dell'Universo implicherebbe l'impossibilità di qualsiasi altra trasformazione. Infatti, in tal caso, per poter realizzare una trasformazione è necessario sottrarre calore all'Universo e ciò è possibile solo se nell'Universo è presente un altro corpo con valore di temperatura minore di quello che figura nell'equazione (2.15.2). Ad ogni modo, quantunque questo corpo fosse presente, il secondo principio della termodinamica vieta che tutto il calore sottratto all'Universo venga trasformato in lavoro: una parte di esso viene restituito al corpo di temperatura inferiore. Tutto ciò implica che l'energia nell'Universo è sempre meno disponibile a farsi utilizzare per produrre lavoro. Poiché queste conclusioni valgono in generale, si può affermare che: in un processo irreversibile, in cui la variazione di entropia nell'Universo è $\Delta S$, parte dell'energia diventa non disponibile a farsi utilizzare per produrre lavoro; essa è pari a $T\Delta S$ in cui $T$ è la temperatura più bassa che si dispone nell'Universo. D'altro canto, se si osserva che il flusso di calore nell'Universo tende spontaneamente da corpi caldi a corpi freddi, si capisce immediatamente che vi è una tendenza naturale dell'Universo ad uniformare i valori di temperatura e quindi a rendere non disponibile, per eseguire un lavoro, tutta la sua energia *(morte termica dell'Universo)*.

Poiché $T\Delta S$ rappresenta la quantità di energia non utilizzabile per produrre lavoro, indicando con $E$ l'energia del sistema, la quantità $E_x = \left(E - T\Delta S\right)$ è detta *exergia del sistema* e rappresenta la quantità di energia che viene convertita interamente in lavoro. La quantità $T\Delta S$ viene anche detta *anergia del sistema* e rappresenta la quantità di energia non convertibile in lavoro. Pertanto possiamo scrivere la seguente equazione:

$$(2.15.3) \quad E = E_x + T\Delta S$$

## 2.16 RELAZIONE TRA MONDO MACROSCOPICO E MONDO MICROSCOPICO

Quando un sistema fisico si considera da un punto di vista molecolare, è un fatto sperimentale che le sue molecole si muovono caoticamente ed incessantemente rispetto al centro di massa. Il primo a darne notizia nel 1827 fu il botanico scozzese Robert Brown che, nel corso delle sue osservazioni al microscopio, notò che particelle molto piccole, come i granuli di polline, se immerse in una goccia d'acqua si muovono caoticamente ed incessantemente. Per rendersi conto di come questo fenomeno sia un'osservazione indiretta del moto molecolare, si consideri un cubetto di lato $l$ e di massa $m$ immerso in una certa quantità di acqua *(vedi figura (2.16.1))*.

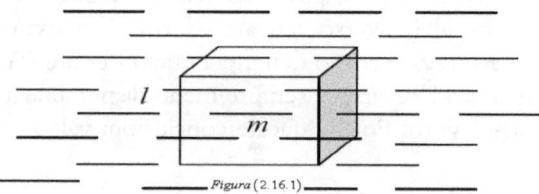

Figura (2.16.1)

Poiché il moto è caotico, tutte le posizioni e tutte le direzioni che possono essere occupate dalle molecole sono equiprobabili *(principio del caos molecolare)*, da ciò discende che le molecole danno luogo ad urti *pressappoco* con la stessa frequenza e con la stessa intensità in tutti i punti della superficie del cubetto. Ne consegue una variazione mediamente nulla della quantità di moto totale e pertanto il cubetto resta nella sua posizione. D'altro canto, il principio del caos molecolare non esclude la possibilità che, in un intervallo di tempo brevissimo, possa capitare che le molecole che urtano il cubetto su una faccia siano molto più numerose delle molecole che urtano sulla faccia opposta; questa fluttuazione dà luogo ad una variazione non nulla della quantità di moto totale e pertanto, se la massa del cubetto è sufficientemente piccola, il cubetto acquista una velocità che dà luogo ad un moto osservabile al microscopio. Per esempio, se il cubetto ha il lato $0.01m$ e la massa $m = 10^{-3} kg$, supponendo che, nell'intervallo di tempo pari ad un secondo, una faccia del cubetto venga colpita da $10^{10}$ molecole in più rispetto alla faccia opposta e che gli urti siano tutti elastici e frontali, la variazione della quantità di moto totale è:

$$(2.16.1) \qquad \Delta P = 2 \sum_{i=1}^{10^{10}} m_i v_i$$

in cui $m_i$ e $v_i$ sono rispettivamente la massa e la velocità dell'iesima molecola di acqua. Poiché le molecole di acqua hanno tutte la stessa massa, se si fa l'ipotesi che $v_i$ esprime la velocità media di una molecola, l'equazione (2.16.1) diventa:

$$(2.16.2) \qquad \Delta P = 2 \cdot 10^{10} mv$$

in cui, sostituendo i valori *(alla temperatura ordinaria)* si ottiene:

$$(2.16.3) \qquad \Delta P = 2 \cdot 10^{10} \cdot 3 \cdot 10^{-26} kg \cdot 10^3 ms^{-1} = 6 \cdot 10^{-13} kgms^{-1}$$

Dividendo questo valore per la massa del cubetto, si ottiene il valore di velocità che il cubetto acquista:

$$(2.16.4) \qquad v = 6 \cdot 10^{-10} ms^{-1}$$

Questo valore è troppo piccolo per dare origine ad un moto osservabile al microscopio; però scegliendo un cubetto più piccolo, di lato $l = 0.1\mu = 10^{-7} m$, si ottiene una massa $10^{15}$ più piccola, perché proporzionale al volume, e un numero di urti $10^{10}$ volte più piccolo, perché proporzionale alla superficie. In tal caso, la velocità del cubetto è pari a $6 \cdot 10^{-5} ms^{-1}$ e dà luogo ad un moto osservabile al microscopio. Stante il principio del caos molecolare e stante l'elevato numero delle molecole che compongono il sistema, si possono applicare i metodi dell'analisi statistica, regolati dalle leggi della meccanica, per porre in relazione le medie di variabili microscopiche con le variabili macroscopiche direttamente misurabili; tutto ciò condurrà ad una comprensione più profonda dei fenomeni e delle leggi della termodinamica. A tal fine, ci si può riferire al *modello cinetico del gas perfetto* che consiste nel considerare:

a) le molecole puntiformi; ciò implica che il moto è traslatorio rispetto al centro di massa

b) le interazioni molecolari trascurabili; ciò implica che il moto è rettilineo uniforme

c) gli urti, tra le molecola e quelli tra le molecole e le pareti del contenitore, elastici; ciò implica la conservazione dell'energia cinetica e della quantità di moto

d) la durata di un urto trascurabile rispetto alla durata tra un urto ed il successivo; ciò implica che l'energia cinetica convertita in energia meccanica di deformazione durante l'urto è istantaneamente disponibile ancora come energia cinetica, in modo che si possa ignorare che tale scambio si verifichi.

L'uso di questo modello condurrà alla relazione tra la pressione che il gas esercita sulle pareti del suo contenitore *(grandezza macroscopica direttamente misurabile)* e la media dei quadrati delle velocità delle molecole *(grandezza microscopica)*. Per vedere come sia possibile raggiungere questo obiettivo, si supponga che il gas sia racchiuso in un recipiente di forma cubica, di lato *l* e solidale con un sistema di coordinate cartesiane ortogonali, così come indicato in figura (2.16.2).

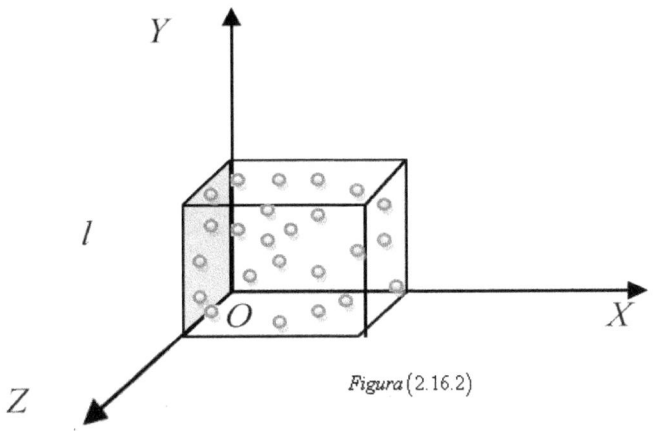

Figura (2.16.2)

Per semplificare il discorso, si consideri la proiezione della figura (2.16.2) sul piano del foglio *(vedi figura (2.16.3))* e si ponga l'attenzione su una generica molecola del gas che urti una parete del contenitore.

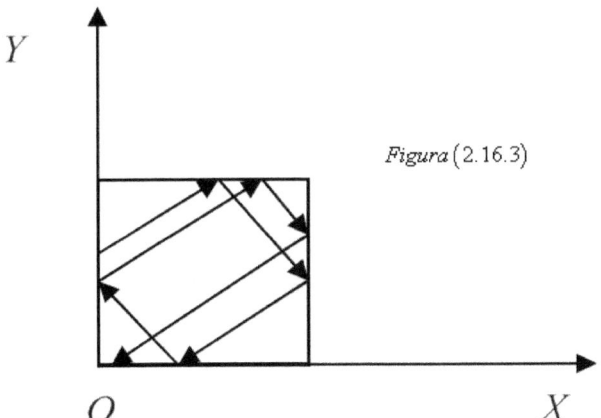

Figura (2.16.3)

Dalle leggi che regolano gli urti elastici su pareti fisse si ha che la molecola conserva il modulo della sua velocità, ma la componente ortogonale alla parete cambia il segno *(vedi figura (2.16.4))*. Pertanto detto $m$ la sua massa, la variazione della quantità di moto è:

$$\Delta p_x = p_{xf} = p_{xi} = -mv_x - mv_x = -2mv_x$$

$$(2.16.5) \qquad \Delta p_y = 0$$

$$\Delta p_z = 0$$

quindi, la quantità di moto comunicata alla parete è:

$$(2.16.6) \qquad \Delta p_x = 2mv_x$$

Supponendo che la molecola, nel corso del suo moto, non urti nessun'altra molecola, il tempo occorrente tra un urto con la parete ed il successivo è dato dalla seguente relazione:

$$(2.16.7) \qquad \Delta t = \frac{2l}{v_x}$$

si ricordi che il moto di una molecola è rettilineo e uniforme; quindi, il numero di urti per unità di tempo che questa molecola fa con la parete è:

$$(2.16.8) \qquad v = \frac{1}{\Delta t} = \frac{v_x}{2l}$$

e pertanto la quantità di moto per unità di tempo che si trasmette alla parete è:

$$(2.16.9) \qquad \frac{\Delta p_x}{\Delta t} = 2mv_x \frac{v_x}{2l} = \frac{mv_x^2}{l}$$

Questa quantità esprime la forza che la molecola esercita sulla parete come conseguenza dell'urto:

$$(2.16.10) \qquad F_x = \frac{mv_x^2}{l}$$

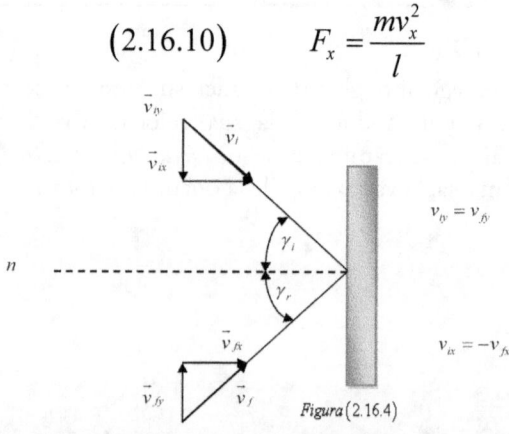

*Figura* (2.16.4)

Se il gas è costituito da $N$ molecole, per ottenere la forza totale agente sulla parete bisogna sommare i contributi di tutte le molecole:

$$(2.16.11) \qquad F_{x\,tot.} = \frac{m}{l}\left(v_{x1}^2 + v_{x2}^2 + \ldots\ldots\ldots + v_{xN}^2\right)$$

Moltiplicando e dividendo il secondo membro di questa equazione per il numero $N$ di molecole, si ottiene:

$$(2.16.12) \qquad F_{x\,tot.} = \frac{m}{l}\frac{\left(v_{x1}^2 + v_{x2}^2 + \ldots\ldots\ldots + v_{xN}^2\right)}{N}N$$

in cui osservando che il fattore esprime il valore medio dei quadrati delle velocità, si ottiene:

$$(2.16.13) \qquad F_{x\,tot.} = \frac{m}{l}N\overline{v_x^2}$$

se infine si dividono entrambi i membri di questa equazione per l'area della parete, pari $l^2$, si ottiene il valore di pressione che il gas esercita sulla parete:

$$(2.16.14) \qquad P = \frac{F_{x\,tot.}}{l^2} = \frac{m}{l^3}N\overline{v_x^2} = \frac{m}{V}N\overline{v_x^2}$$

in cui $V$ esprime il volume del gas.

Si osservi che, sulla base del principio del caos molecolare, il ragionamento che ha condotto all'equazione (2.16.14) può essere utilizzato per qualsiasi parete del contenitore; pertanto a $\overline{v_x^2}$ può essere sostituito indifferentemente $\overline{v_y^2}$ oppure $\overline{v_z^2}$. Quindi, devono valere le seguenti relazioni:

$$(2.16.15) \qquad \overline{v_x^2} = \overline{v_y^2} = \overline{v_z^2}$$

D'altro canto, osservando che: $v_z^2 + v_y^2 + v_x^2 = v^2$, si ottiene la seguente equazione:

$$(2.16.16) \qquad \overline{v_x^2} + \overline{v_y^2} + \overline{v_z^2} = \overline{v^2}$$

Quindi, combinando le equazioni (2.16.15) e (2.16.16), si ottiene l'equazione:

$$(2.16.17) \qquad 3\overline{v_x^2} = 3\overline{v_y^2} = 3\overline{v_z^2} = \overline{v^2} \Rightarrow \overline{v_x^2} = \overline{v_y^2} = \overline{v_z^2} = \frac{1}{3}\overline{v^2}$$

che posta nell'equazione (2.16.14) fornisce la seguente equazione:

$$(2.16.18) \qquad P = \frac{1}{3}\frac{m}{V}N\overline{v^2}$$

che esprime la relazione cercata tra una grandezza macroscopica direttamente misurabile: *la pressione* e una grandezza microscopica: *le media dei quadrati delle velocità delle molecole*. Si osservi che l'equazione (2.16.18) non dipende dall'ipotesi fatta che la molecola nel corso del suo moto non urti un'altra molecola. Infatti, poiché gli urti tra le molecole sono elastici, si conservano l'energia cinetica totale e la quantità di moto totale, da ciò consegue che le quantità medie come $\overline{v_x^2}$ oppure $\overline{v^2}$, ottenute rispettivamente sommando le grandezze $v_x^2$ e $v^2$ relative a tutte le molecole, restano invariate. Inoltre, l'equazione (2.16.18) non dipende dalla forma del contenitore del gas, quindi essa ha validità generale e getta un ponte tra mondo macroscopico e mondo microscopico.

## 2.17 INTERPRETAZIONE MOLECOLARE DELLA TEMPERATURA

Se si confronta l'equazione (2.16.18) del paragrafo precedente con l'equazione di stato del gas perfetto, espressa dalla formula (2.2.6) del paragrafo (2.2), si ottiene la seguente relazione:

$$(2.17.1) \qquad nRT = \frac{1}{3}Nm\overline{v^2}$$

Osservando che il numero $N$ di molecole, di cui è costituito il gas, è legato al numero $n$ di moli ed al numero di Avogadro $N$ dalla relazione:

$$(2.17.2) \qquad N = nN_A$$

l'equazione (2.17.1) si può scrivere nella forma seguente:

$$(2.17.3) \qquad RT = \frac{1}{3} N_A m \overline{v^2}$$

in cui osservando che la quantità $m\overline{v^2}$ esprime il doppio dell'energia cinetica media di una molecola, si ottiene la relazione:

$$(2.17.4) \qquad \overline{E_c} = \frac{3}{2} \frac{R}{N_A} T$$

Il rapporto tra la costante universale dei gas $R$ ed il numero di Avogadro $N_A$ assume il nome di costante di Boltzmann e si indica universalmente con la lettera $k$. Il suo valore è:

$$(2.17.5) \qquad k = \frac{R}{N_A} = \frac{8.304}{6.02 \cdot 10^{23}} \frac{Joule}{K \cdot molecola} =$$

$$= 1.38 \cdot 10^{-23} \frac{Joule}{K \cdot molecola}$$

Pertanto l'equazione (2.17.4) si può scrivere nella forma seguente:

$$(2.17.6) \qquad \overline{E_c} = \frac{3}{2} kT$$

essa è nota come *equazione di Joule - Clausius* ed esprime la relazione tra l'energia cinetica media di una molecola *(grandezza microscopica)* e la temperatura assoluta di un gas perfetto *(grandezza macroscopica)*. Questa equazione può essere utilizzata per definire la temperatura assoluta di un corpo, indipendentemente da ogni strumento di misura:

*la temperatura assoluta di un corpo è la grandezza fisica il cui valore è pari all'energia cinetica media di una molecola di gas perfetto che si trova alla stessa temperatura del corpo, divisa per $\frac{3}{2} k$*

D'altro canto, nota la temperatura assoluta di un gas perfetto e la sua massa *(peso)* molecolare espressa in chilogrammi *(espresso in Newton)*, è possibile determinare il valore medio della velocità molecolare, universalmente nota come *velocità quadratica media* e indicata con il simbolo $v_{q.m.}$ Riferendosi all'equazione (2.17.3), si ha:

$$(2.17.7) \qquad v_{q.m.} = \sqrt{\overline{v^2}} = \sqrt{\frac{3RT}{N_A m}} = \sqrt{\frac{3RT}{M}}$$

in cui si è tenuto conto che la quantità $N_A m$ è la massa di una grammomolecola di gas perfetto ed è numericamente coincidente con la massa (peso) molecolare $M$. Tenendo conto dell'equazione (2.16.18) del paragrafo precedente si possono ricavare le seguenti espressioni equivalenti:

$$(2.17.8) \qquad v_{q.m.} = \sqrt{\frac{3\rho V}{Nm}} \qquad ; \qquad v_{q.m.} = \sqrt{\frac{3P}{\rho}}$$

in cui $\rho$ è la massa volumica del gas.

## 2.18 PRINCIPIO DELL'EQUIPARTIZIONE DELL'ENERGIA

Poiché le molecole del gas perfetto, secondo il modello cinetico, sono animate solo di moto traslatorio rispetto al centro di massa, l'energia interna $U$ deve coincidere con l'energia cinetica totale di traslazione; pertanto si può scrivere la seguente equazione:

$$(2.18.1) \qquad U = N\overline{E_c}$$

Se in questa equazione si tiene conto dell'equazione di Joule - Clausius, possiamo scrivere l'equazione:

$$(2.18.2) \qquad U = N\frac{3}{2}kT = \frac{3}{2}nRT$$

dalla quale si deduce che l'energia interna di un gas perfetto è proporzionale alla temperatura assoluta. Questa previsione risulta in accordo con le conclusioni dell'esperienza di Joule descritta nel paragrafo (2.2) di questo capitolo di cui considerando l'equazione

(2.7.6) che, per rendere più agevole il compito al lettore, viene di seguito riportata:

$$(2.7.6) \qquad U = C_v T + K$$

Questa equazione si può come:

$$(2.18.3) \qquad \Delta U = C_v \Delta T$$

D'altro canto, per l'equazione (2.18.2), possiamo scrivere l'equazione:

$$(2.18.4) \qquad \Delta U = \frac{3}{2} nR\Delta T$$

che confrontata con l'equazione precedente fornisce la seguente equazione:

$$(2.18.5) \qquad C_v = \frac{3}{2} nR$$

in cui ponendo $n = 1$, si ottiene il calore specifico a volume costante per una mole di gas:

$$(2.18.6) \qquad C_{v\,mole} = \frac{3}{2} R = \frac{3}{2} \cdot 8.304 \frac{Joule}{K \cdot mole} = 12.456 \frac{Joule}{K \cdot mole} =$$

$$= \frac{12.456 \dfrac{Joule}{K \cdot mole}}{4.186 \dfrac{Joule}{cal}} = 2.98 \frac{cal}{K \cdot mole}$$

Questo valore è in accordo con i risultati sperimentali, indicati nella tabella (2.18.1), solo per i gas monoatomici; ciò significa che il modello cinetico del gas perfetto non è idoneo a rappresentare tutte le specie gassose, ovvero non fornisce l'energia per ogni specie gassosa.

Questo valore è in accordo con i risultati sperimentali, indicati nella tabella (2.18.1), solo per i gas monoatomici; ciò significa che il modello cinetico del gas perfetto non è idoneo a rappresentare tutte le specie gassose, ovvero non fornisce l'energia per ogni specie gassosa.

| CALORI SPECIFICI ALLA TEMPERATURA DI $298.15K$ | |
|---|---|
| *gas monoatomico* | |
| $H_e$ | 2.99 |
| $N_e$ | 3.02 |
| $A_r$ | 2.97 |
| $K_r$ | 2.97 |
| $X_r$ | 2.97 |
| *gas biatomico* | |
| $N_2$ | 4.97 |
| $H_2$ | 4.88 |
| $O_2$ | 5.01 |
| $CO$ | 4.94 |
| $Cl_2$ | 6.15 |
| *gas poliatomico* | |
| $CO_2$ | 6.72 |
| $N_2O$ | 6.78 |
| $H_2S$ | 6.54 |
| $SO_2$ | 7.50 |
| $C_2H_6$ | 10.30 |
| Tabella(2.18.1) | |

È opportuno osservare che, quando si tratta con i calori specifici, si ha a che fare oltre che con mutamenti di temperatura, anche con scambi di calore; ciò induce a formulare la seguente domanda: in che modo l'energia interna di una molecola può essere immagazzinata, oltre che come energia cinetica di traslazione? Per fornire una risposta a questa domanda, si osservi che il modello cinetico del gas perfetto identifica le molecole come particelle puntiformi, quindi se si fa cadere questa ipotesi e si assume che le molecole hanno una propria struttura interna, è necessario ammettere la possibilità di altri tipi di moto oltre a quello traslatorio rispetto al centro di massa. Pertanto, in generale, una molecola può traslare, ruotare e vibrare rispetto al centro di massa; così, una molecola biatomica avente una struttura interna rappresentabile con un manubrio omogeneo, ha cinque gradi di libertà: può traslare rispetto al centro di massa lungo le tre direzioni di un sistema di assi cartesiani ortogonali con l'origine coincidente con il centro di massa e può ruotare intorno agli assi $X$ e $Y$ *(vedi figura (2.18.1))*.

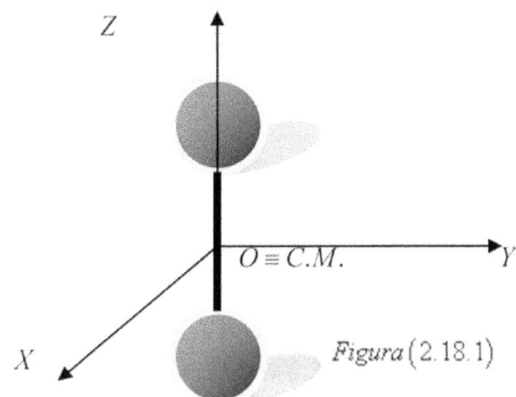

*Figura* $(2.18.1)$

L'energia cinetica totale di questa molecola é:

$$(2.18.7) \qquad E_{c\,tot} = \frac{1}{2}mv_x^2 + \frac{1}{2}mv_y^2 + \frac{1}{2}mv_z^2 + \frac{1}{2}I_x\omega_x^2 + \frac{1}{2}I_y\omega_y^2$$

Se ora si considera un gas di $N$ molecole biatomiche e lo si riscalda comprimendolo adiabaticamente, si può affermare che nell'urto contro il pistone del cilindro che lo contiene, ogni molecola acquisisce sia energia cinetica di traslazione che energia cinetica di rotazione; per contro, un gas di $N$ molecole monoatomiche acquisisce solo energia cinetica di traslazione. Quindi, a parità di energia assorbita, una molecola biatomica acquisisce una velocità di traslazione minore di una molecola monoatomica. D'altro canto, osservando che la temperatura è proporzionale alla pressione e che quest'ultima dipende dalla frequenza degli urti molecolari che, a sua volta, risulta determinata dalla velocità di traslazione: $v = v_x / 2l$, ne consegue che, a parità di energia assorbita, il gas biatomico farà segnare un aumento di temperatura minore di quello che farà segnare il gas monoatomico. Quindi, il gas monoatomico sarà caratterizzato da un calore specifico minore di quello di un gas biatomico; questa conclusione risulta verificata sperimentalmente come si rileva dai dati della tabella (2.18.1). Per poter calcolare i calori specifici necessita sapere come si ripartisce l'energia tra i gradi di libertà di una molecola; questo problema fu affrontato e risolto da Boltzmann che affermò il seguente *principio di equipartizione dell'energia*:

*all'equilibrio, a ciascun grado di libertà è associata un'energia media pari a*

$$\frac{1}{2} kT \text{ per ogni molecola.}$$

Per rendersi conto di questo principio, si osservi che, nel caso della compressione adiabatica del gas, il pistone si muove verso le molecole lungo una ben determinata direzione, per esempio lungo la direzione dell'asse $X$ (vedi figura (2.18.2)).

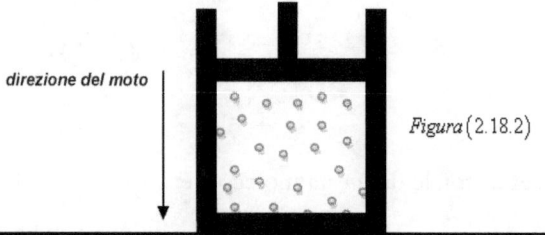

direzione del moto

*Figura* (2.18.2)

Pertanto le molecole rimbalzeranno, dopo l'urto con il pistone, con la componente $x$ della velocità maggiore di quella che avevano prima dell'urto. Quindi, la compressione aumenta l'energia associata al moto nella direzione $x$ e non provoca alcun effetto sull'energia associata al moto nella direzione $y$ e $z$ se si trascurano gli effetti dovuti all'attrito del pistone. Poiché dopo l'urto con il pistone le molecole urtano le altre molecole vicine, si ristabilisce un nuovo equilibrio in cui i termini che esprimono l'energia hanno tutti lo stesso valore medio pari a $\frac{1}{2}kT$.

Sulla base del principio di equipartizione dell'energia, poiché una molecola monoatomica ha tre gradi di libertà, la sua energia interna è:

$$(2.18.8) \qquad U = \frac{3}{2}kT$$

Quindi un gas di $N$ molecole monoatomiche ha un'energia interna pari a:

$$(2.18.9) \qquad U = N\frac{3}{2}kT = \frac{3}{2}nRT$$

ed un calore specifico a volume costante per una mole di gas pari a:

$$(2.18.10) \qquad C_{v\,mole} = \frac{3}{2}R \cong 2.98\frac{cal}{K \cdot mole}$$

Una molecola biatomica con una struttura interna a manubrio omogeneo, poiché ha cinque gradi di libertà, ha un'energia interna pari a:

$$(2.8.11) \qquad U = \frac{5}{2}kT$$

Quindi un gas di $N$ molecole biatomiche ha un'energia interna pari a:

$$(2.18.12) \qquad U = N\frac{5}{2}kT = \frac{5}{2}nRT$$

ed un calore specifico a volume costante per una mole di gas pari a:

$$(2.18.13) \qquad C_{v\,mole} = \frac{5}{2}R \cong 5\frac{cal}{K \cdot mole}$$

Una molecola poliatomica con struttura interna rappresentabile con un modello costituito da tre o più sfere rigide, unite rigidamente, ha sei gradi di libertà: può ruotare intorno a ciascuno dei tre assi, reciprocamente perpendicolari e passanti per il centro di massa, può traslare lungo le direzioni di questi assi. La sua energia interna è pari a:

$$(2.18.14) \qquad U = \frac{6}{2}kT = 3kT$$

Quindi, un gas di $N$ molecole poliatomiche ha un'energia interna pari a:

$$(2.18.15) \qquad U = N3kT = 3nRT$$

ed un calore specifico a volume costante per una mole di gas pari a:

$$(2.18.16) \qquad C_{v\ mole} = 3R \cong 6\frac{cal}{K \cdot mole}$$

Queste previsioni trovano conferma nei dati sperimentali della tabella (2.18.1) solo parzialmente; il dato relativo al cloro $Cl_2$ e tutti quelli relativi alle molecole poliatomiche sono in netto contrasto. Va comunque osservato che finora non sono stati considerati i contributi all'energia dovuti al moto vibratorio degli atomi nelle molecole; pertanto, modificando, per esempio, il modello a manubrio omogeneo di una molecola biatomica inserendo una molla in luogo dell'asta rigida che unisce le due sfere *(vedi figura (2.18.3))*, si ottiene un nuovo modello di molecola.

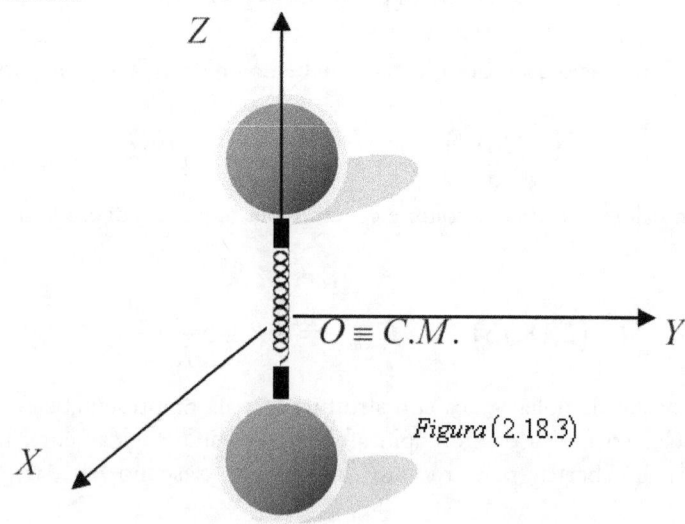

*Figura* $(2.18.3)$

L'energia totale di questa molecola è:

$$E_{c\,tot} = \frac{1}{2}mv_x^2 + \frac{1}{2}mv_y^2 + \frac{1}{2}mv_z^2 + \frac{1}{2}I_x\omega_x^2 + \frac{1}{2}I_y\omega_y^2 + \frac{1}{2}\mu v_z^2 + \frac{1}{2}k_e z_z^2$$

(2.18.17)

in cui $\mu$ è la massa ridotta e $k_e$ è la costante elastica; essa ha sette gradi di libertà: tre dovuti alla traslazione rispetto al centro di massa, due dovuti alla rotazione intorno agli assi $X$ e $Y$ e due dovuti alla vibrazione degli atomi lungo la direzione che congiunge i loro centri: un grado di libertà è associato all'energia cinetica $\frac{1}{2}\mu v_z^2$ e un grado di libertà è associato all'energia potenziale $\frac{1}{2}k_e z_z^2$. Quindi, l'energia interna di questa molecola è pari a:

$$(2.18.18) \qquad U = \frac{7}{2}kT$$

Ne consegue che un gas di $N$ molecole biatomiche ha un'energia interna pari a:

$$(2.18.19) \qquad U = N\frac{7}{2}kT = \frac{7}{2}RT$$

ed un calore specifico a volume costante per una mole di gas pari a:

$$(2.18.20) \qquad C_{v\,mole} = \frac{7}{2}R \cong 7\frac{cal}{K\cdot mole}$$

Questa previsione trova conferma solo nel dato sperimentale relativo al cloro ed è in netto contrasto con tutti gli altri dati relativi alle molecole biatomiche; ciò significa che il modello di molecola considerato non può considerarsi più come modello teorico fondamentale, ma deve considerarsi come modello sperimentale dipendente dalla natura del gas. Per una maggiore comprensione di questa affermazione, si consideri il grafico di figura (2.18.4) che esprime, in scala semilogaritmica, il calore molecolare a volume costante dell'idrogeno $H_2$ in funzione della temperatura assoluta.

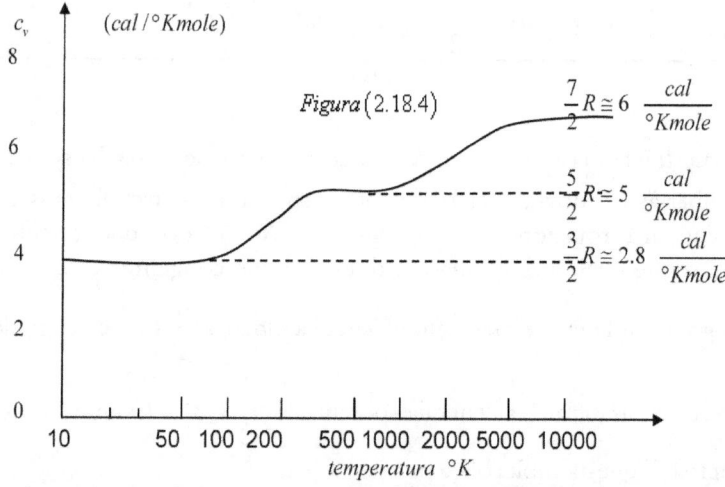

Dall'analisi di questo grafico si rileva che, per valori di temperatura sotto i $250K$, il calore molecolare dell'idrogeno decresce rapidamente fino a raggiungere il valore di $3\dfrac{cal}{K \cdot mole}$ previsto dal modello cinetico. Ciò significa che, per questi valori di temperatura, il modello cinetico ed il principio di equipartizione dell'energia danno risultati coincidenti: ovvero, per questi valori di temperatura la molecola di idrogeno non ruota ed è animata solo di moto traslatorio. Per valori di temperatura sopra i $250K$ e fino a $750K$ la molecola ruota e trasla ed il valore del calore molecolare coincide con il valore previsto dal modello a manubrio omogeneo $5\dfrac{cal}{K \cdot mole}$. Per valori di temperatura al di sopra di $750K$, il calore molecolare cresce fino a portarsi gradualmente, per valori altissimi di temperatura, al valore previsto dal modello che considera i moti oscillatori $6\dfrac{cal}{K \cdot mole}$ i in tal caso, la molecola è animata da tutti i moti possibili: traslatorio, rotatorio e vibratorio. Da quanto è stato finora detto appare chiaro come l'ultimo modello di molecola considerato ed il principio di equipartizione dell'energia non solo non sono in grado di fornire una spiegazione del perché la molecola di cloro $Cl_2$ inizia a ruotare per valori di temperatura ambiente, mentre quella di idrogeno inizia a ruotare per valori di temperatura decisamente più elevati; essi non sono nemmeno in grado di fornire una spiegazione del fatto che i calori specifici variano al variare della temperatura. Evidentemente c'è qualcosa di più profondo da prendere in considerazione:

*i principi della meccanica newtoniana non sono idonei alla descrizione del mondo degli atomi e bisogna necessariamente utilizzare i principi della meccanica quantistica e ciò va oltre gli obiettivi di questo libro.*

Prima di concludere questo paragrafo è opportuno far vedere come il principio di equipartizione dell'energia, applicato ad un semplice modello di corpo solido, fornisce la spiegazione della legge di Dulong e Petit.

Supponendo che il solido sia costituito da una disposizione regolare di molecole, ciascuna avente una posizione di equilibrio fissa e collegata alle altre molecole tramite molle, così come viene indicato nella figura (2.18.5), si ha che ogni molecola può oscillare lungo le tre direzioni $X$, $Y$, e $Z$, pertanto la sua energia totale è:

$$(2.18.21)\ E_{c\,tot} = \frac{1}{2}mv_x^2 + \frac{1}{2}mv_y^2 + \frac{1}{2}mv_z^2 + \frac{1}{2}k_e x^2 + \frac{1}{2}k_e y^2 + \frac{1}{2}k_e z^2$$

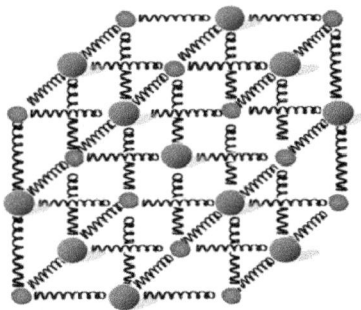

*Figura* $(2.18.5)$

Poiché la molecola ha sei gradi di libertà, la sua energia interna è:

$$(2.18.22) \qquad U = \frac{6}{2}kT = 3kT$$

Quindi, un solido costituito da $N$ molecole ha un'energia interna pari a:

$$(2.18.23) \qquad U = N3kT = 3nRT$$

ed un calore specifico per una mole pari a:

$$(2.18.24) \qquad C = 3R \cong 6\frac{cal}{K \cdot mol}$$

Si ricordi che nel caso dei corpi solidi, il calore specifico a volume costante e quello a pressione costante sono praticamente coincidenti e non è necessario distinguerli. Il valore del calore molecolare espresso dalla relazione (2.18.24) esprime la legge di Dulong e Petit che è valida per molti solidi *(ma non per tutti )* a temperatura ambiente. Si osservi anche nel caso dei solidi, come nel caso dei gas, la ragione del disaccordo tra le previsioni teoriche ed i dati sperimentali è da ricercarsi nel fatto che i principi della meccanica newtoniana sono inadeguati alla descrizione del mondo atomico.

## 2.19  INTERPRETAZIONE MOLECOLARE DELL'ENTROPIA

Se un gas è posto inizialmente in un recipiente $A$ di volume $V$ ed è poi fatto espandere liberamente in un recipiente $B$ avente lo stesso volume del recipiente $A$ e ad esso collegato tramite un condotto munito di rubinetto $R$ *(vedi figura (2.19.1))*, alla fine dell'espansione, come si verifica sperimentalmente, il gas ha nei due recipienti la stessa pressione che risulta essere pari alla metà della pressione iniziale.

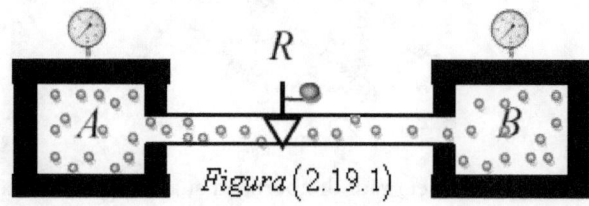

*Figura* (2.19.1)

Poiché la pressione è proporzionale al numero di molecole di cui il gas è costituito: $P = \dfrac{1}{3} N \dfrac{m}{V} \overline{v^2}$ si può affermare quanto segue:

a) nello stato iniziale le molecole sono tutte contenute nel recipiente $A$

b) nello stato finale le molecole sono contenute metà nel recipiente $A$ e metà nel recipiente $B$

Ciò significa che un gas, lasciato espandere liberamente, si porta verso uno stato di equilibrio termodinamico in cui le molecole sono uniformemente distribuite. Poiché questa trasformazione è irreversibile, non si osserverà mai che le molecole si raccoglieranno spontaneamente tutte nel recipiente $A$ o tutte nel recipiente $B$. Per chiarire ulteriormente questi concetti, si osservi che le $N$ molecole di cui è costituito il gas si possono configurare nei due recipienti in $2^N$ modi distinti di cui se $n_A$ indica il numero di molecole contenute nel recipiente $A$ e $n_B$ indica il numero di molecole contenute nel recipiente $B$, si ha che il numero $W$ di combinazioni distinte *(stati macroscopici del sistema)* tra le $n_A$ molecole con le $n_B$ molecole è data dalla seguente relazione:

$$(2.19.1) \qquad W = \frac{N!}{n_A! \, n_B!}$$

Supponendo, per semplicità di discorso, che il gas sia costituito solo da quattro molecole, il numero di stati microscopici corrispondenti allo stato macroscopico con nessuna molecola nel recipiente $B$ e tutte le quattro molecole nel recipiente $A$ *(vedi figura (2.19.2))* è:

$$(2.19.2) \quad W = \frac{4!}{4!0!} = \frac{4 \cdot 3 \cdot 2 \cdot 1}{4 \cdot 3 \cdot 2 \cdot 1 \cdot 1} = \frac{24}{24} = 1$$

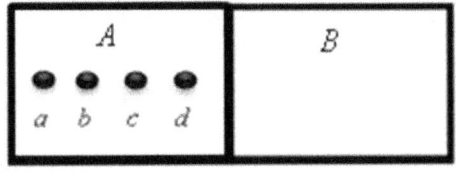

*Figura* $(2.19.2)$

Il numero di stati microscopici corrispondenti allo stato macroscopico con una molecola nel recipiente $A$ e tre molecole nel recipiente $B$ *(vedi figura (2.19.3))* è:

$$(2.19.3) \quad W = \frac{4!}{1!3!} = \frac{4 \cdot 3 \cdot 2 \cdot 1}{1 \cdot 3 \cdot 2 \cdot 1} = \frac{24}{6} = 4$$

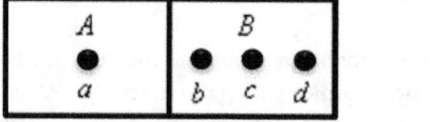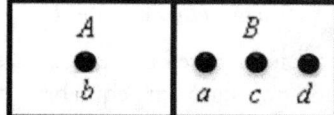

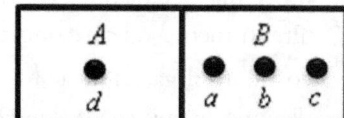

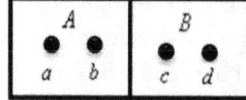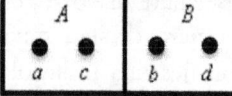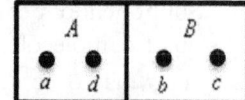

*Figura* (2.19.3)

Il numero di stati microscopici corrispondenti allo stato macroscopico con due molecole nel recipiente $A$ e due molecole nel recipiente $B$ *(vedi figura (2.19.4))* è :

$$(2.19.4) \quad W = \frac{4!}{2!2!} = \frac{4 \cdot 3 \cdot 2 \cdot 1}{2 \cdot 1 \cdot 2 \cdot 1} = \frac{24}{4} = 6$$

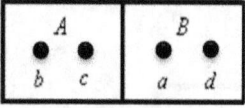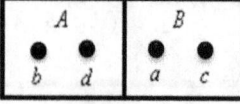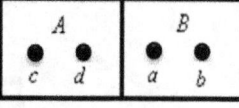

*Figura* (2.19.4)

Il numero di stati microscopici corrispondenti allo stato macroscopico con tre molecole nel recipiente $A$ e una molecole nel recipiente $B$ *(vedi figura (2.19.5))* è:

$$(2.19.5) \quad W = \frac{4!}{3!1!} = \frac{4 \cdot 3 \cdot 2 \cdot 1}{3 \cdot 2 \cdot 1 \cdot 1} = \frac{24}{6} = 4$$

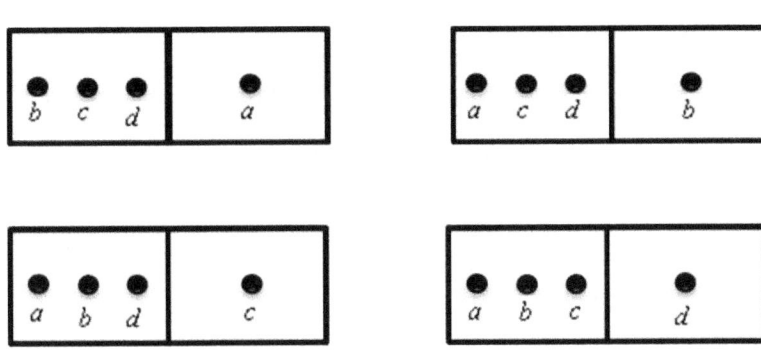

Figura (2.19.5)

Il numero di stati microscopici corrispondenti allo stato macroscopico con nessuna molecola nel recipiente $A$ e tutte le quattro molecole nel recipiente $B$ *(vedi figura (2.19.6))* è:

$$(2.19.6) \quad W = \frac{4!}{0!4!} = \frac{4 \cdot 3 \cdot 2 \cdot 1}{1 \cdot 4 \cdot 3 \cdot 2 \cdot 1} = \frac{24}{24} = 1$$

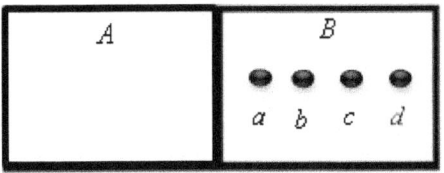

Figura (2.19.6)

Poiché la probabilità $p$ che si realizzi un certo stato macroscopico è espressa dalla seguente relazione:

$$(2.19.7) \quad p = \frac{W}{2^N} = \frac{N!}{n_A! n_B!} \frac{1}{2^N}$$

si ha che lo stato macroscopico con le molecole uniformemente distribuite è quello che ha la maggiore probabilità di realizzarsi *(vedi tabella (2.19.1))*.

| Stato macroscopico $n_A$ | | Numero di stati macroscopici $W$ | Numero totale di stati macroscopici $2^4$ | Probabilità $p$ dello stato macroscopico |
|---|---|---|---|---|
| 0 | 4 | 1 | 16 | 1/16 |
| 1 | 3 | 4 | 16 | 1/4 |
| 2 | 2 | 6 | 16 | 3/8 |
| 3 | 1 | 4 | 16 | 1/4 |
| 4 | 0 | 1 | 16 | 1/16 |
| Tabella (2.19.1) | | | | |

Orbene, sulla base di quanto è stato finora detto, non risulta difficile rendersi conto che quando il numero di molecole è molto elevato, come accade nella realtà, la probabilità di avere uno stato macroscopico con tutte le molecole raccolte nel recipiente $A$ oppure nel recipiente $B$ è estremamente bassa, ma non nulla: ovvero a questo particolare stato macroscopico corrisponde

sempre un solo stato microscopico, qualunque sia il numero $N$ di molecole di cui è costituito il gas. Se le molecole sono solo quattro, la probabilità che esso si realizzi è $\dfrac{1}{16}$, ma se le molecole sono, come per una grammo mole di gas, $6.02 \cdot 10^{23}$, la probabilità che esso si realizzi è: $\dfrac{1}{2^{6.02 \cdot 10^{23}}}$ ; questa probabilità è estremamente bassa e diventa sempre più piccola quanto più cresce il numero di molecole. Quindi risulta chiarito come sia praticamente nulla la speranza di osservare un gas che si raccoglie spontaneamente tutto nel recipiente $A$ o $B$ , pur aspettando un tempo lunghissimo. Un siffatto ragionamento può essere esteso a tutti i processi irreversibili, come, per esempio, il processo che riguarda il passaggio di calore da un corpo caldo ad un corpo freddo. In tal caso, si supponga, come nel caso precedente, di avere due recipienti $A$ e $B$ di uguale volume e collegati tramite un condotto munito di rubinetto. Inizialmente, i due recipienti contengono una quantità di gas a diversa temperatura: ovvero, tanto per fissare le idee, $T_A > T_B$; ciò significa anche che le molecole del gas posto nel recipiente $A$ sono più veloci delle molecole del gas posto nel recipiente $B$. Aprendo il rubinetto $R$ le molecole veloci diffondono nel recipiente $B$ e le molecole lente diffondono nel recipiente $A$. Pertanto, dopo un certo tempo, il sistema evolve in un stato di equilibrio termodinamico il cui valore di temperatura $T_E$ è compreso tra i valori $T_A$ e $T_B$ tale che $T_B < T_E < T_A$. Dal punto di vista macroscopico, ciò significa che, in entrambi i recipienti, vi sono sia molecole veloci che molecole lente; esse sono così fittamente mescolate da dar luogo ad un unico valore della velocità quadratica media. A questo stato macroscopico corrisponde il più alto numero di stati microscopici in modo che la probabilità che esso si realizzi è molto elevata, per contro la probabilità che il gas torni spontaneamente a separarsi con le molecole veloci nel recipiente $A$ e con le molecole lente nel recipiente $B$, o viceversa, è del tutto trascurabile. Tutto ciò induce ad affermare che in un qualunque processo spontaneo, il sistema tende a passare in uno stato macroscopico meno probabile *(stato iniziale)* ad uno stato macroscopico più probabile *(stato finale);* qualunque altro stato macroscopico è anche possibile, ma la sua probabilità è tanto minore quanto minore è il numero di stati microscopici che gli corrispondono. In particolare, molti stati macroscopici hanno una probabilità così bassa che si possono considerare praticamente impossibili; pertanto, tutti i processi spontanei i cui stati macroscopici hanno una bassa probabilità appaiono irreversibili. D'altro canto, osservando che in un processo irreversibile l'entropia aumenta, si può naturalmente concludere con la seguente affermazione:

l'entropia S, corrispondente ad un certo stato macroscopico del sistema, è tanto più grande quanto più è grande il numero $W$ degli stati microscopici che corrispondono allo stato macroscopico.

Questa affermazione è resa quantitativa della seguente equazione:

$$(2.19.8) \qquad S = k \ln W$$

in cui $k$ è la costante di Boltzmann.

Ancora, quando un sistema subisce una trasformazione irreversibile passa da uno stato macroscopico con un numero minore di stati microscopici ad uno stato macroscopico con un numero maggiore di stati microscopici: ovvero passa da uno stato più ordinato e più ricco di informazioni ad uno stato meno ordinato e meno ricco di informazioni. Per esempio, nel caso dell'espansione libera del gas, allo stato macroscopico iniziale corrisponde un solo stato microscopico e ciò significa che, preso a caso una molecola del gas, si può affermare con certezza che questa molecola si trova nel recipiente $A$. Per contro, allo stato macroscopico finale corrispondono più stati microscopici e ciò significa che, preso a caso una molecola del gas, essa ha la stessa probabilità di trovarsi nel recipiente $A$ e $B$. Questa diminuzione di informazione corrisponde ad un aumento di entropia che, con altre parole, talvolta si dice che l'entropia è una misura del grado di non informazione che si ha sullo stato microscopico del sistema o anche una misura del grado di disordine del sistema.

Si osservi che la costante additiva introdotta nella definizione di entropia con l'equazione (2.14.9) non ha alcuna conseguenza fino a quando si ha a che fare con differenze di entropia; tuttavia, si hanno casi come, per esempio, quando si trattano gli equilibri gassosi in cui è necessario conoscere questa costante.

## 2.20 TERZO PRINCIPIO DELLA TERMODINAMICA

*Il terzo principio della termodinamica,* dovuto a Nerst, consente di eliminare l'indeterminazione nella definizione dell'entropia; esso afferma:

*l'entropia di ogni sistema allo zero assoluto può sempre essere posta uguale a zero.*

Porre l'entropia uguale a zero nella relazione (2.19.8) del paragrafo precedente significa che il numero $W$ di stati microscopici è 1. Quindi, interpretato statisticamente, il terzo principio della termodinamica afferma:

*allo stato macroscopico di un sistema allo zero assoluto corrisponde un solo stato microscopico: ovvero lo stato dinamico di minima energia compatibile con lo stato di aggregazione del sistema.*

## 2.21 EQUAZIONE DI VAN DER WAALS

Eseguendo delle trasformazioni isotermiche quasi statiche sulle sostanze gassose si trova che, per ogni sostanza gassosa, esiste un particolare valore di temperatura: $T_c$ *(temperatura critica)* tale che, se la trasformazione isotermica viene eseguita ad un valore di temperatura $T > T_c$, il comportamento del gas può essere descritto con il modello termodinamico del gas perfetto; diversamente, se la trasformazione isotermica viene eseguita ad un valore di temperatura $T < T_c$, il comportamento del gas si discosta dalle previsioni del modello termodinamico del gas perfetto *(vedi figura (2.21.1))*. L'isoterma critica, ovvero la curva del grafico di figura (2.21.1) corrispondente al valore di temperatura $T_c$, presenta in $A$ un punto di flesso *(cioè un punto in cui la retta tangente attraversa la curva)* con tangente orizzontale; tale punto è detto *punto critico del gas ed il volume* $V_c$ *e la pressione* $P_c$ *sono detti rispettivamente volume critico e pressione critica del gas.* Le isoterme corrispondenti ai valori di temperatura $T < T_c$ sono costituite da tre parti distinte; per comprendere il significato di queste isoterme si fissi l'attenzione su una di esse, per esempio sull'isoterma $BCDE$ . Il tratto $BC$ è un ramo di iperbole equilatera corrispondente a piccoli valori di pressione e a grandi valori di volume; in queste condizioni il gas può essere descritto con il modello termodinamico del gas perfetto.

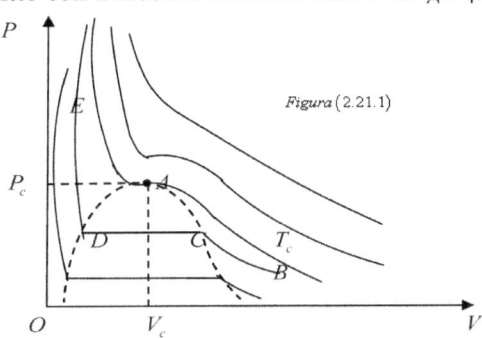

Figura (2.21.1)

Il tratto $CD$ è un segmento orizzontale; in questo tratto la pressione non varia al variare del volume e ciò è dovuto al fatto che nel punto $C$ il gas inizia a condensare, ovvero avviene un cambiamento dello stato fisico nel senso che parti sempre più grandi della sostanza gassosa passano allo stato liquido. In tutto il tratto $CD$, la sostanza con cui si sta sperimentando è in parte allo stato liquido e in parte allo stato gassoso *(vapore saturo)* e la pressione del gas, in presenza del suo liquido, detta anche *tensione di vapore*, è indipendente dal volume e dipende solo dalla temperatura. Se si diminuisce il volume, una parte del vapore condensa; se invece si aumenta il volume una parte del liquido evapora. In queste operazioni, la tensione di vapore saturo resta costante e varia solo se varia la temperatura. Il punto $D$ dell'isoterma corrisponde allo stato in cui tutta la sostanza gassosa si è trasformata in liquido; pertanto, da questo punto l'isoterma sale molto rapidamente ed è quasi parallela all'asse delle pressioni in accordo con il fatto che i liquidi sono praticamente incomprimibili. Si osservi che l'isoterma critica e la curva tratteggiata, luogo dei punti $CD$, dividono il piano $(V, P)$ in quattro parti aventi le seguenti caratteristiche:

1) al di sopra dell'isoterma critica, la sostanza è tutta allo stato gassoso e, quantunque si aumenti la pressione, non passa mai allo stato liquido

2) al di sotto dell'isoterma critica e a destra della curva tratteggiata la sostanza è tutta allo stato di vapore; è però possibile, mantenendo costante la temperatura, aumentare la pressione fino ad un punto in cui la condensazione ha inizio: la sostanza è allo stato di vapore non saturo

3) al di sotto dell'isoterma critica e al di sotto della curva tratteggiata, la sostanza è in parte allo stato liquido e in parte allo stato di vapore saturo

4) al di sotto dell'isoterma critica e a sinistra della curva tratteggiata, la sostanza è tutta allo stato liquido

Tenendo conto di quanto è stato detto nei punti 1) e 2), si può definire la *temperatura critica* come la minima temperatura al di sopra della quale una sostanza non passa mai allo stato liquido; pertanto si conviene di chiamare *gas* una qualsiasi sostanza allo stato gassoso la cui temperatura è di valore maggiore della sua temperatura critica; mentre si conviene di chiamare *vapore* una qualsiasi sostanza allo stato gassoso la cui temperatura è di valore minore della sua temperatura critica. Nella tabella (2.21.1) sono riportati i valori della temperatura e della pressione corrispondenti al punto critico di alcune sostanze.

| VALORI DELLA TEMPERATURA E DELLA PRESSIONE CORRISPONDENTE AL PUNTO CRITICO DI ALCUNE SOSTANZE | | |
|---|---|---|
| sostanza | $T_c(K)$ | $P_c(pascal)$ |
| acqua | 620.15 | $229.7 \cdot 10^5$ |
| ammoniaca | 405.15 | $118.4 \cdot 10^5$ |
| anidride carbonica | 304.15 | $75.9 \cdot 10^5$ |
| azoto | 126.15 | $35.0 \cdot 10^5$ |
| idrogeno | 33.15 | $13.4 \cdot 10^5$ |
| elio | 5.15 | $2.3 \cdot 10^5$ |
| Tabella (2.21.1) | | |

Il fisico olandese Van der Waals ha modificato il modello termodinamico del gas perfetto in modo da rappresentare soddisfacentemente il comportamento di un gas reale. Un gas reale si comporta come un gas perfetto quando è molto rarefatto; in tal caso, ogni molecola dispone di un volume molto più grande di quello che essa stessa occupa e le forze intermolecolari sono trascurabili in quanto la distanza tra una molecola e quella ad essa più vicina è notevole. Quando questa condizione viene meno e cioè, quando il gas risulta sufficientemente compresso e vicino al punto di condensazione, si può ritenere che il modello termodinamico del gas perfetto continui ad essere valido purché in luogo del volume del contenitore vi sia posto il volume $V'$ che risulta realmente disponibile per il moto delle molecole, ovvero la differenza tra il volume del gas ed il volume proprio $nb$ *(covolume)* delle molecole:

$$(2.21.1) \qquad V' = V - nb$$

ed inoltre si tenga conto delle forze intermolecolari. In quest'ultimo caso si ha che l'effetto delle forze intermolecolari si risente in particolare modo in prossimità della superficie limite del gas ove si verifica un fenomeno analogo a quello a cui è dovuta, nei liquidi, la tensione superficiale: ogni molecola sarà attratta verso l'interno del gas da una forza proporzionale al numero di molecole compreso nel suo raggio d'azione, ovvero proporzionale alla massa volumica del gas. Ciò implica che la reale pressione del gas non è $P$ quella che esso esercita sulle pareti del contenitore, ma è maggiore di una quantità $\pi$ che si ottiene sommando le forze che si esercitano su tutte le molecole distribuite sull'unità di superficie limite del gas, numero che è evidentemente proporzionale alla massa volumica del gas. Poiché la forza su ciascuna molecola è anch'essa proporzionale alla massa volumica, si ha che la pressione $\pi$ risulta proporzionale al quadrato della massa volumica oppure, il che è lo stesso, inversamente proporzionale al quadrato del volume:

$$(2.21.2) \qquad \pi = n^2 \frac{a}{V^2}$$

in cui $n^2$ è il quadrato del numero di moli e $a$ è una costante opportuna. Quindi, Van der Waals propose come modello termodinamico di un gas reale la seguente equazione di stato:

$$(2.21.3) \qquad \left( P + n^2 \frac{a}{V^2} \right)(V - nb) = nRT$$

con $a$ e $b$ costanti caratteristiche del gas in esame.

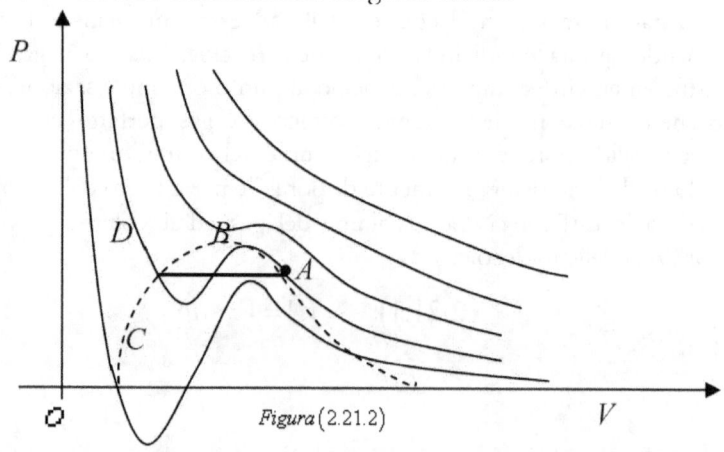

Figura (2.21.2)

In figura (2.21.2) sono rappresentate le isoterme previste dal modello termodinamico di Van der Waals; esse coincidono esattamente con le isoterme sperimentali eccetto che per il tratto di isoterma orizzontale per il quale si prevede un andamento regolare secondo la curva $ABCD$ . In realtà, procedendo accuratamente nelle determinazioni sperimentali si trova quanto segue: durante il tratto isobaro, se il gas viene compresso senza scosse e molto lentamente, in condizioni di particolare pulizia, si ha che esso può seguire per qualche tempo e per un breve tratto l'isoterma di Van der Waals restando allo stato gassoso in una condizione metastabile di *vapore soprassaturo*. Analogamente, se il gas si espande, può seguire l'isoterma di Van der Waals in una condizione metastabile detta di *equilibrio surriscaldato*.

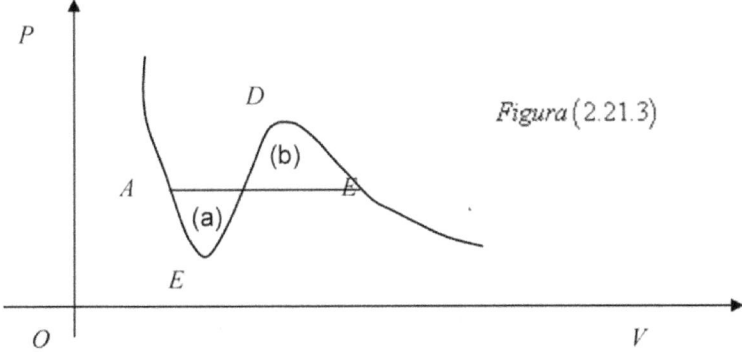

*Figura* $(2.21.3)$

Data una isoterma di Van der Waals, si può dimostrare che le aree dei due settori di curva indicati rispettivamente con (a) e (b) nella figura (2.21.3), sono uguali; ciò implica che la tensione di vapore saturo, alla temperatura dell'isoterma, può essere determinata geometricamente tracciando un segmento parallelo all'asse dei volumi che rende uguali le aree dei settori (a) e (b) . Le costanti e $a$ $b$ che figurano nel modello termodinamico di Van der Waals possono essere poste in relazione con i valori critici $T_c, V_c, P_c$ di una sostanza. Infatti, assegnati i valori di pressione e di temperatura, il modello termodinamico di Van der Waals, per una mole di sostanza, diviene un'equazione algebrica di terzo grado in $V$:

$$(2.21.4) \quad PV^3 - (PB + RT)V^2 + aV - ab = 0$$

185

Questa equazione ammette, in generale, tre radici distinte di $V$; tuttavia, osservando che l'isoterma critica $(T = T_c)$ ha un punto di flesso a tangente orizzontale per $P = P_c$ e $V = V_c$ ovvero vi è un punto di contatto del terzo ordine in cui $V = V_c$ tra l'isoterma critica e la retta $P = P_c$ parallela all'asse dei volumi, né consegue che, ponendo nell'equazione (2.21.4) $P = P_c$ e $T = T_c$, si ottiene la seguente equazione:

$$(2.21.5) \qquad P_c V^3 - (P_c b + R T_c) V^2 + a V - ab = 0$$

in cui $V = V_c$ è una radice tripla, D'altro canto, poiché il primo membro di questa equazione si può anche scrivere nella forma $P_c (V - V_c)^3$, possiamo scrivere l'equazione:

$$(2.21.6) \qquad P_c (V - V_c)^3 = 0$$

da cui segue l'equazione:

$$(2.21.7) \qquad P_c V^3 - 3 P_c V_c V^2 + 3 P_c V_c^2 V - P_c V_c^3 = 0$$

Confrontando questa equazione con l'equazione (2.21.5) si ottengono le seguenti relazioni:

$$(2.21.8) \qquad \begin{aligned} P_c b + R T_c &= 3 P_c V_c^2 \\ a &= 3 P_c V_c^2 \\ ab &= P_c V_c^3 \end{aligned}$$

tra i valori critici di una sostanza e le costanti e $a$ $b$ del modello termodinamico di Van der Waals.

## 2.22 ENERGIA INTERNA DI UN GAS DI VAN DER WAALS

Nel caso di un gas perfetto, l'energia interna è funzione solo della temperatura e pertanto la sua variazione rispetto al volume, mantenendo costante la temperatura, è nulla:

$$\left(2.22.1\right) \qquad \left(\frac{\Delta U}{\Delta V}\right)_{isoterma} = 0$$

Nel caso di un gas di Van der Waals, l'energia interna dipende anche dal volume e pertanto la quantità espressa dall'equazione (2.22.1) è diversa da zero. Sperimentalmente, per un gas di Van der Waals, la misura della quantità (2.22.1) pone molte difficoltà; tuttavia, è possibile ricondurre la sua misura a quantità più accessibili ad essa legate. Per raggiungere questo obiettivo, si consideri un ciclo elementare di Carnot fra due sorgenti di calore di temperatura $T$ e $T - \Delta T$ *(vedi figura (2.22.1))*. Il lavoro relativo a questo ciclo si può esprimere, approssimando con un parallelogramma la figura costituita dalle isoterme e dalle adiabatiche, secondo l'equazione:

$$\left(2.22.2\right) \qquad \Delta W = \Delta P \Delta V$$

D'altro canto, questo lavoro si può anche esprimere secondo l'equazione:

$$\left(2.22.3\right) \qquad \Delta W = \eta \Delta Q$$

in cui $\eta$ è il rendimento del ciclo di Carnot:

$$\left(2.22.4\right) \qquad \eta = 1 - \frac{T - \Delta T}{T} = \frac{\Delta T}{T}$$

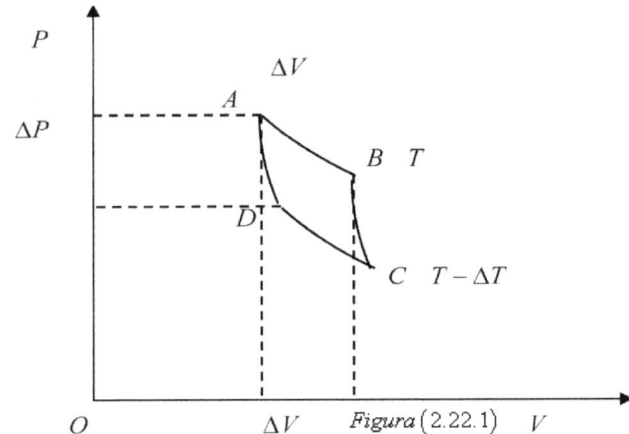

Figura (2.22.1)

187

Ponendo questo valore di $\eta$ nell'equazione (2.22.3), si ottiene la seguente equazione:

$$(2.22.5) \qquad \Delta W = \frac{\Delta T}{T} \Delta Q$$

che confrontata con l'equazione (2.22.2), fornisce l'equazione:

$$(2.22.6) \qquad \Delta P \Delta V = \frac{\Delta T}{T} \Delta Q$$

in cui osservando che $\Delta P$ esprime la variazione di pressione corrispondente ad una variazione di temperatura a volume costante:

$$(2.22.7) \qquad \Delta P = \left( \frac{\Delta P}{\Delta T} \right)_{isocora} \Delta T$$

si ha:

$$(2.228) \qquad \Delta Q = T \left( \frac{\Delta P}{\Delta T} \right)_{isocora} \Delta T \Delta V = \frac{\Delta T}{T} \Delta Q$$

da cui segue:

$$(2.22.9) \qquad \Delta Q = T \left( \frac{\Delta P}{\Delta T} \right)_{isocora} \Delta V$$

Applicando il primo principio della termodinamica all'espansione isotermica da $A$ a $B$, si ottiene:

$$(2.22.10) \qquad \Delta U = \Delta Q - \Delta W$$

in cui facendo uso dell'equazione (2.22.9) e tenendo conto che lungo l'isoterma $AB$ il lavoro e l'energia interna si possono esprimere come:

$$(2.22.11) \qquad \Delta W = P \Delta V \quad ; \quad \Delta U = \left( \frac{\Delta U}{\Delta V} \right)_{isoterma} \Delta V$$

si ha che l'equazione (2.22.10) si può scrivere come:

$$(2.22.12) \qquad \left( \frac{\Delta U}{\Delta V} \right)_{isoterma} \Delta V = T \left( \frac{\Delta P}{\Delta T} \right)_{isocora} \Delta V - P \Delta V$$

da cui segue l'equazione:

$$(2.22.13) \qquad \left( \frac{\Delta U}{\Delta V} \right)_{isoterma} = T \left( \frac{\Delta P}{\Delta T} \right)_{isocora} - P$$

in cui la quantità $\left( \dfrac{\Delta P}{\Delta T} \right)_{isocora}$ è facilmente misurabile ed esprime la
variazione di pressione corrispondente ad una variazione unitaria di
temperatura quando il volume è tenuto costante. Dal modello
termodinamico di Van der Waals si ha, per una mole di gas:

$$(2.22.14) \qquad P = \frac{RT}{V-b} - \frac{a}{V^2}$$

da cui segue l'equazione:

$$(2.22.15) \qquad \left( \frac{\Delta P}{\Delta T} \right)_{isocora} = \frac{R}{V-b}$$

Utilizzando le equazioni (2.22.14) e (2.22.15) nell'equazione (2.22.13), si
ottiene la seguente equazione:

$$(2.22.16) \qquad \left( \frac{\Delta U}{\Delta V} \right)_{isoterma} = \frac{RT}{V-b} - \frac{RT}{V-b} + \frac{a}{V^2} = \frac{a}{V^2} > 0$$

da cui segue che l'energia interna, per un gas di Van der Waals a
temperatura costante, cresce al crescere del volume. Ciò si spiega con il
fatto che all'aumentare del volume aumenta la distanza media tra le
molecole e ciò implica che si deve eseguire un lavoro contro le forze di
coesione molecolare per allontanare le molecole. Per determinare la
forma dell'energia interna è sufficiente scrivere l'equazione (2.22.16)
nella forma seguente:

$$(2.22.17) \qquad U = \lim_{\Delta V_i \to 0} \sum_i \frac{a}{V_i^2} + k(T) = \int \frac{a}{V_i^2} dV + k(T)$$

in cui $k(T)$ è una costante che può dipendere dalla temperatura.
Eseguendo il calcolo dell'integrale si ha:

$$(2.22.18) \qquad U = -\frac{a}{V} + k(T)$$

Considerando la variazione di $U$ rispetto a $T$, tenendo il volume costante si ha:

$$(2.22.19) \qquad \left(\frac{\Delta U}{\Delta T}\right)_{isocora} = \frac{\Delta k(T)}{\Delta T} = C_v$$

da cui segue l'equazione:

$$(2.22.20) \qquad k = C_v T + \text{cost}$$

che posta nell'equazione (2.22.18) fornisce la forma dell'energia interna di un gas di Van der Waals:

$$(2.22.21) \qquad U = -\frac{a}{V} + C_v T + \text{cost}$$

## 2.23  EQUAZIONE DI CLAPEYRON

Si consideri un sistema costituito da un liquido e dal suo vapore in equilibrio e si supponga che sia contenuto nel solito cilindro con pistone a perfetta tenuta *(vedi figura (2.23.1))*.

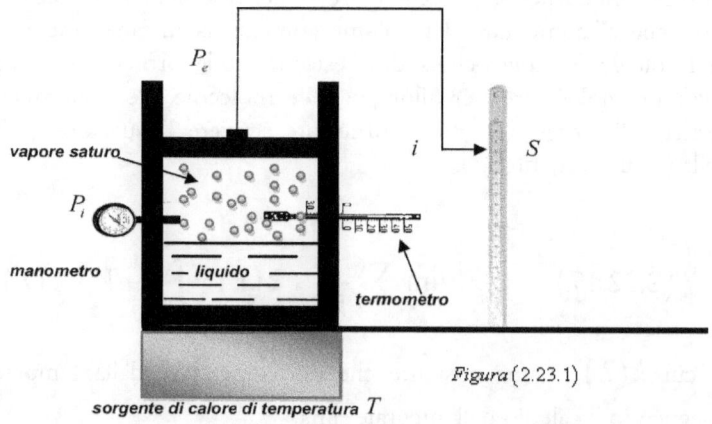

Figura (2.23.1)

Le isoterme di questo sistema si ottengono nel modo seguente: si pone il cilindro a contatto termico con una sorgente di calore di temperatura $T$ e si fa variare il volume agendo sul pistone. Aumentando il volume, parte del liquido evapora pur mantenendo costante la tensione di vapore saturo; diminuendo ulteriormente il volume, parte del gas condensa per mantenere costante la tensione di vapore saturo. Quando tutto il gas è condensato, ogni piccola diminuzione di volume determina un grande aumento di pressione; ne consegue che le isoterme di questo sistema sono identiche alle isoterme considerate nel paragrafo (2.21) *(vedi figura (2.23.2))*. Orbene, siano $v_1$ e $v_2$ i volumi specifici *(cioè i volumi per unità di massa)* rispettivamente del liquido e del vapore e siano $u_1$ e $u_2$ le loro energie interne specifiche *(cioè le energie interne per unità di massa)*. Le quantità $P, v_1, v_2, u_1, u_2$ dipendono solo dalla temperatura. Se $m$ è la massa totale del sistema ed $m_1$ e $m_2$ sono rispettivamente le masse del liquido e del vapore, allora risulta:

$$(2.23.1) \qquad m = m_1 + m_2$$

Analogamente, il volume totale e l'energia interna totale del sistema sono:

$$(2.23.2) \qquad V = m_1 v_1(T) + m_2 v_2(T)$$

$$(2.23.3) \qquad U = m_1 u_1(T) + m_2 u_2(T)$$

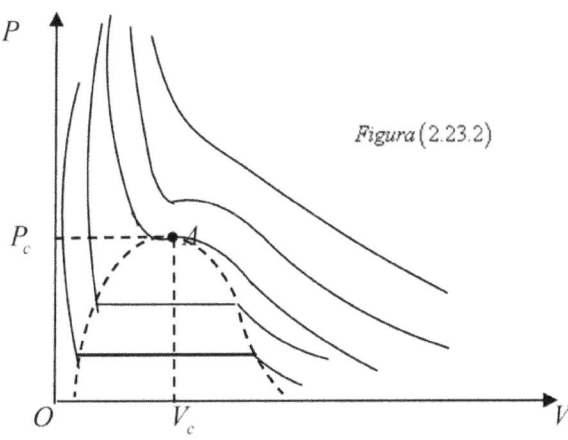

Figura $(2.23.2)$

Si consideri una trasformazione isotermica del sistema tale che una quantità $\Delta m$ di liquido passa allo stato di vapore; in tal caso, si ha una variazione $\Delta V$ del volume totale e una variazione $\Delta U$ dell'energia interna totale. Alla fine della trasformazione la massa del liquido è $\left(m_1 - \Delta m\right)$ e la massa del vapore è $\left(m_2 + \Delta m\right)$, quindi il volume totale è:

$$V + \Delta V = \left(m_1 - \Delta m\right) v_1\left(T\right) + \left(m_2 - \Delta m\right) v_2\left(T\right) = V + \left[v_2\left(T\right) - v_1\left(T\right)\right]\Delta m$$

da cui segue:

$$(2.23.4) \quad \Delta V = \left[v_2\left(T\right) - v_1\left(T\right)\right]\Delta m$$

Analogamente, l'energia interna totale è:

$$U + \Delta U = \left(m_1 - \Delta m\right) u_1\left(T\right) + \left(m_2 - \Delta m\right) u_2\left(T\right) = U + \left[u_2\left(T\right) - u_1\left(T\right)\right]\Delta m$$

da cui segue l'equazione:

$$(2.23.5) \quad \Delta U = \left[u_2\left(T\right) - u_1\left(T\right)\right]\Delta m$$

Usando il primo principio della termodinamica e le equazioni (2.23.4) e (2.23.5), si ha:

$$\Delta Q = \Delta U + P\Delta V = \left[u_2 - u_1 + P\left(v_2 - v_1\right)\right]\Delta m$$

da cui segue l'equazione:

$$(2.23.6) \quad \frac{\Delta Q}{\Delta m} = u_2 - u_1 + P\left(v_2 - v_1\right) = \lambda_v$$

Questa equazione esprime la quantità di calore necessaria a far passare allo stato di vapore 1kg di liquido a temperatura costante; questa quantità è detta *calore latente di vaporizzazione* e varia da liquido a liquido. Per l'acqua, alla temperatura di ebollizione e alla pressione standard, è

$\lambda = 540 \dfrac{kcal}{kg}$. Orbene, dividendo membro a membro le equazioni

(2.23.5) e (2.23.4) ed osservando che esse si riferiscono alla stessa trasformazione isotermica , si ha:

$$(2.23.7) \qquad \left(\frac{\Delta U}{\Delta V}\right)_{isoterma} = \frac{u_2(T) - u_1(T)}{v_2(T) - v_1(T)}$$

in cui usando l'equazione (2.23.6) si ha:

$$(2.23.8) \qquad \left(\frac{\Delta U}{\Delta V}\right)_{isoterma} = \frac{\lambda_v}{v_2 - v_1} - P$$

Confrontando questa equazione con l'equazione (2.22.13) del paragrafo precedente e tenendo conto del fatto che la pressione dipende solo dalla temperatura, si può fare a meno dell'indice isocora e scrivere:

$$(2.23.9) \qquad \frac{\Delta P}{\Delta T} = \frac{\lambda_v}{T(v_2 - v_1)}$$

*Questa equazione è nota come equazione di Clapeyron.*

## 2.24 TRASFORMAZIONI DI FASE

Si verifica sperimentalmente che, per differenti intervalli di temperatura e pressione, qualunque corpo può esistere in forme diverse, dette **fasi,** che corrispondono ai diversi modi di aggregarsi delle molecole: *solido, liquido, gassoso.* E' possibile passare da una fase all'altra per particolari valori della temperatura e della pressione; l'insieme di tutti questi valori consente di costruire un grafico così come viene indicato nella figura (2.24.1).

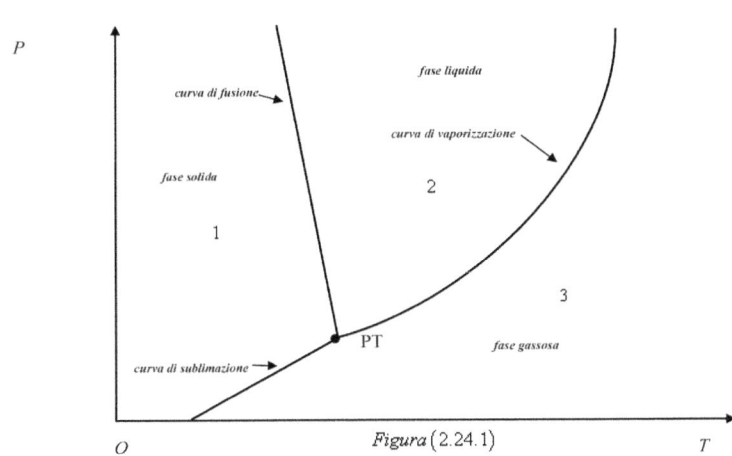

*Figura* (2.24.1)

Questo grafico assume il nome di *diagramma di fase* ed è costituito da tre curve, dette curve di equilibrio, che separano il piano $(T,P)$ in tre zone distinte:

1. la zona in cui il corpo esiste nella fase solida
2. la zona in cui il corpo esiste nella fase liquida
3. la zona in cui il corpo esiste nella fase gassosa.

La curva di equilibrio che separa la zona della fase solida dalla zona della fase liquida è costituita da punti le cui coordinate termodinamiche corrispondono ai valori di temperatura e pressione per i quali il corpo coesiste in fase solida ed in fase liquida; *essa è detta curva di fusione.*

La curva di equilibrio che separa la zona della fase liquida dalla zona della fase gassosa è costituita dai punti le cui coordinate termodinamiche corrispondono ai valori di temperatura e pressione per i quali il corpo coesiste in fase liquida e in fase gassosa; essa è detta *curva di vaporizzazione.*

La curva di equilibrio che separa la zona della fase solida dalla zona della fase gassosa è costituita dai punti le cui coordinate termodinamiche corrispondono ai valori di temperatura e pressione per i quali il corpo coesiste in fase solida e in fase gassosa; essa è detta *curva di sublimazione.*

Poiché le curve di equilibrio dividono il piano $(T,P)$ in tre zone distinte, esse si possono incontrare solo in un punto *PT*, detto punto triplo, le cui coordinate termodinamiche corrispondono

ai valori di temperatura e pressione per i quali il corpo coesiste in tutte le tre fasi: solida, liquida e gassosa.

Se $P$ è un punto di coordinate $(T_0, P_0)$ appartenente alla curva di fusione, si ha che mantenendo costante la temperatura ed aumentando la pressione, non si può più avere equilibrio tra le due fasi ed il corpo fonde tutto nella fase liquida; se invece si diminuisce la pressione, il corpo solidifica tutto nella fase solida *(vedi figura (2.24.2)).*

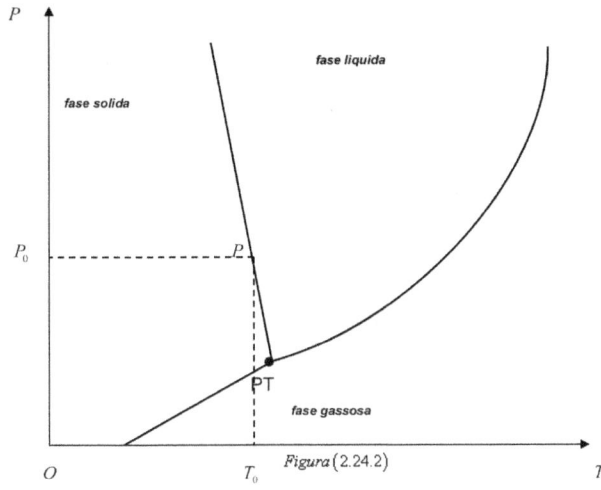

Figura (2.24.2)

Ancora, mantenendo costante la pressione ed aumentando la temperatura, non si può avere equilibrio tra le due fasi ed il corpo fonde tutto nella fase liquida; se invece si diminuisce la temperatura il corpo solidifica tutto nella fase solida. Considerazioni analoghe possono essere svolte per punti appartenenti alle altre due curve di equilibrio. Per eseguire una trasformazione di fase è conveniente, come si verifica sperimentalmente, fornire o sottrarre calore ad un corpo; così, volendo eseguire una trasformazione dalla fase solida alla fase liquida, si può fornire calore al corpo fissando un valore di pressione. Questo processo è usualmente indicato col nome di *fusione*. Rispetto al processo di fusione, i corpi solidi presentano un diverso comportamento a seconda che abbiano una struttura cristallina o una struttura amorfa. Riscaldando un solido cristallino, per un dato valore della pressione, si osserva un aumento della temperatura e ciò significa, dal punto di vista microscopico, che aumenta l'ampiezza di oscillazione degli oscillatori armonici tridimensionali con cui si schematizza un solido cristallino, ovvero aumenta l'energia cinetica e l'energia potenziale media *(fra loro uguali per il principio di equipartizione dell'energia)* che ogni atomo possiede. Raggiunto il valore $T_f$ della temperatura *(temperatura di fusione )*, l'energia di ogni atomo diviene tale da rompere il legame cristallino ovvero inizia il passaggio dalla fase solida alla fase liquida. Dal diagramma di fase risulta che, nel corso della trasformazione di fase la pressione e la temperatura si mantengono costanti come, d'altro canto, si verifica sperimentalmente; quindi, il calore fornito al corpo nel corso della trasformazione di fase viene utilizzato per la rottura dei legami cristallini. La quantità di calore necessaria a far passare dalla fase solida alla fase liquida 1kg di sostanza a temperatura costante è detta *calore latente di fusione* ed è data dalla seguente relazione:

$$(2.24.1) \qquad \frac{\Delta Q}{\Delta m} = u_l - u_s + P(v_l - v_s) = \lambda_f$$

in cui $(u_l, v_l)$ e $(u_s, v_s)$ sono rispettivamente l'energia interna specifica ed il volume specifico della fase liquida e della fase solida. Dal diagramma di fase risulta anche che la temperatura di fusione varia al variare della pressione; questa variazione può essere calcolata con l'equazione di Clapeyron che, in questo caso, si può scrivere come:

$$(2.24.2) \qquad \Delta T_f = \frac{v_l - v_s}{\lambda_f} T_f \Delta P$$

da cui si deduce che, qualora la fusione del corpo implichi un aumento di volume: $v_l > v_s$, si ha che un aumento di pressione: $\Delta P > 0$ implica un aumento della temperatura di fusione: $\Delta T_f > 0$; mentre, se si ha una diminuzione di volume $v_l < v_s$, un aumento di pressione: $\Delta P > 0$ implica una diminuzione della temperatura di fusione: $\Delta T_f < 0$. Si osservi che la quasi totalità dei corpi quando fonde aumenta di volume, ma vi sono corpi come il ghiaccio e la ghisa che diminuiscono il volume. Così, nel caso della fusione del ghiaccio, si ha:

$$\lambda_f = 334880 \cdot 10^{-3} \frac{J}{kg} \quad ; \quad v_s = 1.0907 \cdot 10^{-3} \frac{m^3}{kg}$$

$$v_l = 1.00013 \cdot 10^{-3} \frac{m^3}{kg} \quad ; \quad T_f = 273.15 K$$

quindi usando l'equazione (2.24.2) si ottiene:

$$\frac{\Delta T_f}{\Delta P} = \frac{\left(1.00013 \cdot 10^{-3}\, \frac{m^3}{kg} - 1.0907 \cdot 10^{-3}\, \frac{m^3}{kg}\right) \cdot 273.15K}{334880\, \frac{J}{kg}} =$$

$$= -0.000000073 \frac{K}{P_a} \cong -0.0074 \frac{K}{atm}$$

il che significa che la temperatura di fusione del ghiaccio si abbassa di $0.0074K$ per ogni aumento della pressione pari a 1atm. Il fatto che la temperatura di fusione del ghiaccio si abbassa all'aumentare della pressione è di notevole importanza in geofisica poiché si deve a questo fenomeno il movimento dei ghiacciai. Quando la massa del ghiaccio incontra una roccia nel letto del ghiacciaio l'intera pressione del ghiacciaio contro la roccia abbassa la temperatura di fusione provocando la fusione del ghiaccio; esso poi si ricongela appena si è sottratto alla pressione. In questo modo la massa del ghiaccio è in grado di muoversi lentamente attorno agli ostacoli. Il fenomeno del ricongelamento di un ghiacciaio può essere posto in evidenza con l'apparato sperimentale indicato nella figura (2.24.3) in cui si può osservare che la pressione esercitata dal filo d'acciaio fa fondere il ghiaccio, ma poi l'acqua di fusione, passato il filo, ritorna al precedente valore di pressione e quindi ricongela. Nel caso di corpi con struttura amorfa si vuole solo osservare che essi non seguono le stesse leggi dei corpi con struttura cristallina. Infatti, tali corpi, quando vengono riscaldati, non passano bruscamente dalla fase solida alla fase liquida, ma passano attraverso vari stadi di rammollimento e di plasticità: *fusione pastosa*. A questi corpi non si può assegnare una temperatura di fusione per un assegnato valore di pressione, ma un intervallo di temperatura entro il quale avviene la fusione.

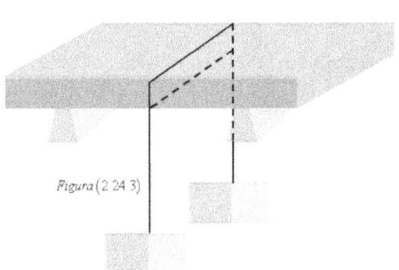

Figura (2.24.3)

Ritornando al diagramma di fase della figura (2.24.2), si osserva che, se il punto $P$ si muove verso l'alto lungo la curva di fusione, la pressione $P_0$ aumenta e la temperatura $T_0$ diminuisce; ciò è conforme con quando si è dedotto con l'equazione di Clapeyron per quei corpi che passando dalla fase solida alla fase liquida diminuiscono il proprio volume. Poiché l'equazione di Clapeyron prevede, per i corpi che aumentano il proprio volume, che un aumento di pressione implica un aumento di temperatura, il diagramma di fase per questi corpi deve avere la curva di fusione più orientata verso l'asse delle temperature di quella dei corpi che diminuiscono il proprio volume, così come viene indicato nella figura (2.24.4) e come, d'altro canto, risulta dai dati sperimentali.

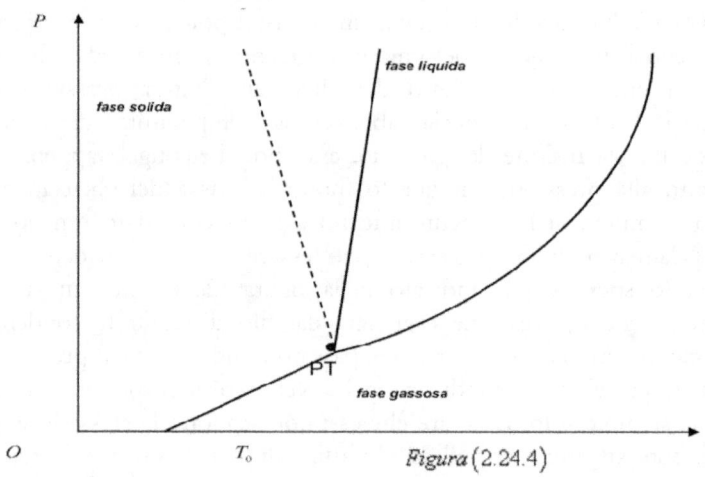

Figura (2.24.4)

Terminato il processo di fusione, se si continua a fornire calore al corpo mantenendo costante la pressione, la temperatura riprende a crescere e ciò significa che il punto $A$ di coordinate $\left(T_f, P\right)$ *(vedi figura (2.24.5))* si muove nel piano $\left(T, P\right)$, lungo la retta di equazione $P = \mathrm{cost}$, fino a raggiungere la curva di vaporizzazione nel punto di coordinate $\left(T_v, P\right)$, dove il liquido coesiste col proprio vapore. Dal punto di vista microscopico si osservi che non tutte le molecole del liquido hanno la stessa velocità: vi sono molecole più veloci e molecole

198

meno veloci che si agitano continuamente e caoticamente urtandosi tra loro e con le pareti del contenitore. Pertanto, una molecola che giunge alla superficie libera del liquido può avere energia cinetica tale da vincere la barriera delle forze di superficie e portarsi fuori dal liquido nello spazio che sovrasta la superficie libera ma, se l'energia cinetica non è sufficientemente alta, la molecola ritornerà nella fase liquida riaggregandosi alle altre molecole. Quindi, se lo spazio che sovrasta la superficie libera del liquido non è limitato *(vedi figura (2.24.6))* e l'energia cinetica della molecola è sufficientemente alta, la molecola abbandona definitivamente la fase liquida dando luogo al processo di evaporazione del liquido.

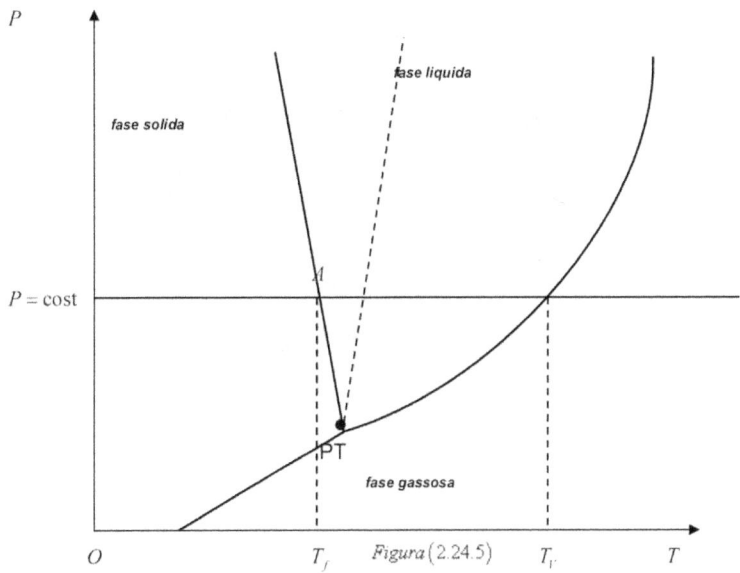

Poiché le molecole che lasciano la fase liquida sono quelle più ricche di energia, consegue che l'energia cinetica media delle molecole nella fase liquida diminuisce e quindi diminuisce anche la temperatura del liquido. Questo processo è alla base delle sensazioni di fresco che si produce quando si bagna l'epidermide d'estate. Se si vuole che l'evaporazione avvenga a temperatura costante, bisogna rifornire il liquido di energia pari a quella che portano via le molecole che passano nella fase gassosa. Questa energia viene data al liquido sotto forma di calore e pertanto,

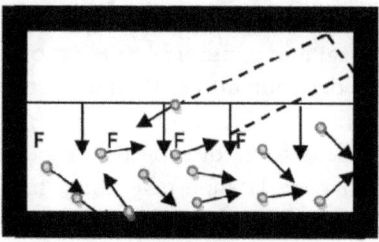

Figura (2.24.6)

la quantità di calore di cui il liquido deve essere rifornito perché evapori l'unità di massa a temperatura costante è detta *calore latente di vaporizzazione* ed è stata già definita nel paragrafo precedente. Se lo spazio che sovrasta la superficie libera del liquido è limitato *(vedi figura (2.24.7))*, le molecole che si trovano nella fase gassosa, dopo un certo numero di urti tra loro e le

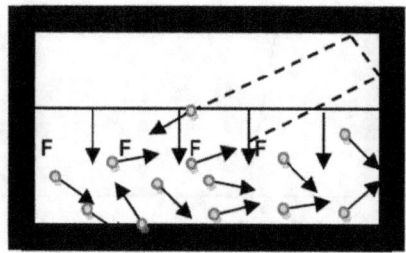

Figura (2.24.7)

pareti del contenitore, si ripresentano alla superficie libera del liquido dove vengono facilitate dalle forze di superficie a rientrare nella fase liquida. Quindi, si determinerà un equilibrio statistico nel senso che il liquido sarà in equilibrio con il suo vapore e la pressione raggiunta dal vapore è pari alla tensione di vapore saturo. Aumentando la temperatura aumenta la velocità media delle molecole e quindi il numero di molecole che hanno energia cinetica sufficiente a superare la barriera delle forze di superficie, quindi aumenta l'energia media della fase gassosa e quindi aumenta la tensione di vapore saturo fino a raggiungere una nuova condizione di equilibrio statistico. Si osservi che la presenza di altri gas nello spazio sovrastante la superficie libera del liquido non influenza la tensione di vapore saturo, ma influenza la velocità con cui si realizza l'evaporazione. Infatti, nel vuoto l'evaporazione è assai rapida mentre, in presenza di un gas, è tanto più lenta quanto più è grande la pressione di quest'ultimo. Ne consegue che l'equilibrio liquido-vapore è indipendente dalla presenza di un gas estraneo, ma molto ne dipende la velocità con cui viene raggiunto. Il processo di evaporazione testé descritto si realizza interessando la superficie libera del liquido; d'altro canto, questo processo, in certe condizioni, può realizzarsi interessando anche gli strati profondi del liquido. In quest'ultimo caso, il processo assume il nome di *ebollizione* e per realizzarlo è necessario che si formano, in seno al liquido, delle zone, dette *bolle,* all'interno delle quali vi sia aria o gas o vapore. Queste bolle tendono a formarsi intorno a delle impurità, sempre presenti nei liquidi, riempendosi di vapore che raggiunge in esse la pressione pari alla tensione di vapore saturo, che corrisponde al valore di temperatura del liquido. Le dimensioni delle bolle sono regolate dalla tensione di vapore saturo e dalla pressione del liquido che agisce dall'esterno *(vedi figura (2.24.8));* quest'ultima, trascurando il contributo dovuto alla pressione idrostatica $\left(P = \gamma h\right)$ si può ritenere uguale alla pressione $P_0$. Pertanto, quando cresce la temperatura la tensione di vapore saturo aumenta uguagliando e superando la pressione esterna; in tali condizioni, le bolle crescono rapidamente e salgono alla superficie *(per la spinta di Archimede)* liberando una grande quantità di vapore. Si ottiene l'ebollizione del liquido quando la tensione di vapore saturo raggiunge il valore della pressione esterna esercitata dal gas in cui il liquido è immerso. Ciò spiega anche il fatto che l'acqua in montagna bolle a una temperatura inferiore a $100°C$; infatti, la pressione atmosferica in montagna è più piccola della pressione atmosferica al livello del mare. Per esempio, sul monte Bianco *(altezza 4810 m dal livello del mare)* la pressione atmosferica è $56kP_a$ mentre il valore al livelli del mare è $1.012 \cdot 10^5 P_a$; pertanto, sul monte Bianco l'acqua bolle alla temperatura di $84°C$. Nel corso dell'ebollizione, la temperatura resta costante fino a quando la quantità di gas disciolta nel liquido è sufficiente a far sviluppare la quantità di vapore necessaria ad assorbire, come calore di vaporizzazione, il calore fornito.

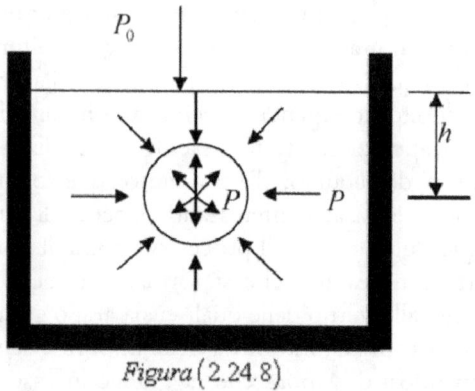

*Figura* (2.24.8)

Giunti nella fase gassosa, il punto $A$ , che rappresenta il corpo nel diagramma di fase, si trova nella posizione indicata nella figura (2.24.9). Mantenendo costante la pressione e sottraendo calore al corpo, la temperatura diminuisce e ciò significa che il punto $A$ si muove a ritroso lungo la retta di equazione $P = \text{cost}$ ripercorrendo tutte le fasi precedenti e ritornando nella fase solida. Il passaggio dalla fase gassosa alla fase liquida assume il nome di *condensazione* e la quantità di calore che il corpo deve necessariamente restituire affinché l'unità di massa passi dalla fase gassosa alla fase liquida a temperatura costante, è detta *calore latente di condensazione* e coincide numericamente con il calore latente di vaporizzazione. Il passaggio dalla fase liquida alla fase solida assume il nome di *solidificazione* e la quantità di calore che il corpo deve necessariamente restituire affinché l'unità di massa passi dalla fase liquida alla fase solida a temperatura costante, è detta *calore latente di solidificazione* e coincide numericamente con il calore latente di fusione. Diminuendo la pressione fino al valore corrispondente al punto triplo e sottraendo calore al corpo, il punto $A$ si muove lungo la retta di equazione $P = \text{cost}$ passando per il punto triplo le cui coordinate forniscono i valori di pressione e temperatura per i quali il corpo coesiste nelle tre fasi: solida, liquida e gassosa.

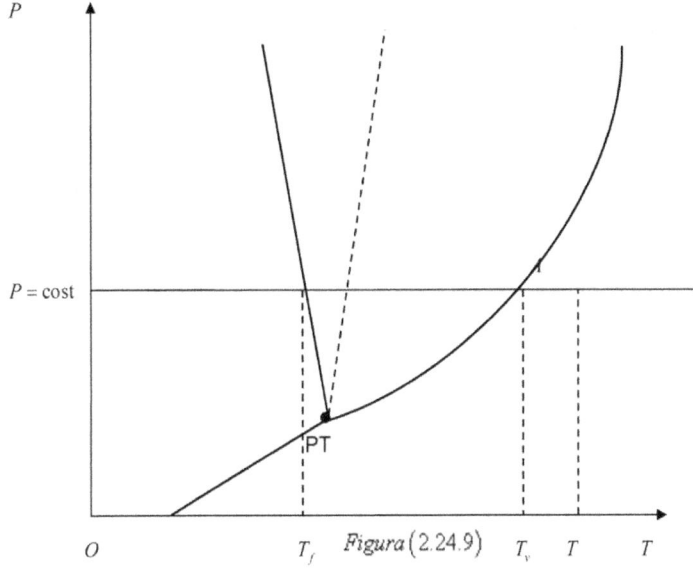

$P$

$P = \text{cost}$

PT

$O$  $\quad T_f$  *Figura* $(2.24.9)$  $T_v$  $T$  $T$

Diminuendo ulteriormente la pressione ad un valore $P_S < P_T$, il punto $A$ si muove lungo la retta di equazione $P = \text{cost}$ *(vedi figura (2.24.10))* raggiungendo la curva di sublimazione e passando quindi direttamente dalla fase di vapore alla fase solida. Questo passaggio ed il suo inverso assumono il nome di *sublimazione* e la quantità di calore che necessariamente bisogna fornire o sottrarre al corpo affinché l'unità di massa cambi di fase a temperatura costante, è detta *calore latente di sublimazione* ed è data dalla seguente relazione:

$$(2.24.3) \qquad \frac{\Delta Q}{\Delta m} = u_v - u_s + P\left(v_v - v_s\right) = \lambda_s$$

in cui $\left(u_v, u_s\right)$ e $\left(v_v, v_s\right)$ sono rispettivamente l'energia interna specifica ed il volume specifico della fase di vapore e della fase solida. Per i processi di sublimazione valgono leggi analoghe a quelle viste per i passaggi vapore-liquido e liquido-vapore: ad ogni temperatura, come si rileva dal diagramma di fase *(vedi figura (2.24.10))*, corrisponde una tensione massima di vapore *(tensione di sublimazione)* per la quale il corpo coesiste in equilibrio nelle due fasi: solida e vapore. Per alcune sostanze, come lo iodio, l'arsenico, l'anidride carbonica e l'esafluoruro di uranio, la tensione di sublimazione è più grande della pressione atmosferica a livello del mare e ciò significa che il fenomeno della sublimazione può essere osservato a pressione standard.

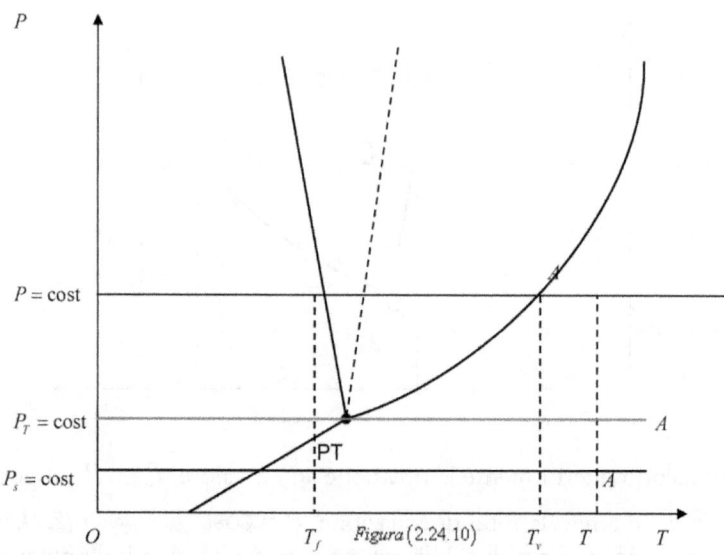

Figura (2.24.10)

Per chiarire ulteriormente questi concetti, si descriverà il comportamento dell'anidride carbonica riferendosi al relativo diagramma di fase riportato nella figura (2.24.11) in cui si osserva che per valori della temperatura inferiore a $194.7 K$ (a pressione standard) esiste nella fase solida.

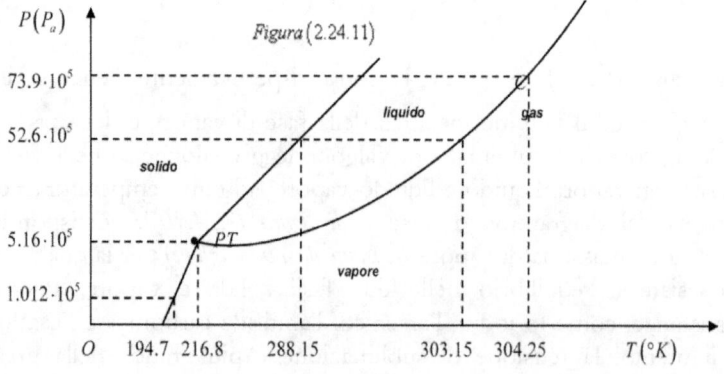

Figura (2.24.11)

Fornendogli calore, la sua temperatura aumenta finché raggiunge il valore $194.7K$ per il quale coesiste in equilibrio con il suo vapore. Continuando a fornirgli calore, la temperatura non cresce e si mantiene costante sul valore di $194.7K$ ; questo calore viene utilizzato dal corpo per cambiare la fase, ovvero per sublimare nella fase gassosa. Si osservi che affinché 1kg di anidride carbonica, alla pressione standard di $1.012 \cdot 10^5 P_a$ e alla temperatura di $194.7K$ , sublima dalla fase solida alla fase di vapore, è necessaria una quantità di calore pari a $586040 Joule = 140 kcal$ . Quando tutto il solido sarà sublimato nella fase gassosa, se si continua a fornire calore, la sua temperatura riprende a crescere finché raggiunge il valore critico di $304.25K$ a cui corrisponde la pressione critica di valore $73.9 \cdot 10^5 P_a$ . Superati questi valori, come si sa dal paragrafo (2.21), l'anidride carbonica deve essere considerata non più un vapore ma un gas. I vapori di anidride carbonica che si trovano al valore di pressione standard $1.012 \cdot 10^5 P_a$ sublimano se viene sottratto loro calore in modo che la temperatura diminuisce raggiungendo il valore di $194.7K$ . Per valori di pressione maggiore di $5.16 \cdot 10^5 P_a$ l'anidride carbonica può esistere in tutte le fasi: solida, liquida e gassosa; essa fonde alla temperatura di $288.15K$ e al valore di pressione di $52.6 \cdot 10^5 P_a$ e bolle, alla stessa pressione e al valore di temperatura di $303.15K$ □

| PUNTO TRIPLO DI ALCUNE SOSTANZE | | | |
|---|---|---|---|
| sostanza | $T(°C)$ | $T(K)$ | $P(P_a)$ |
| ossigeno | −218 | 55.15 | $2.63 \cdot 10^2$ |
| azoto | −210 | 63.15 | $1.3 \cdot 10^4$ |
| anidride carbonica | −56.35 | 216.18 | $5.16 \cdot 10^5$ |
| acqua | 0.01 | 273.16 | 610.5 |
| Tabella (2.24.1) | | | |

| TEMPERATURA DI FUSIONE E SOLIDIFICAZIONE A PRESSIONE STANDARD E CALORE LATENTE PER ALCUNE SOSTANZE | | | |
|---|---|---|---|
| sostanza | $T_f\left(°C\right)$ | $T_f\left(K\right)$ | $\lambda_f\left(\dfrac{kcal}{kg}\right)$ |
| ossigeno | −219 | 54.15 | 3.3 |
| ammoniaca | −75 | 198.15 | 108 |
| mercurio | −38.8 | 234.35 | 2.8 |
| acqua | 0.0 | 273.15 | 79.7 |
| benzolo | 5.5 | 278.65 | 30 |
| fosforo | 44 | 317.15 | 5 |
| zolfo | 115 | 388.15 | 9.4 |
| stagno | 232 | 505.15 | 14.5 |
| piombo | 327 | 600.15 | 5.5 |
| zinco | 419 | 692.15 | 24.4 |
| allumino | 660 | 933.15 | 94 |
| argento | 961 | 1234.15 | 26 |
| oro | 1064 | 1337.15 | 15.9 |
| rame | 1083 | 1356.15 | 49 |
| nichel | 1453 | 1726.15 | 71 |
| ferro | 1537 | 1810.15 | 66.2 |
| platino | 1769 | 2042.15 | 27.2 |
| tungsteno | 3410 | 3683.15 | 46 |
| Tabella (2.24.2) | | | |

| TEMPERATURA DI EBOLLIZIONE A PRESSIONE STANDARD E CALORE LATENTE DI VAPORIZZAZIONE PER ALCUNI LIQUIDI | | | |
|---|---|---|---|
| sostanza | $T_e\left(^\circ C\right)$ | $T_e\left(K\right)$ | $\lambda_v\left(\dfrac{kcal}{kg}\right)$ |
| ossigeno | $-183$ | 90.15 | 51 |
| ammoniaca | $-33$ | 240.15 | 327 |
| etere etilico | $-34.6$ | 238.55 | 83.9 |
| acetone | 56.1 | 329.25 | 124.5 |
| cloroformio | 61.15 | 334.65 | 59 |
| alcol etilico | 78.3 | 351.45 | 204 |
| benzolo | 80.2 | 353.35 | 94.3 |
| acqua | 100.0 | 373.15 | 540 |
| mercurio | 357 | 630.15 | 65 |
| Tabella (2.24.3) | | | |

| TENSIONE DI VAPORE SATURO A $20^\circ C$ DI ALCUNI LIQUIDI | |
|---|---|
| sostanza | $P\left(P_a\right)$ |
| mercurio | 0.17 |
| acqua | $2.3 \cdot 10^3$ |
| alcol etilico | $5.9 \cdot 10^3$ |
| etere etilico | $5.9 \cdot 10^4$ |
| anidride carbonica | $4.45 \cdot 10^9$ |
| Tabella (2.24.4) | |

| TENSIONE DI VAPORE DELL'ACQUA A DIVERSE TEMPERATURE | | |
|---|---|---|
| $T(^\circ C)$ | $T(K)$ | $P(P_a)$ |
| 0 | 273.15 | $6.1 \cdot 10^2$ |
| 10 | 283.15 | $12.2 \cdot 10^2$ |
| 20 | 293.15 | $23.02 \cdot 10^2$ |
| 30 | 303.15 | $42.4 \cdot 10^2$ |
| 40 | 313.15 | $73.7 \cdot 10^2$ |
| 50 | 323.15 | $122.4 \cdot 10^2$ |
| 60 | 333.15 | $1.9 \cdot 10^4$ |
| 70 | 343.15 | $3.1 \cdot 10^4$ |
| 80 | 353.15 | $4.6 \cdot 10^4$ |
| 100 | 373.15 | $1.012 \cdot 10^5$ |
| 120 | 393.15 | $1.94 \cdot 10^5$ |
| 140 | 413.15 | $3.62 \cdot 10^5$ |
| Tabella (2.24.5) | | |

| TEMPERATURA DI CONDENSAZIONE A PRESSIONE STANDARD DI ALCUNI GAS | | |
|---|---|---|
| sostanza | $T_c(^\circ C)$ | $T_c(K)$ |
| elio | −269 | 83.15 |
| idrogeno | −253 | 20.15 |
| azoto | −196 | 77.15 |

| aria | −190 | 83.15 |
|---|---|---|
| ossigeno | −183 | 90.15 |
| Tabella (2.24.6) | | |

## 2.25  ENERGIA LIBERA ED ENTALPIA DI UN SISTEMA TERMODINAMICO

In un sistema fisico puramente meccanico, detta $U$ l'energia del sistema, si ha che il lavoro esterno eseguito $W$ uguaglia la variazione di energia cambiata di segno:

$$(2.25.1) \qquad W = -\Delta U$$

Nel caso di sistemi fisici termodinamici non è possibile scrivere una relazione del tipo (2.25.1) perché, come abbiamo visto con la formulazione del primo principio della termodinamica, l'energia che il sistema scambia con l'ambiente circostante oltre ad essere scambiata attraverso il lavoro può anche essere scambiata sotto forma di calore, quindi si dovrà scrivere l'equazione seguente:

$$(2.25.2) \qquad W = Q - \Delta U$$

Supponiamo che il sistema fisico considerato sia termodinamico e in contatto termico con un ambiente che si trova uniformemente alla temperatura $T$. Consideriamo una trasformazione che conduca il sistema da uno stato iniziale $A$ ad uno stato finale $B$. Applicando a questa trasformazione le (2.14.10) e (2.14.11) del paragrafo (2.14) otteniamo l'equazione:

$$(2.25.3) \qquad \int_{A}^{B} \frac{dQ}{T} \leq S(B) - S(A)$$

Poiché il sistema riceve calore da una sorgente a temperatura costante, possiamo portare la temperatura $T$ fuori dal segno di integrale e scrivere l'equazione:

$$(2.25.4) \qquad \int_A^B dQ = Q \le T\left[S(B) - S(A)\right]$$

da cui si deduce che esiste un limite superiore per la quantità di calore che il sistema può ricevere dai corpi che lo circondano. Se la trasformazione da $A$ a $B$ è reversibile vale il segno di uguaglianza e, in tal caso, l'equazione (2.25.4) fornisce esattamente il valore del calore che il sistema riceve dai corpi circostanti. Ponendo $\Delta U = U(B) - U(A)$ e combinando le equazioni (2.25.2) e (2.25.4) otteniamo l'equazione:

$$(2.25.5) \qquad W \le U(A) - U(B) + T\left[S(B) - S(A)\right]$$

Supponiamo ora che le temperature degli stati inziale e finale siano uguali alla temperatura $T$ dei corpi circostanti e definiamo una funzione $F$, detta *energia libera del sistema*, per modo che sia soddisfatta la seguente equazione:

$$(2.25.6) \qquad F = U - TS$$

Utilizzando questa equazione nell'equazione (2.25.5) otteniamo la seguente equazione:

$$(2.25.7) \qquad W \le F(A) - F(B) = -\Delta F$$

in cui vale il segno di uguaglianza solo se la trasformazione è reversibile.

*Questa equazione ci consente la seguente affermazione:*

*se un sistema compie una trasformazione reversibile da uno stato inziale $A$ ad uno stato finale $B$, entrambi alla temperatura dell'ambiente che lo circonda, e scambia calore solo con l'ambiente che lo circonda, il lavoro che esso esegue durante la trasformazione è uguale alla variazione dell'energia libera cambiata di segno. Se la trasformazione è irreversibile la variazione cambiata di segno di energia libera fornisce solo il limite superiore della diminuzione di energia libera del sistema.*

Confrontando le equazioni (2.25.1) e (2.25.7) possiamo affermare che per i sistemi termodinamici che scambiano calore con i corpi che li circondano, l'energia libera assolve lo stesso compito che assolve l'energia per i sistemi meccanici con la differenza che nell'equazione

(2.25.1) vale sempre il segno di uguaglianza e nell'equazione (2.25.7) il segno di uguaglianza vale solo in caso di trasformazioni reversibili.

Consideriamo ora un sistema dinamicamente isolato, cioè un sistema che non possa scambiare lavoro con i corpi che lo circondano ma che sia con essi in contatto termico e che abbia la loro stessa temperatura. Per una qualsivoglia trasformazione del sistema risulta: $W = 0$ e pertanto l'equazione (2.25.7) diventa:

$$(2.25.8) \qquad 0 \le F(A) - F(B) \Rightarrow F(B) \le F(A)$$

da cui si deduce che se un sistema è in contatto termico con i corpi che lo circondano alla stessa temperatura $T$ ed è dinamicamente isolato, la sua energia libera non può aumentare durante una trasformazione. Ne consegue che, se l'energia libera è minima, il sistema è in uno stato di equilibrio stabile, infatti, se così non fosse, ogni trasformazione dovrebbe produrre un aumento di energia libera il che sarebbe in contraddizione con la (2.25.8).

Nel caso di sistemi meccanici si ha un equilibrio stabile quando l'energia potenziale è minima. Poiché la condizione per l'equilibrio stabile per un sistema termodinamico, posto in un recipiente rigido, alla temperatura dell'ambiente è che la sua energia libera sia minima, questa energia viene detta *potenziale termodinamico a volume costante*.

Osserviamo che la variazione dell'energia interna cambiata di segno $-\Delta U$ fornisce l'energia totale che sotto forma di calore e lavoro esce dal sistema in una data trasformazione, mentre $-\Delta F$ fornisce il valore massimo dell'energia che può uscire dal sistema sotto forma di lavoro. Quindi:

*l'energia libera rappresenta quella parte di energia interna che è suscettibile di trasformazione in lavoro.*

Molte reazioni chimiche si realizzano a pressione costante liberando calore o assorbendo calore dall'ambiente circostante *(reazioni esotermiche o endotermiche)*, quindi, esse si possono considerare come trasformazioni termodinamiche a pressione costante e pertanto sono di notevole importanza le quantità di calore che vengono scambiate tra il sistema e l'ambiente circostante. Il calcolo di tali quantità di calore risulta semplificato se si introduce una nuova funzione di stato, detta *entalpia*, indicata con la lettera $H$ e definita dalla seguente relazione:

$$(2.25.9) \qquad H = U + PV$$

in cui $U$ è l'energia interna, $P$ la pressione e $V$ il volume. Nel corso di una trasformazione termodinamica a pressione costante, la variazione di entalpia è data dalla seguente relazione:

$$(2.25.10) \qquad \Delta H = \Delta U + P\Delta V$$

in cui osservando che per il primo principio della termodinamica è: $\Delta U = \Delta Q - P\Delta V$ si ottiene:

$$(2.25.11) \qquad \Delta H = \Delta Q$$

da cui segue che la quantità di calore che il sistema cede ( o assorbe ) nel corso di una trasformazione a pressione costante è uguale alla diminuzione ( o aumento ) di entalpia.

## 2.26  ENERGIA ED INFORMAZIONE

Per acquisire conoscenza ci vuole energia, per stimare l'energia ci vuole conoscenza. La ricerca di relazioni quantitative tra l'energia e l'informazione risale al 1948 col famoso articolo di Claude E. Shannon: The Mathematical Theory of Comunication.

È noto che qualsiasi strumento di misura inserito in un sistema per acquisire informazione necessita di energia per il suo funzionamento. La teoria degli strumenti di misura fornisce una spiegazione del perché è necessaria un'energia per acquisire informazione, così la teoria matematica dell'informazione fornisce una spiegazione del perché è necessaria l'informazione per le trasformazioni di energia.

Nella teoria dell'informazione uno *stato di conoscenza* viene codificato con un'assegnazione di probabilità. La completa conoscenza di un argomento si ottiene quando è possibile assegnare una probabilità $p = 0$ a tutte le possibili soluzioni di un problema tranne una, a cui se fosse possibile assegnare una probabilità $p = 1$ non avremmo nulla da imparare sull'argomento. Ne consegue che possiamo definire l'informazione come qualsiasi cosa in grado di fornire una correzione ad un'assegnazione di probabilità. Per esempio: supponiamo di aver inquadrato un problema $Q$: *(quale numero uscirà sulla roulette?)* e di essere incerti sulla sua soluzione: *(le possibili risposte sono tutti i numeri della roulette)* quindi l'incertezza risiede nella scelta del numero. Così se $X$ rappresenta l'intera conoscenza che abbiamo di $Q$ *(tutta la nostra conoscenza sulla roulette, sul casinò sul comportamento del personale, se vi sono persone poco raccomandabili, tavoli truccati ecc.)* possiamo assegnare una probabilità ad ogni evento possibile *(uscita del numero)*. Assegnare la probabilità $p = 0$ ad un evento significa che quel evento è impossibile e non si può verificare, assegnare la probabilità $p = 1$ significa che quel evento è certo. Diversamente, se la conoscenza di $X$ è di natura particolare, si assegnerà una probabilità compresa tra zero e uno: $0 < p < 1$ a tutti gli eventi.

Definiamo *incertezza* su $Q$ o anche *entropia* la quantità $S\left(\dfrac{Q}{X}\right)$ data dalla seguente equazione *(entropia di Shannon)*:

$$(2.26.1) \qquad S\left(\frac{Q}{X}\right) = -K\sum_i p_i \lg_2 p_i$$

in cui $k$ è un fattore arbitrario di scala scelto per modo che risulti $K = \dfrac{1}{\lg_2 2}$. Con questa scelta l'unità di misura dell'entropia risulta essere il *bit di informazione*.

Supponiamo che non abbiamo conoscenze sufficienti per poter prevedere una soluzione del problema $Q$, ciò significa che abbiamo uno stato di minima conoscenza $X_0$ allora la sua entropia è $S_0$. Un messaggio sul problema fornisce un nuovo stato di conoscenza $X$ e ciò implica l'assegnazione di una nuova distribuzione di probabilità che fornisce un nuovo valore di entropia $S$. Pertanto definiamo *informazione* $I$ la seguente espressione:

$$(2.26.2) \qquad I = S\left(\frac{Q}{X}\right) - S_0\left(\frac{Q}{X_0}\right)$$

da cui segue che il contenuto di informazione del messaggio è una misura della variazione di conoscenza dell'osservatore.

Osserviamo che in termodinamica l'entropia è stata definita da Rudolf Clausius nel 1864 in termini di una trasformazione che accompagna sempre la conversione di energia termica in energia meccanica. Secondo la formula di Clausius quando un sistema passa da uno stato descritto da $X_0$ a uno stato descritto da $X$ la variazione di entropia viene calcolata dividendo ciascun incremento reversibile di calore acquistato per la temperatura assoluta alla quale avviene l'acquisto di calore e sommando i rapporti di tutta la trasformazione dallo stato $X_0$ allo stato $X$ :

$$(2.26.3) \qquad \Delta S = \int_{X_0}^{X} \frac{dQ}{T}$$

Osserviamo anche che quando un sistema subisce una trasformazione irreversibile passa da uno stato macroscopico con un numero minore di stati microscopici ad uno stato macroscopico con un numero maggiore di stati microscopici: ovvero passa da uno stato più ordinato e più ricco di informazioni ad uno stato meno ordinato e meno ricco di informazioni. In tal caso sappiamo che l'entropia viene espressa con l'equazione di Boltzmann. Pertanto, il più semplice sistema termodinamico al quale possiamo applicare l'equazione di Shannon è la singola molecola che abbia una uguale probabilità di trovarsi in uno dei due stati possibili. In questo caso sia la probabilità $p_1$ che la probabilità $p_2$ valgono $\frac{1}{2}$, pertanto posto $K = kN$ nell'equazione (2.26.1) dove $N$ rappresenta il numero di molecole del sistema e $k = 1.38 \cdot 10^{-23} \frac{joule}{K}$ la costante di Boltzmann, l'equazione (2.26.1) diventa:

$$(2.26.4) \qquad S = k \lg_2 2$$

*L'eliminazione di tale incertezza corrisponde ad un bit di informazione perciò uguale a :*

$$(2.26.5) \quad k \lg_2 2 \simeq 10^{-23} \frac{joule}{K}$$

Questo numero è molto importante perché rappresenta la più piccola variazione termodinamica di entropia che possa essere associata a una misura che fornisce un bit di informazione.

## 2.27 RENDIMENTO EXERGETICO DI UN SISTEMA TERMODINAMICO

Nel paragrafo (2.15) abbiamo introdotto il concetto di *exergia;* tale grandezza ci consente di eseguire il confronto tra le diverse forme di energia sulla base della loro convertibilità in lavoro meccanico e, di conseguenza, di definire i rendimenti "exergetici" capaci di evidenziare le perdite di convertibilità delle energie in gioco. Così, per esempio, se consideriamo una stessa quantità di energia $E$ nella "forma elettrica" e nella "forma di acqua calda", esse possiedono un livello di qualità molto diverso. Infatti, mentre è possibile, in linea teorica, convertire tutta la quantità $E$ di energia dalla "forma elettrica" in lavoro meccanico non è possibile convertire tutta la quantità $E$ di energia dalla "forma di acqua calda" in lavoro meccanico in quanto da essa può essere estratta solo la quantità:

$$(2.27.1) \quad W_{max} = E \frac{T_c - T_f}{T_c}$$

Quindi l'exergia, intesa come *lavoro reversibile equivalente*, oltre a fornire una misura del lavoro utile esprime anche una *qualità* delle interazioni energetiche tra più sistemi o tra un sistema e l'ambiente che lo circonda. Pertanto possiamo affermare quanto segue:

*L'exergia è il massimo lavoro utile che si possa estrarre da un sistema quando esso è portato all'equilibrio con l'ambiente circostante attraverso una serie di processi reversibili.*

Osserviamo che, essendo l'exergia equivalente al lavoro meccanico, i trasferimenti di exergia possono essere specificati in direzione e modulo grazie al trasferimento di lavoro al quale corrispondono *(trasferimenti di exergia da lavoro)*. L'exergia da lavoro è data dalla seguente relazione:

$$(2.27.2) \qquad E_{xw} = W - P\Delta V$$

Se l'exergia $E_x$ è associata ad un flusso termico $Q$ la sua espressione è:

$$(2.27.3) \qquad E_{xq} = Q\left(1 - \frac{T_f}{T_c}\right)$$

essa rappresenta il trasferimento di exergia associata al trasferimento di calore quando la temperatura della superficie attraverso la quale avviene lo scambio termico è $T_c$.

Nel caso di un flusso di massa che varia la sua energia cinetica non si ha alcuna produzione di entropia quindi, trascurando gli effetti secondari delle forze di attrito, l'energia cinetica può essere convertita interamente in lavoro meccanico. Pertanto l'exergia è data dalla seguente relazione:

$$(2.27.4) \qquad E_{xcin} = \frac{1}{2}mv^2$$

Anche nel caso dell'energia potenziale, trascurando gli effetti secondari delle forze di attrito, si ottiene la completa convertibilità in lavoro meccanico. Pertanto l'exergia è data dalla seguente relazione:

$$(2.27.4) \qquad E_{xpot} = mgh$$

In un processo termodinamico conviene precisare la differenza esistente tra *exergia distrutta* ed *exergia persa:*

- *L'exergia persa* contiene tutti i flussi energetici uscenti dal sistema che non hanno effetti utili e che possono essere recuperati.

- *L'exergia distrutta* è la somma di tutte le energie legate ai processi di irreversibilità che si sviluppano in seno al sistema e pertanto non più recuperabili.

Osserviamo che nelle applicazioni pratiche si tende a unire il contributo *dell'exergia persa* con quello *dell'exergia distrutta* giustificando tale fatto nell'estensione del contorno del sistema fino all'inclusione delle irreversibilità esterne che annullano i contributi di exergia persa. Pertanto se i flussi di exergia che escono dal sistema hanno una possibile utilità vengono considerati come uscite desiderate, in caso contrario vengono inclusi nel termine exergia distrutta. Pertanto per un sistema fisico operante in regime stazionario si può scrivere la seguente equazione:

$$(2.27.5) \quad \sum E_{x+}^{ingressi\ necessari} = \sum E_{x-}^{uscite\ desiderate} + \sum E_x^{exergia\ distrutta}$$

da cui segue naturalmente la definizione di *rendimento exergetico di finalità* o semplicemente *rendimento exergetico* come:

$$(2.27.6) \quad \eta_{ex} = \frac{\sum E_{x-}}{\sum E_{x+}} = \frac{\sum E_{x+}^{ingressi\ necessari} - \sum E_{x-}^{uscite\ desiderate}}{\sum E_{x+}} = 1 - \frac{\sum E_x^{exergia\ distrutta}}{\sum E_{x+}}$$

Il complemento all'unità del rendimento exergetico è detto *difetto di efficienza* o *inefficienza exergetica* e viene di solito indicato con il simbolo: $\delta_{ex}$. Pertanto possiamo scrivere:

$$(2.27.7) \quad \delta_{ex} = \frac{\sum E_x^{exergia\ distrutta}}{\sum E_{x+}}$$

Tenendo conto dell'equazione (2.27.7) l'equazione (2.27.6) può anche scriversi nel modo seguente:

$$(2.27.8) \quad \eta_{ex} = 1 - \delta_{ex}$$

## 2.28 FORME DI ENERGIA E SUA DEGRADAZIONE

Finora abbiamo introdotto due forme di energia: l'energia meccanica e l'energia termica  sulle quali possiamo osservare che è possibile trasformare tutta l'energia meccanica che si ha a disposizione in energia termica ma non è possibile trasformare tutta l'energia termica che si ha a disposizione in energia meccanica. Il secondo principio della termodinamica vieta, nel modo più assoluto, questa possibilità.

Nelle trasformazioni di energia dall'una all'tra forma c'è sempre una parte di energia che viene rilasciata nell'ambiente sotto forma di energia termica (*dissipazione di energia*) che va ad aumentare l'entropia dell'Universo. L'energia termica è ritenuta una forma di energia degradata nel senso che al passare del tempo tutta l'energia tende a passare nella forma termica (*morte termica dell'Universo*).

L'uso dell'energia nella forma termica per produrre lavoro pone l'attenzione sull'energia nella forma chimica che è quella che si ottiene dalle reazioni chimiche tra le quali risulta fondamentale la *reazione esotermica della combustione* che produce energia termica.

Accanto a queste forme di energia che vengono direttamente utilizzate dall'uomo va considerata un'altra forma di energia, estremamente importante, l'energia elettrica: essa è una forma di energia molto flessibile nel senso che può essere facilmente trasportata da un luogo all'altro. Questa sua caratteristica ha reso possibile il progresso di molti settori della produzione e dei servizi: dall'illuminazione delle case e dei luoghi pubblici ai trasporti per ferrovia, dall'industria chimica a quella metallurgica. Ha reso possibile a molti paesi privi di combustibili fossili ma ricchi di energia idraulica, tra cui l'Italia, di inserirsi alla grande nel panorama dello sviluppo industriale.

Osserviamo che tutto quanto abbiamo finora considerato sull'energia rientra nell'ambito della fisica classica. Considerando la teoria della relatività ristretta, pubblicata da Einstein nel 1905, l'equazione $E = mc^2$ afferma che l'energia e la massa sono equivalenti e risultano tra loro proporzionali secondo una costante di proporzionalità pari al quadrato della velocità della luce nel vuoto. Questa relazione è alla base delle reazioni nucleari per fissione (*rottura di nuclei di elementi pesanti come uranio e torio)* e per fusione *(unione di nuclei di elementi leggeri come idrogeno ed elio)*.

L'energia liberata nelle reazioni nucleari si chiama *energia nucleare*. Per gli usi industriali può solo utilizzarsi l'energia che si ottiene per fissione di nuclei di elementi pesanti perché quella per fusione di nuclei di elementi leggeri la si può ottenere solo in forma esplosiva.

IL Sole produce energia per fusione di nuclei di elementi leggeri regolata dall'equazione di Einstein: $E = mc^2$. Questa energia viene irradiata nello spazio, giunge sulla Terra dove viene immagazzinata, attraverso processi biochimici, dalla legna, dal carbone e dagli idrocarburi *(energia chimica)*.

Queste forme di energia hanno tutte la stessa origine: il *Sole* che, per i nostri fini pratici, con la materia costituente la crosta terrestre e lunare può essere considerato come la fonte primaria di energia:

I processi di conversione dell'energia solare sono riconducibili ai fenomeni di fusione nucleare che avvengono nel Sole.

I processi di tipo gravitazionale sono riconducibili rispettivamente:

- *all'attrazione esercitata dalla massa della Terra sulla massa delle acque che si trovano ad un livello superiore al livello del mare*

- *all'attrazione esercitata dalla massa della Luna sulla acque del mare nel caso delle maree*

- *alla degassazione delle masse magmatiche giacenti al di sotto della crosta terrestre*

Per quanto riguarda la posizione delle acque al di sopra del livello del mare, osserviamo che l'irradiazione solare produce l'evaporazione delle acque del mare dei fiumi e dei laghi. Questo vapore entra nell'atmosfera e genera la pioggia che posiziona grandi masse d'acqua in zone montuose conferendo alle stesse energia di posizione sfruttabile per la produzione di energia elettrica *(centrale idroelettrica)*.

L'irradiazione solare produce anche squilibri termici nell'atmosfera che generano spostamento di grandi masse d'aria *(vento)* che possono essere utilizzate sia per produrre energia meccanica che energia elettrica.

Sulla base di quanto è stato detto finora possiamo affermare che l'uomo ha sulla Terra le seguenti fonti di energia da poter utilizzare:

1. *l'energia idrica che sfrutta l'energia di posizione delle acque convertendola in energia cinetica*

2. *l'energia eolica che sfrutta lo spostamento delle masse d'aria prodotte dal gradiente termico nell'atmosfera terrestre*

3. *l'energia geotermica ricavabile dai soffioni naturali di vapore prodotti dalle altissime temperature esistenti sotto la crosta terrestre*

4. *l'energia chimica che risulta concentrata in tutte le sostanze fossili e che viene liberata con la reazione di combustione*

5. *l'energia nucleare ricavabile dalla fissione di nuclei di elementi pesanti*

Queste forme di energia si possono trasformare tutte in energia meccanica o attraverso una conversione diretta di energia di posizione in energia cinetica, come nel caso dell'energia al punto 1, o attraverso una forma intermedia di energia termica negli altri casi. In ogni caso sono tutte trasformabili in energia elettrica e non bisogna dimenticare il fatto che in tutte queste trasformazioni una parte di energia viene sempre trasformata in energia termica che non può essere riutilizzata per ulteriori trasformazioni. *Questa energia dissipata va ad aumentare l'entropia dell'Universo.*

Le diverse forme di energia possono essere ordinate sulla base dell'entropia a loro associata, ponendo al primo posto l'energia che ha la minore entropia associata.

Un'energia che si degrada passa da un livello di entropia minore ad un livello di entropia maggiore, ovvero passa da un grado superiore a uno inferiore. Essa non può mai più ritornare ai livelli di partenza: *il flusso dell'energia nell'Universo è tale che l'entropia aumenta.*

L'energia *gravitazionale* è predominante nell'Universo ed è di grado superiore, non ha entropia ed occupa il primo posto nella graduatoria di merito. Pertanto una centrale idroelettrica in cui l'energia gravitazionale dell'acqua viene convertita in energia elettrica può avere un rendimento molto vicino al 100% , diversamente nessuna centrale chimica o nucleare può avvicinarsi a questi rendimenti.

| FORMA DI ENERGIA | ENTROPIA PER UNITA' DI ENERGIA |
| --- | --- |
| energia gravitazionale | 0 |
| energia rotazionale | 0 |
| energia di moto orbitale | 0 |
| energia di reazioni nucleari | $10^{-4}$ |
| energia termica interna delle stelle | $10^{-3}$ |
| energia luminosa solare | 1 |
| energia di reazioni chimiche | $1 \div 10$ |
| energia termica dissipata dalla terra | $10 \div 100$ |
| energia della radiazione cosmica di fondo | $10^{4}$ |

## 2.29  FONTI PRIMARIE DI ENERGIA

*Una fonte di energia è una risorsa energetica dalla quale è possibile estrarre energia per produrre lavoro, calore o elettricità.*

L'uomo ha sulla Terra le seguenti fonti di energia da poter utilizzare:

- L'energia idrica che sfrutta l'energia di posizione delle acque convertendola in energia cinetica

- L'energia eolica che sfrutta lo spostamento delle masse d'aria prodotte dal gradiente termico nell'atmosfera terrestre

- L'energia geotermica ricavabile dai soffioni naturali di vapore prodotti dalle altissime temperature esistenti sotto la crosta terrestre

- L'energia chimica che risulta concentrata in tutte le sostanze fossili e che viene liberata con la reazione di combustione

- L'energia nucleare ricavabile dalla fissione di nuclei di elementi pesanti

Le fonti di energia vengono classificate in primarie e secondarie: le primarie sono quelle che si trovano in natura senza che abbiano subito alcuna trasformazione, le secondarie sono quelle che si ottengono dalle primarie attraverso processi di trasformazione.

Le fonti primarie di energia vengono usualmente raccolte in tre grandi categorie, sulla base del periodo di tempo per il quale possono contribuire al fabbisogno energetico della Terra:

- *energie rinnovabili*

- *energie quasi inesauribili*

- *energie esauribili*

Le *energie rinnovabili* sono tutte quelle che ci arrivano dal Sole in modo diretto o indiretto. La potenza con cui il Sole irraggia sulla Terra, sotto forma di onde elettromagnetiche, ad una distanza media di $150$ milioni di chilometri, è di $1350 \dfrac{Watt}{m^2}$ *(costante solare)*. Moltiplicando questo valore per la sezione mediana della Terra otteniamo l'energia solare intercettata dalla Terra:

$$1350\frac{Watt}{m^2} \cdot \pi R^2 = 1350\frac{Watt}{m^2} \cdot 3.14 \cdot \left(6.3 \cdot 10^6\, m\right)^2 =$$

$$= 1.700 \cdot 10^{17} Watt \;\left(con\; R = raggio\; della\; Terra\right)$$

Confrontando quest'energia con quella che l'uomo produce da fonti non rinnovabili, il cui ordine di grandezza è: $\approx 10^{13} Watt$, si vede essa è circa $17000$ volte più grande.

L'energia solare intercettata sulla Terra non può essere raccolta tutta a livello del suolo, vedi la seguente tabella:

| potenza in arrivo sulla terra | $1.700 \cdot 10^{17} Watt$ |
|---|---|
| potenza riflessa prima di giungere sulla superficie terrestre | $0.400 \cdot 10^{17} Watt$ |

| potenza in arrivo sulla superficie terrestre | $1.300 \cdot 10^{17} Watt$ |
|---|---|
| Tabella (2.29.1) | |

*Dalla potenza in arrivo sulla superficie terrestre si ottiene (vedi la tabella (2.29.2))*

| conversione diretta in calore | $0.918 \cdot 10^{17} Watt$ |
|---|---|
| evaporazione, pioggia, neve, ecc. | $0.391 \cdot 10^{17} Watt$ |
| tutto ciò che resta | $0.001 \cdot 10^{17} Watt$ |
| Tabella (2.29.2) | |

*All'energia che giunge sulla superficie terrestre bisogna aggiungere altri due contributi (vedi la tabella (2.29.3))*

| energia gravitazionale lunare che dà luogo alle maree | $3 \cdot 10^{12} Watt$ |
|---|---|
| energia dei soffioni proveniente dal centro della terra | $3.20 \cdot 10^{13} Watt$ |
| Tabella (2.29.3) | |

Osserviamo che l'energia del Sole che arriva sulla superficie della Terra non viene accumulata nel suolo perché, se così fosse, la temperatura della Terra, potendo crescere di un millesimo di grado all'anno, sarebbe tale da non consentire la vita. Infatti la Terra è in equilibrio termico con il Sole e irraggia energia nello spazio come corpo nero alla temperatura di $288 K$ *(vedi paragrafo(3.5) del terzo capitolo)*.

Sono definite energie *quasi inesauribili* quelle fonti primarie di energia la cui durata, rispetto agli attuali consumi, si misura in tempi dell'ordine delle decine di migliaia di anni. Esse sono di origine extrasolare e si possono raggruppare in:

- *energia geotermica*

- *energia nucleare da fissione*

- *energia nucleare da fusione*

L'*energia geotermica* consiste nel calore proveniente dall'interno della Terra, esso è pari a $3.20 \cdot 10^{13} Watt$ ( circa $\dfrac{1}{15} \dfrac{Watt}{m^2}$ ). A questo calore è associato un gradiente termico di $\dfrac{3K}{100m}$ quindi, alla profondità di $10000m$, la temperatura è $\dfrac{3K}{100m} \cdot 10000m = 300K$ superiore alla temperatura di superficie.

Osserviamo che in alcuni punti della crosta terrestre esistono degli addensamenti verso la superficie terrestre dove si riscontrano giacimenti di acque calde e pressurizzate, o caverne a vapore dominante. Questi punti anomali sono delle vere e proprie fonti perenni di energia termica che possono essere sfruttate per produrre energia elettrica. Più complicato risulta invece lo sfruttamento dell'energia geotermica imprigionata nelle rocce calde e secche. La penetrazione e la frantumazione di queste rocce, al fine di immettere in esse acqua fredda che vaporizzi al loro contatto asportando calore, è fattibile sul piano tecnico ma sembra inaccettabile su quello economico.

*L'energia nucleare si ricava sia dalla fissione del nucleo di un atomo di uranio provocata da un urto neutronico, sia dalla fusione di due atomi leggeri come l'idrogeno.*

I costituenti fondamentali dell'atono sono: i protoni, i neutroni e gli elettroni. I protoni e i neutroni hanno una massa quasi uguale, espresse in unità di massa atomica $(uma)$, sono rispettivamente: $1.007593\ uma$ - $1.008982\ uma$ mentre gli elettroni hanno una massa molto più piccola pari a $\dfrac{1}{1840}$ della massa di un nucleone *(protone o neutrone)*. I protoni e i neutroni sono confinati in una zona centrale dell'atomo detta *nucleo* e gli elettroni si muovono orbitalmente intorno al nucleo. Dal punto di vista elettrico i neutroni sono privi di carica, i protoni hanno carica positiva e gli elettroni, che sono numericamente uguali al numero di protoni, hanno carica negativa per modo che l'atomo risulta elettricamente neutro. L'atomo più semplice è quello di idrogeno costituito da un solo protone e da un solo elettrone, questa forma, detta *prozio*, è quella più presente in natura. Una forma più rara, chiamata *deuterio* o *idrogeno pesante*, possiede anche un neutrone, ancora una terza forma rara, chiamata *trizio*, possiede due neutroni. Quindi, in natura, abbiamo tre forme di idrogeno che differiscono tra loro solo per il numero di neutroni. Per descrivere il nucleo di un atomo in base al numero di protoni e neutroni si usa il termine *nuclide*. Due nuclidi che hanno lo stesso numero di protoni e diverso numero di neutroni sono detti *isotopi*. Il numero dei protoni si dice *numero atomico* e viene indicato con il simbolo $Z$ mentre il numero di neutroni viene indicato con il simbolo $N$. Un nuclide viene identificato attraverso la formula: ${}_Z^A X_N$ in cui $A$ indica il numero di massa dato dalla somma del numero atomico e del numero di neutroni: $A = Z + N$, per esempio il nuclide del trizio è: ${}_1^3 H_2$, quello del deuterio è: ${}_1^2 H_1$ e quello del prozio è: ${}_1^1 H_0$. I nuclidi che contengono un insieme instabile di protoni e neutroni si disintegrano spontaneamente e si dicono *radioattivi* perché emettono radiazioni. La radioattività fu scoperta nel 1896 dal francese Henri Becquerel, essa consiste nell'emissione di particelle $\alpha$, $\beta$, e $\gamma$. Le particelle $\alpha$ sono nuclei di atomi di elio costituiti da due protoni e due neutroni e hanno, quindi, carica elettrica positiva; esse sono usualmente emesse da nuclei di atomi pesanti ed il nuclide emittente viene trasmutato in un altro nuclide con numero di massa $A$ minore di quattro unità e numero atomico $Z$ minore di due unità. Per esempio la disintegrazione $\alpha$ dell'uranio ${}_{92}^{238} U_{146}$ fornisce il torio ${}_{90}^{234} Th_{144}$:

$$(2.29.1) \qquad {}_{92}^{238}U \to {}_2^4 He + {}_{90}^{234} Th \qquad \text{oppure} \qquad {}_{92}^{238}U \xrightarrow{\;\alpha\;} {}_{90}^{234} Th$$

Per quanto riguarda le particelle $\beta$ osserviamo che sono di due tipi: elettroni e positroni. Gli elettroni sono particelle con carica elettrica negativa: $\beta^-$ e vengono prodotte quando un neutrone si trasforma in protone. Il nuclide in cui questo avviene si trasforma in nuclide di massa identica ma di numero atomico maggiore di una unità. Per esempio il trizio $_1^3 H$ emette particelle $\beta^-$ dal suo nucleo e si trasforma in un isotopo dell'elio $_2^3 He$ secondo la reazione seguente:

$$(2.29.2) \qquad _1^3 H \rightarrow \beta^- + _2^3 He \qquad \text{oppure} \qquad _1^3 H \xrightarrow{\ \beta^-\ } _2^3 He$$

I positroni sono particelle con cariche elettriche positive: $\beta^+$ aventi la stessa massa dell'elettrone e vengono prodotte quando un protone si trasforma in un neutrone. Il nuclide in cui questo avviene si trasforma in un nuclide con lo stesso numero di massa ma con un numero atomico minore di una unità. Per esempio l'isotopo del fosforo $_{15}^{30} P$ emette un positrone $\beta^+$ e si trasforma in un isotopo del silicio $_{14}^{30} Si$ secondo la reazione seguente:

$$(2.29.3) \qquad _{15}^{30} P \rightarrow \beta^+ + _{14}^{30} Si \qquad \text{oppure} \qquad _{15}^{30} P \xrightarrow{\ \beta^+\ } _{14}^{30} Si$$

Osserviamo che vi sono casi in cui si hanno sia emissione di elettroni che di positroni come, per esempio, nel caso del nuclide del rame $_{29}^{64} Cu$ che si trova fra due nuclidi stabili del rame: $_{29}^{63} Cu$ e $_{29}^{65} Cu$. Questo nuclide decade secondo la reazione seguente:

$$(2.29.4) \qquad _{29}^{64} Cu \rightarrow \beta^+ + _{28}^{64} Ni \qquad \text{e} \qquad _{29}^{64} Cu \rightarrow \beta^- + _{30}^{64} Zn$$

Osserviamo ancora che in questa reazione non viene prodotto né il rame $_{29}^{63} Cu$ né il rame $_{29}^{65} Cu$ in quanto ciò che cambia è il numero atomico e non il numero di massa.

Un nuclide che emette una particella $\alpha$ o $\beta$ dà luogo ad un nuclide che si trova in uno stato eccitato e pertanto esso emette raggi gamma per diseccitarsi e raggiungere uno stato di minima energia. Per esempio nella seguente reazione:

$$(2.29.5) \qquad {}^{60}_{27}Co \xrightarrow{\;\beta^+\;} {}^{60}_{26} Ni$$

il nuclide ${}^{60}_{26} Ni$ si trova in uno stato eccitato ed emetterà raggi gamma per diseccitarsi.

Per descrivere come un materiale radioattivo perde la sua radioattività si calcola il *periodo di dimezzamento*, cioè il tempo necessario al nuclide affinché la sua radioattività diventi la metà del suo valore originario.

La massa di un nuclide è data dalla somma della massa dei protoni e dei neutroni, per esempio nel caso del nucleo dell'atomo di deuterio *(deutone)* il suo nuclide ha una massa pari a:

$$(2.29.6) \qquad \underbrace{1.007593 uma}_{massa\;protone} + \underbrace{1.008982 uma}_{massa\;neutrone} = \underbrace{2.016575 uma}_{massa\;deutone}$$

Questi valori sono espressi in unità di massa atomica e volendoli esprimere nell'unità di misura del S.I. dobbiamo osservare che l'unità di massa atomica è definita come la dodicesima parte della massa dell'atomo di carbonio ${}^{12}_{6}C$ la cui massa espressa in chilogrammi è: $1.992648 \cdot 10^{-26} kg$. Calcolando la dodicesima parte di questo valore otteniamo la relazione tra l'unità di massa atomica e l'unità di massa del S.I.

$$(2.29.7) \qquad 1\;uma = \frac{1}{12} 1.992648 \cdot 10^{-26} kg = 1.66054 \cdot 10^{-27} kg \Rightarrow$$

$$1\;uma = 1.66054 \cdot 10^{-27} kg$$

D'altro canto quando un protone e un neutrone formano un deutone la massa a cui danno luogo è pari a: $2.014194\;uma$ diversa da quella calcolata nell'equazione (2.29.6). La differenza:

$$(2.29.8)\;\Delta m = 2.016575\;uma - 2.014194\;uma = 0.002381\;uma$$

si chiama *difetto di massa* che utilizzata nell'equazione di Einstein: $E = \Delta m c^2$ consente di calcolare *l'energia di legame*, cioè l'energia necessaria per disintegrare il nuclide.

Volendo eseguire questo calcolo per il deuterio esprimiamo dapprima tutto in unità di misura coerenti del Sistema Internazionale quindi, procedendo in questo ordine di idee, otteniamo:

$$\Delta m = 0.002381 \; uma = 0.002381 uma \cdot 1.66054 \cdot 10^{-27} \; \frac{kg}{uma} =$$

$$= 0.003954 \cdot 10^{-27} kg$$

$(2.29.9)$

$$c = 3 \cdot 10^8 \; \frac{m}{s} \Rightarrow c^2 = 9 \cdot 10^{16} \; \frac{m^2}{s^2}$$

Usando questi valori nell'equazione di Einstein otteniamo il seguente risultato:

$(2.29.10)$   $$E = 0.003954 \cdot 10^{-27} kg \cdot 9 \cdot 10^{16} \; \frac{m^2}{s^2} =$$

$$= 0.035586 \cdot 10^{-11} Joule = 3.5586 \cdot 10^{-13} Joule$$

che esprime l'energia di legame del deutone.

Una unità di misura per l'energia molto utilizzata in fisica nucleare è l'elettronvolt ($eV$) definita attraverso l'equazione: $E = e\Delta V$ in cui $e$ esprime la carica elettrica dell'elettrone e $\Delta V$ la differenza di potenziale elettrico. Segue che $1 eV = 1.6 \cdot 10^{-19} Joule$ e pertanto il valore dell'energia espresso nell'equazione (2.1.10) ha il seguente valore espresso in elettronvolt:

$(2.29.11)$ $$\frac{1 eV}{1.6 \cdot 10^{-19} Joule} \cdot 3.5586 \cdot 10^{-13} Joule = 2.224125 \cdot 10^6 eV =$$

$$= 2.224125 MeV$$

Dividendo l'energia di legame per il numero di nucleoni si osserva che essa varia con il numero di massa dei nuclidi *(vedi la figura (2.29.1)*

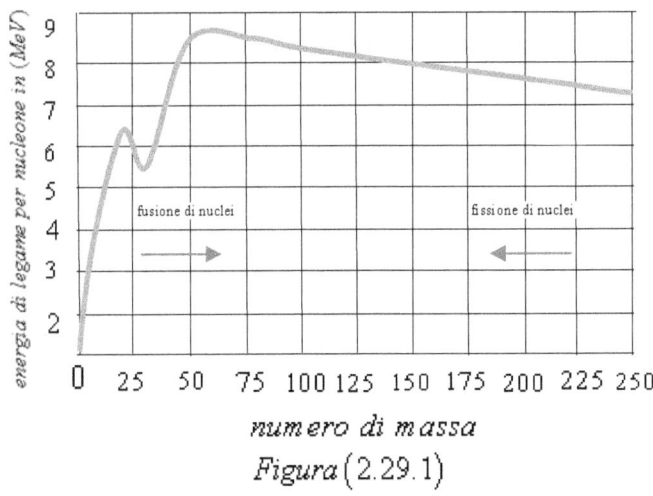

*numero di massa*

*Figura* $(2.29.1)$

Le energie di legame per nucleone dei nuclei leggeri mostrano un andamento crescente fino ad un valore massimo di $8.7\,MeV$ per nuclidi con $50$ o $60$ nucleoni *(ferro e nichel)* e quindi scendono generalmente fino a $7.5\,MeV$ per *l'uranio*. Dalla curva della figura $(2.29.1)$ si capisce anche perché ci sono due modi per ottenere energia da un nucleo atomico: fondere due nuclei leggeri *(reazione di fusione nucleare)*, scindere nuclei pesanti *(reazione di fissione nucleare)*.

Facendo urtare un nucleo di uranio $235$ con un neutrone il nucleo di uranio si divide in due nuclei di peso atomico più piccolo e si libera una quantità di energia pari a circa $200\,MeV$. Questa reazione di fissione nucleare non avrebbe avuta alcuna importanza se non fosse stato per il fatto che oltre a liberare questa quantità di energia vengono liberati anche altri neutroni che si comportano come ulteriori proiettili provocando una *reazione a catena* che si autosostenta. Poiché i processi di fissione avvengono in tempi molto brevi *(meno di un milionesimo di secondo)* si possono ottenere rapidamente enormi quantità di energia. Per esempio se si fissionassero tutti i nuclei di $1\,kg$ di uranio $235$, l'energia liberata sarebbe equivalente a quella ottenuta bruciando $6$ milioni di tonnellate di carbone.

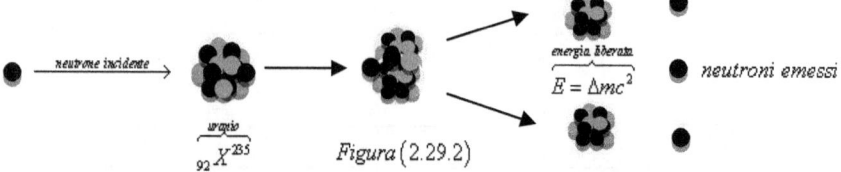

neutrone incidente

urario
$_{92}X^{235}$

energia liberata
$E = \Delta mc^2$

neutroni emessi

*Figura* (2.29.2)

Quando un nucleo cattura un neutrone si ottiene un nucleo composto eccitato la cui energia di eccitazione è uguale all'energia di legame del neutrone nel nucleo composto più l'energia cinetica del neutrone prima della cattura. Se l'energia di eccitazione del nucleo è sufficientemente alta allora il nucleo vibrerà prima di spezzarsi finché si spezza *(fissione del nucleo)*, diversamente il nucleo perde energia per decadimento radioattivo. Il fatto che la fissione del nucleo avvenga o meno dipende dal fatto che l'energia di eccitazione sia maggiore o minore dell'energia di legame del neutrone nel nucleo composto. Nel caso sia minore, il nucleo può essere scisso da un neutrone lento, avente un'energia cinetica trascurabile. Tra tutti i nuclidi naturali solo l'uranio $235$ e alcuni nuclidi artificiali, come l'uranio $233$ e il plutonio $239$, possono essere scissi da neutroni lenti *(detti anche neutroni termici)*. Questi nuclidi vengono indicati anche come **nuclidi fissili** e sono quelli che vengono utilizzati nei reattori nucleari per la produzione di energia elettrica.

*Un reattore nucleare è costituito dai seguenti elementi fondamentali: combustibili nucleari, sistemi di controllo, refrigerante e, nella maggior parte dei casi, di un moderatore.*

Un neutrone prodotto in una reazione nucleare poiché ha una velocità di $10^4 \dfrac{km}{s}$ risulta poco favorevole per produrre una fissione del nucleo di uranio $235$. Infatti, nell'uranio naturale è presente un atomo di uranio $235$ per ogni $140$ atomi di uranio $238$, di conseguenza per realizzare una reazione di fissione in un reattore nucleare o si aumenta il numero degli atomi fissili o si rallentano i neutroni per modo che aumenti la probabilità di realizzare la fissione. Per rallentare i neutroni si utilizza un *moderatore* che ha la proprietà di rallentare ma non di assorbire i neutroni. Un buon moderatore è composto da atomi leggeri come, per esempio: l'idrogeno *(nell'acqua)*, il deuterio *(nell'acqua pesante)* e il carbonio *(nella grafite)*. I reattori che utilizzano questi moderatori sono detti *reattori termici*, mentre i reattori che utilizzano i neutroni veloci sono detti *reattori veloci.* In questi ultimi viene utilizzato un combustibile nucleare in cui è stata aumentata la presenza di materiale fissile con l'aggiunta di plutonio 239 o uranio 235. Osserviamo che sia nei reattori termici che nei reattori veloci il numero di neutroni che mantiene la reazione deve essere mantenuto ad un giusto valore attraverso materiali assorbenti come il *cadmio, l'afnio e il boro* sotto forme di barre che, calate nel reattore, assorbono neutroni e rallentano la reazione, potendola anche spegnere; diversamente, sollevando le barre la reazione accelera e se fissate, l'energia viene prodotta con ritmo costante.

La reazione di fissione in un reattore nucleare fornisce energia, soprattutto, sotto forma di calore che bisogna asportarlo dal nocciolo del reattore con un refrigerante e trasferirlo ad una caldaia che generi vapore. Il refrigerante deve essere non corrosivo e non deve assorbire i neutroni, quelli che vengono usati includono i gas come l'anidride carbonica e l'elio, i liquidi come l'acqua, l'acqua pesante, alcuni composti organici e i metalli liquidi come il sodio. Per *proteggere dalle radiazioni* il personale addetto è necessario *schermare il reattore* con uno strato di cemento dallo spessore di qualche metro e munito di uno strato di acciaio. Il requisito fondamentale di un reattore nucleare è quello di avere una massa critica di combustibile *(materiale fissile)* in misura sufficiente e disposto in modo tale da mantenere una reazione a catena, in tal caso il reattore si dice *critico*. Nel seguito sono indicati alcuni tipi di reattori nucleari:

- *Reattore nucleare tipo magnox – è raffreddato a gas e moderato a grafite – combustibile: uranio naturale metallico – refrigerante:* $CO_2$

- *Reattore avanzato raffreddato a gas – combustibile: ossido di uranio leggermente arricchito – moderatore: grafite - refrigerante* $CO_2$

- *Reattore veloce – combustibile: plutonio e uranio – refrigerante: sodio – nessun moderatore*

- *Reattore ad acqua in pressione - combustibile: ossido di uranio arricchito – refrigerante e moderatore: acqua in pressione*

- *Reattore ad acqua bollente - combustibile: ossido di uranio arricchito – moderatore e refrigerante: acqua*

- *Reattore ad acqua pesante del tipo a generazione di vapore - combustibile: ossido di uranio leggermente arricchito – moderatore: acqua pesante – refrigerante: vapore ed acqua*

Consideriamo un reattore nucleare del tipo acqua in pressione e supponiamo che esso sia capace di fornire una potenza di $3 \cdot 10^9 \, Watt$, sapendo che l'energia liberata in una fissione è: $200 Mev = 3.2 \cdot 10^{-11} \, Joule$, possiamo calcolare approssimativamente il numero di fissioni al secondo che avvengono nel reattore. Così facendo otteniamo:

$$(2.29.12) \quad n = \frac{3 \cdot 10^9}{3.2 \cdot 10^{-11}} \frac{Watt}{Joule} \simeq 10^{20} \frac{fissioni}{s}$$

I neutroni che vengono liberati nel corso di una fissione hanno una vita media di circa $2 \cdot 10^{-5} s$ e ciò significa che per ogni $2 \cdot 10^{-5} s$ è necessaria una popolazione di neutroni pari a: $10^{20} \cdot 2 \cdot 10^{-5} = 2 \cdot 10^{15}$ neutroni affinché la reazione si autosostenta. I neutroni in eccesso devono essere eliminati e di questi una parte si autoelimina perché assorbita da materiali strutturali, in parte vengono assorbiti dallo stesso uranio $235$ che però non dà luogo a fissioni e in parte vengono assorbiti dall'uranio $238$ che non è fissile. In quest'ultimo caso si ottiene un esito molto interessante: $_{92}U^{238} + neutrone \rightarrow _{92}U^{239}$ questo elemento è instabile ed ha una vita media di solo 23 minuti, quindi emette raggi $\beta^-$ e dà luogo al neptunio $_{93}Np^{239}$ che è anch'esso instabile con una vita media pari a 2.3 giorni, quindi anche il neptunio emette raggi $\beta^-$ e dà luogo al plutonio $_{94}P_u^{239}$ anch'esso instabile ma con una lunghissima vita media pari a 24000 anni. Il plutonio, essendo dotato di caratteristiche simili all'uranio 235, va classificato come elemento fissile e quindi utilizzato come combustibile nucleare per la reazione di fissione nei reattori nucleari autofertilizzanti di cui un esempio è il reattore Superphenix costruito in Francia e ubicato nei pressi di Lione. Per i reattori autofertilizzanti si può osservare che le risorse di combustibile sono praticamente inesauribili perché l'uranio oltre a potersi estrarre dalle miniere si può anche estrarre dal mare che viene continuamente rifornito dai fiumi. Supposto che il fabbisogno energetico da soddisfare sia di dieci miliardi di tep* per anno(*La tonnellata equivalente di petrolio (tep) è un'unita di misura dell'energia definita come la quantità di energia rilasciata dalla combustione di una tonnellata di petrolio. Poiché questo valore dipende anche dalla qualità del petrolio considerato, è stato fissato, convenzionalmente, dalla IEA (International Energy Agency) in $4.186 \cdot 10^{10}$ Joule ) poiché il rapporto tra i poteri calorifici dell'uranio e del petrolio è 2 milioni a favore dell'uranio, la quantità di uranio per anno richiesta è:

$$\frac{10^{10}}{2 \cdot 10^6 \ tep \ / \ tonn. \ di \ Uranio} \ tep = 5000 \frac{tonn.}{anno} \ di \ Uranio$$

Questa quantità è al di sotto di quella che viene rifornita dai fiumi quindi, questo combustibile si può praticamente ritenere inesauribile.

Considerando invece di sfruttare $\frac{1}{3}$ dell'uranio del mare al ritmo di 30000 tonnellate all'anno, non considerando l'apporto dei fiumi, la risorsa avrebbe la durata di 100000 anni. Un altro aspetto interessante del combustibile nucleare è offerto dal Torio: $^{232}_{90}Th$ che, analogamente all'uranio 238, può essere sottoposto ad un processo di fertilizzazione che dà luogo all'Uranio 233: $_{92}U^{233}$ con caratteristiche simili all'uranio 235 e quindi fissile:

$$^{232}_{90}Th + neutrone \rightarrow ^{233}_{90}Th(instabile) \xrightarrow{\beta^-} ^{233}_{91}P_a(instabile) \xrightarrow{\beta^-} ^{233}_{92}U$$

L'abbondanza del torio sulla Terra è il triplo di quella dell'uranio e il periodo di dimezzamento dell'uranio 233 è 160000 anni.

*Le reazioni di fusione nucleare* costituiscono la fonte di energia di tutte le stelle nell'Universo. Una stella, nel suo stato inziale, è costituita da una nube di idrogeno che si contrae sotto l'azione della sua gravità con conseguente aumento della sua densità, pressione e temperatura. In queste condizioni, aumentano con violenza gli urti fra gli atomi per modo che essi perdono gli elettroni e la materia si porta nello stato di plasma in cui si sviluppano le reazioni di fusione. Le reazioni di fusione nucleare, diversamente dalle reazioni di fissione nucleare, non sono controllabili e pertanto, attualmente, il lavoro  degli studiosi è fortemente orientato ad ottenere una reazione di fusione controllata simulando le condizioni delle stelle, cioè producendo un plasma molto caldo nella miscela di gas reagenti: deuterio e trizio.

Procedendo in quest'ordine di idee, il problema consiste nel costruire un reattore, di tipo industriale, nel quale sia possibile riprodurre, in modo ottimale e sicuro, le condizioni affinché si verifichi la reazione di fusione nella miscela di gas reagenti: deuterio e trizio. Pertanto è necessario chiedersi se l'energia utilizzata per produrre il plasma e per mantenere attiva la reazione sia minore o maggiore dell'energia prodotta dal reattore. La risposta a questa domanda è data dal criterio di Lawson che fornisce la condizione per la quale un plasma deuterio-trizio porti a una produzione netta di energia da fusione:

---

### reazioni di fusione nucleare

Figura (2.29.3)

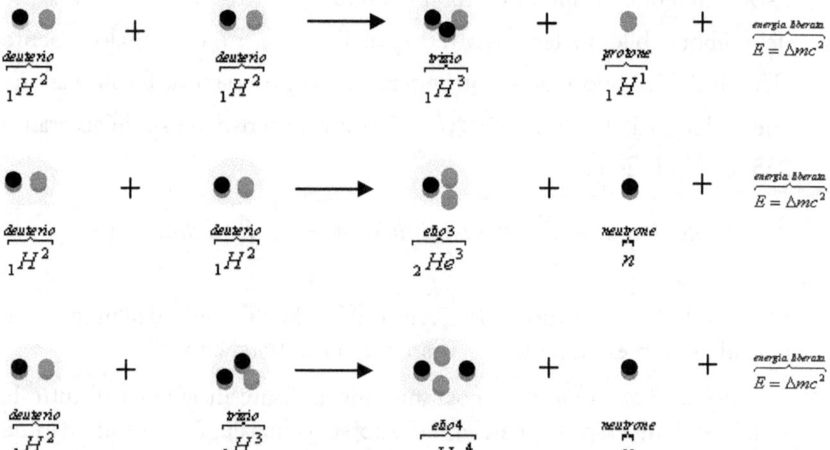

$$nt_e \geq 6 \cdot 10^{-19} \frac{s}{m^3}$$

$(2.29.13)$

$$T_{ionica} \simeq 2.3 \cdot 10^{10} K$$

in cui $n$ esprime la densità dei nuclei di deuterio e trizio, $t_e$ il tempo di confinamento dell'energia, cioè l'intervallo di tempo durante il quale il plasma trattiene l'energia immagazzinata prima di disperderla attraverso uno dei numerosi meccanismi di perdita possibili: conduzione, convezione, emissione di radiazione, ecc. Queste condizioni devono essere verificate contemporaneamente, in particolare la seconda condizione della (2.29.3) significa che ciascuna coppia di nuclei deve possedere mediamente una temperatura di almeno $2.3 \cdot 10^{10} K$ a cui corrisponde un'energia di $20 KeV$. Quest'energia è circa 14 volte inferiore all'energia della barriera del potenziale coulombiano che è pari a $280 KeV$ ciò nonostante, esiste una frazione di nuclei in grado di superare la barriera del potenziale coulombiano con capacità di fondersi. Osserviamo che la presenza di grandissimi valori di temperatura consigliano l'introduzione di una nuova unità di misura per la temperatura: *l'elettronvolt*, già utilizzata come unità di misura per l'energia. Infatti, poiché la temperatura è correlata all'energia cinetica media delle particelle, possiamo scrivere la seguente relazione:

$$(2.29.14) \quad 1 eV = 11605 K$$

Il fatto che in un plasma si raggiungono temperature di centinaia di milioni di gradi può determinare qualche incredulità circa la possibilità di contenimento del plasma, a tal proposito si tenga presente che un plasma, confinato magneticamente e soddisfacente il criterio di Lawson, è generalmente molto rarefatto ed ha una densità di 10000 volte inferiore alla densità dell'aria, ciò significa che, se anche la temperatura è elevatissima, la quantità di calore posseduta dal plasma è piccola. Quindi il criterio di Lawson non è impossibile da realizzare, anche se alte temperature richiedono comunque dei materiali adeguati e metodi complessi di confinamento. Per produrre un plasma in laboratorio sono imposte due condizioni di lavoro:

- *fornire l'energia disponibile soltanto a piccole quantità di materia*

- *realizzare un sufficiente isolamento termico tra la materia energizzata e il suo contenitore sia per non disperdere sul contenitore l'energia fornita, sia per non danneggiare il contenitore con densità di energia così elevate.*

Per non disperdere energia è necessario che il plasma non vada a contatto con il recipiente, cioè che venga *confinato*. Il confinamento del plasma in una stella è assicurato dalla **gravità** che è del tutto trascurabile per un plasma da laboratorio, data l'esigua quantità di materia presente. In alternativa al confinamento gravitazionale si stanno studiando due tipi di confinamento: il *confinamento inerziale* ed il *confinamento magnetico*. I plasmi a confinamento inerziale si possono ottenere con fasci di luce laser usando piccole sferette di plastica di circa $2\ mm$ contenente sferette cave di miscela deuterio-trizio solido dentro le quali sono posti meno di $0.1\ g$ di miscela di deuterio -trizio gassosa *(vedi la figura (2.29.4))*. Colpendo la sferetta con fasci di raggio laser di grande potenza si provoca un'evaporazione delle calotte del contenitore di plastica *(detto Ablator)* e il materiale si porta verso valori di densità molto elevati raggiungendo la condizione di Lawson. Osserviamo che le ricerche sulla fusione nucleare a confinamento inerziale si intrecciano strettamente con ricerche militari e per questo motivo che l'Unione Europea ha privilegiato l'altra linea di ricerca, che si basa sul confinamento magnetico.

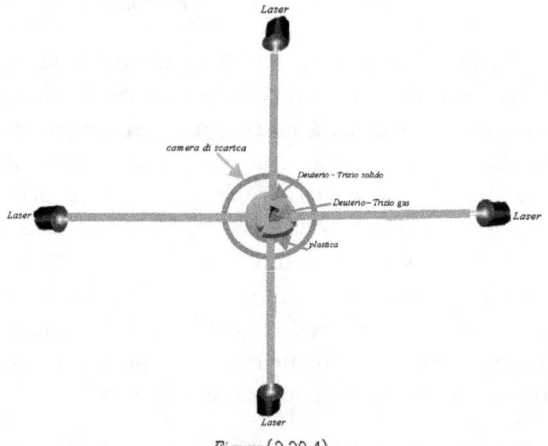

Figura (2.29.4)

Per quanto riguarda il confinamento magnetico, osserviamo che, nello stato di plasma, la materia è fortemente ionizzata e quindi le particelle sono sensibili ai campi magnetici e pertanto interagiscono con essi, secondo la forza di Lorentz, descrivendo delle traiettorie elicoidali *(vedi la figura (2.29.5))*.

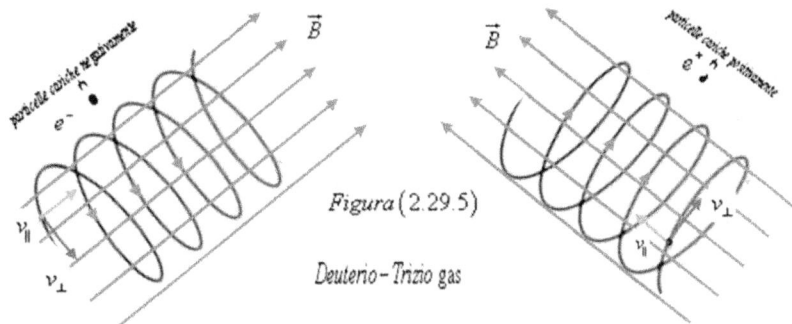

Figura (2.29.5)

Deuterio-Trizio gas

Supponiamo che il campo magnetico sia prodotto da un solenoide per modo che le sue linee di forza siano parallele all'asse di un contenitore di forma cilindrica. In tal caso, le particelle non vengono disperse radialmente, grazie alla forza di Lorentz, ma vanno comunque a urtare le due estremità del contenitore perdendo la loro energia con conseguente raffreddamento del plasma. Questo problema di raffreddamento del plasma si è cercato di risolverlo creando un effetto di specchio magnetico ma senza risultati apprezzabili. Più interessante è risultato invece l'idea di chiudere il contenitore su se stesso, costruendo un contenitore di *forma toroidale* e di creare campi

magnetici, anch'essi toroidali. Così facendo le particelle si muoveranno senza mai incontrare le pareti del contenitore ma la curvatura delle linee di forza del campo magnetico determina una deriva delle particelle nella direzione dell'asse del toro; inoltre, gli urti fra particelle determinano un movimento radiale contro le pareti del contenitore dipendente dalle capacità di confinamento dell'apparato. Un sistema di confinamento toroidale è utilizzato nell'esperimento zeta *(Zero Energy Thermonuclear Apparatus)* che produce un campo magnetico facendo attraversare il plasma da una corrente elettrica; il campo così creato comprime il plasma e lo riscalda *(effetto pinch o di strizione)*. In altre apparecchiature come lo *Stellarator,* un forte campo magnetico viene creato con un avvolgimento interno al toro, mentre ancora altre apparecchiature usano altri sistemi per diminuire le perdite. Osserviamo che la forma toroidale ha un suo svantaggio che riguarda il campo magnetico in quanto, essendo compresso, è più forte all'interno e quindi non uniforme; ciò tende a scindere il plasma nelle sue componenti: ioni ed elettroni che si muovono in direzioni opposte. Questa separazione di particelle crea un campo elettrico perpendicolare al campo magnetico toroidale che spinge le particelle verso la parete esterna del contenitore. Un modo per evitare questa deriva è quello di cortocircuitare il campo elettrico torcendo il campo magnetico per modo che la sue linee di forza passano attraverso polarità opposte del campo elettrico; in questo modo le particelle spiraleggianti attorno alle linee di forza cancelleranno il campo elettrico. Nello Stellarator questo risultato lo si ottenne piegando il toro a forma di otto utilizzando due serie di bobine magnetiche di cui una di confinamento che produce il campo assiale e l'altra con avvolgimento elicoidali per produrre la torsione. Le numerose macchine per la produzione di plasma utilizzano differenti tipi di configurazioni magnetiche. Quella che ha ottenuta risultati migliori è la Tokamak, essa è costituita da un anello toroidale che circonda un circuito magnetico detto nucleo, attorno al quale sono avvolti le spire di un solenoide ed il toro. Orbene, è opportuno sottolineare il fatto che questi tipi di ricerca presentano problemi tecnici e costruttivi che sono molto al di la di quelli soliti. Poiché una delle questioni fondamentali della ricerca è quella di eseguire le misurazioni di grandezze fisiche, in particolare di grandezze che riguardano la fusione come: la correnti di plasma, la densità elettronica, l'energia e la temperatura di ioni ed elettroni, la distribuzione del campo magnetico, l'emissione di neutroni emessi nella reazione di fusione, si capisce la grandissima difficoltà che hanno gli scienziati nell'affrontare questi problemi. Tuttavia, è possibile farsi un'idea di quello che potrebbe essere una centrale a fusione nucleare: il plasma deve essere contenuto magneticamente, probabilmente in un toro, le pareti del contenitore devono soddisfare certi requisiti di resistenza meccanica, trasporto di calore e proprietà nucleari, deve esserci un refrigerante che circoli intorno alla parete e una fasciatura di litio in cui può essere generato il trizio che non è disponibile in natura e funge da combustibile.

La reazione nucleare che si vuole realizzare con la costruzione di un reattore a fusione è la seguente:

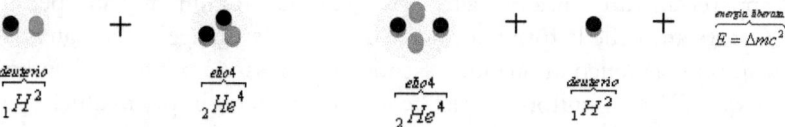

Per quanto riguarda le materie prime il deuterio è praticamente illimitato perché esiste in combinazione con l'ossigeno sotto forma di acqua, quello che manca è il trizio che può essere prodotto a partire dal litio che è un elemento leggero presente in natura con due isotopi:

$_3^7 Li$ (92.5%) e $_3^6 Li$ ( 7.5%). Utilizzando i neutroni della reazione di fusione e facendoli reagire con il Litio si ottiene:

$$_3^6 Li +_o n^1 \rightarrow _1^3 H +_2^4 He$$

(2.29.15)

$$_3^7 Li +_o n^1 \rightarrow _1^3 H +_2^4 He +_0^1 n$$

La prima reazione è esotermica mentre la seconda è endotermica ma ha il vantaggio di realizzarsi senza perdita di neutroni, quindi il trizio può essere prodotto in quantità sufficiente per alimentare la reazione di base e la sua produzione è legata alla quantità di litio presente in natura che è confrontabile con quella dell'uranio 238 e pertanto classificabile come fonte di energia quasi inesauribile.

Le *fonti esauribili* di energia primaria sono costituite dai combustili fossili: quali: petrolio, carbone, gas naturale, e combustibile nucleare nella forma non autofertilizzante. Queste fonti di energia sono destinate ad esaurirsi in periodi di tempo più o meno lunghi e sono quelle che vengono utilizzate per la produzione di energia elettrica.

*Il petrolio* si è formato per decomposizione di organismi animali e vegetali in ambiente marino in un periodo di tempo di decine di milioni di anni e poiché il suo sfruttamento è rapidissimo è considerata una fonte di energia non rinnovabile.

*Il carbone* è costituito da una roccia sedimentaria di materiale organico composto di carbonio, idrogeno, ossigeno, piccole quantità di azoto e zolfo e materiale inorganico; esso si è formato dalla decomposizione di grandi masse vegetali in ambiente anaerobico con un arricchimento progressivo in carbonio della materia organica. La combustione del carbone è responsabile di un gravissimo inquinamento come le piogge acide che solo ultimamente, ricorrendo a sofisticate tecnologie, si è riusciti a ridurlo entro limiti accettabili. Come il petrolio, anche il carbone è considerata una fonte di energia non rinnovabile.

*Il gas naturale* si trova nel sottosuolo, normalmente negli stessi giacimenti in cui si trova il petrolio, o anche associato ad esso, disciolto o raccolto in sacche superficiali, oppure il giacimento è costituito esclusivamente da gas naturale. Come il petrolio, anche il gas naturale è considerata una fonte di energia non rinnovabile, ma rispetto alle altre fonti di energia non rinnovabili, è meno inquinante perché la sua combustione non comporta il rilascio di impurità nell'atmosfera.

Nella conferenza mondiale sul petrolio tenutasi a Houston nel 1987, si è convenuto di assegnare la denominazione di *petroleum* ai combustili fossili tranne il carbone, chiamando:

- *bitumen* quello che è solido in condizioni ambientali normali

- *oil* i liquidi

- *gas* quelli gassosi

Per evitare equivoci in lingua italiana si converrà di chiamare idrocarburi naturali i petroleum e si suddivideranno in:

- *bitume* i solidi

- *petrolio* i liquidi

- *gas* quelli gassosi

Osserviamo che le fonti primarie di energia, con la sola eccezione del gas naturale, e in parte delle biomasse e dell'energia solare, non vengono utilizzate direttamente nella loro forma naturale. Il petrolio viene lavorato nelle raffinerie per ottenere una serie di derivati:

- *gas di petrolio liquefatti*

- *benzine*

- *gasolio*

- *oli combustibili*

Il carbone fossile viene distillato per ottenere:

- *coke*

- *gas combustibile*

- *prodotti chimici vari*

L'energia idraulica, l'energia eolica, l'energia geotermica e l'energia nucleare vengono sempre convertite in energia elettrica. Pertanto, i derivati del petrolio e del carbone e l'energia elettrica sono fonti secondarie di energia in quanto si ottengono dalla trasformazione delle primarie. Operando sulle fonti primarie e secondarie di energia occorre impiegare diversi vettori *(mezzi di trasporto)* per il loro trasporto:

- *vettori di energia potenziale chimica: navi metaniere, oleodotti, autocisterne*

- *vettori di energia interna: vapore ed acqua calda*

L'energia elettrica viene considerata sia vettore che fonte di energia.

| TEST DI VERIFICA (2.1) | |
|---|---|
| Il lettore risponda, a seconda del tipo di quesito, elaborando una propria risposta oppure ponendo un segno sulla casella in corrispondenza della risposta che ritiene esatta | |
| 1 | cosa si intende per sistema termodinamico e stato termodinamico |
| 2 | un gas perfetto è un sistema fisico costituito da:<br><br>[a] un gas eterogeneo di bassissima massa volumica il cui stato termico è vicino al punto di liquefazione<br><br>[b] un gas omogeneo di bassissima massa volumica il cui stato termico è lontano dal punto di liquefazione<br><br>[c] un gas omogeneo di altissima massa volumica il cui stato termico è lontano dal punto di liquefazione<br><br>[d] un gas omogeneo di bassissima massa volumica il cui stato termico è vicino al punto di liquefazione |
| 3 | cosa si intende per sorgente di calore |
| 4 | cosa si intende per trasformazione isotermica |
| 5 | cosa si intende per trasformazione isocora |
| 6 | l'equazione $PV = P_0 V_0 (1 + \alpha \Delta t)$ lega le tre variabili che definiscono lo stato termodinamico di un sistema gassoso sotto la condizione di gas perfetto. Si ponga questa equazione, costruendo tutti i passaggi, nella forma $PV = nRT$ |
| 7 | elencare le condizioni a cui deve soddisfare un sistema affinché sia in equilibrio termodinamico |
| 8 | una trasformazione termodinamica si dice reversibile:<br><br>[a] se è costituita da una successione infinita di stati di equilibrio termodinamico<br><br>[b] se collega due stati di equilibrio termodinamico fra i quali vi sono stati di non equilibrio |

| | |
|---|---|
| | [c] se è costituita da una successione infinita di stati di quasi – equilibrio<br><br>[d] se è costituita da una successione infinita di stati di non equilibrio termodinamico |
| 9 | il lavoro che un sistema esegue sull'ambiente circostante è dato dalla seguente equazione:<br><br>$$W = \lim_{\Delta V_i \to 0} \sum_i P_i \Delta V_i = \int_{V_A}^{V_B} P dV$$<br><br>fornire un'interpretazione di questa equazione nel caso di una trasformazione reversibile |
| 10 | esprimere il primo principio della termodinamica |
| 11 | l'equazione $c = \dfrac{1}{m} \dfrac{\Delta Q}{\Delta T}$ esprime il calore specifico di un corpo; scrivere l'equazione del calore specifico a volume costante e a pressione costante in funzione dell'energia interna e determinarne la relazione nel caso di un gas perfetto |
| 12 | nel 1843 Joule eseguì un'esperienza che gli consentì di affermare che l'energia interna di un gas perfetto è una funzione solo della temperatura; in che cosa consiste questa esperienza |
| 13 | quale delle seguenti equazioni esprime la dipendenza funzionale tra l'energia interna di un gas perfetto e la sua temperatura:<br><br>[a]  $U = C_v T + k$<br><br>[b]  $U = C_v e^{-\frac{k}{T}}$<br><br>[c]  $U = C_v T^2 + k$ |

| | |
|---|---|
| | [d] $\quad U = C_v \left( 1 - e^{-\frac{k}{T}} \right)$ |
| 14 | quale delle seguenti equazioni esprime il lavoro eseguito in una trasformazione isotermica:<br><br>[a] $\quad W = nRT$<br><br>[b] $\quad W = \dfrac{1}{2} nRT + \ln \dfrac{V_B}{V_A}$<br><br>[c] $\quad W = nRT \ln \dfrac{V_B}{V_A}$<br><br>[d] $\quad W = nRT \left( 1 - e \dfrac{V_B}{V_A} \right)$ |
| 15 | quale delle seguenti equazioni esprime il calore assorbito da un gas perfetto durante un'espansione isotermica<br><br>[a] $\quad Q = \dfrac{1}{2} m C_v T$<br><br>[b] $\quad Q = nRT \ln \dfrac{V_B}{V_A}$<br><br>[c] $\quad Q = m C_v \left( 1 - e^{\frac{k}{T}} \right)$<br><br>[d] $\quad Q = \dfrac{1}{2} nRT + \ln \dfrac{V_B}{V_A}$ |
| 16 | quale delle seguenti equazioni esprime il lavoro eseguito in una trasformazione adiabatica: |

| | |
|---|---|
| [a] | $W = \dfrac{k}{\gamma - 1}\left(\dfrac{1}{V_A^{\gamma-1}} - \dfrac{1}{V_B^{\gamma-1}}\right)$ |
| [b] | $W = \dfrac{k}{1 - P_B V_B}\left(\dfrac{1}{V_A^{\gamma-1}} - \dfrac{1}{V_B^{\gamma-1}}\right)$ |
| [c] | $W = kRT\left(1 - e^{\frac{V_A^{\gamma-1}}{V_B^{\gamma-1}}}\right)$ |
| [d] | $W = \dfrac{\gamma - 1}{k}\left(\dfrac{1}{V_A^{\gamma-1}} - \dfrac{1}{V_B^{\gamma-1}}\right)$ |

| | |
|---|---|
| 17 | Determinare, per una trasformazione adiabatica, la relazione tra temperatura e volume a partire dall'equazione $PV^{\gamma} = \text{cost}$ |
| 18 | enunciare il postulato di Kelvin - Planck e commentarlo |
| 19 | enunciare il postulato di Clausius e commentarlo |
| 20 | la macchina di Carnot è: <br><br> [a] una macchina termica che fa uso di un ciclo reversibile <br><br> [b] una macchina termica che fa uso di un ciclo irreversibile <br><br> [c] una macchina termica avente il rendimento unitario <br><br> [d] una macchina termica capace di fornire un rendimento del 5% |

| | |
|---|---|
| 21 | quale delle seguenti equazioni esprime il rendimento della macchina di Carnot:<br><br>[a] $\quad \eta = 1 - \dfrac{T_f^2}{T_c^2}$<br><br>[b] $\quad \eta = 1 - \dfrac{T_f}{T_c}$<br><br>[c] $\quad \eta = 1 - \dfrac{T_c}{T_f}$<br><br>[d] $\quad \eta = 1 - e\dfrac{T_f}{T_c}$ |
| 22 | enunciare il teorema di Carnot ed il suo corollario |
| 23 | definire la scala assoluta delle temperature |
| 24 | elencare le condizioni necessarie affinché un processo termodinamico possaritenersi reversibile |
| 25 | le seguenti relazioni:<br><br>$$S(B) = S(A) + \int_A^B \frac{dQ}{T}$$<br><br>$$S(B) > S(A) + \int_A^B \frac{dQ}{T}$$<br><br>costituiscono la formulazione analitica del secondo principio della termodinamica. A partire da esse costruire i passi concettuali che conducono alle seguenti affermazioni:<br><br>a) se l'Universo è sede di trasformazioni reversibili, la sua entropia è costante<br><br>b) se l'Universo è sede di trasformazioni irreversibili, la sua entropia aumenta |

| | |
|---|---|
| | c) nell'Universo l'entropia non può diminuire |
| 26 | Sia dato un corpo che si muove, con una certa energia iniziale $E_c$, lungo un piano ruvido e si arresta a causa della presenza delle forze d'attrito. Si scriva la relazione che determina la quantità di energia meccanica convertita in energia interna in termini di entropia dell'Universo e la si commenti |
| 27 | il principio del caos molecolare afferma: <br><br> [a] tutte le posizioni e tutte le direzioni che possono essere occupate dalle molecole sono equiprobabili <br><br> [b] tutte le posizioni e tutte le direzioni che possono essere occupate dalle molecole non sono equiprobabili <br><br> [c] tutte le posizioni che possono essere occupate dalle molecole sono equiprobabili <br><br> [d] tutte le direzioni che possono essere occupate dalle molecole non sono equiprobabili |
| 28 | in che cosa consiste il modello cinetico del gas perfetto |
| 29 | quale delle seguenti equazioni esprime la corretta relazione tra la pressione e la media dei quadrati delle velocità delle molecole: <br><br> [a] $\quad P = N \dfrac{m}{V} \overline{v^2}$ <br><br> [b] $\quad P = N \dfrac{1}{2} \dfrac{m}{V} \overline{v^2}$ <br><br> [c] $\quad P = N \dfrac{1}{3} \dfrac{m}{V} \overline{v^2}$ <br><br> [d] $\quad P = \dfrac{1}{3} \dfrac{m}{V} \overline{v^2}$ |

| 30 | fornire un'interpretazione molecolare della temperatura |
|---|---|
| 31 | dimostrare che l'energia interna di un gas perfetto è funzione solo della temperatura assoluta, in accordo con le conclusioni dell'esperienza di Joule |
| 32 | una molecola biatomica, avente una struttura interna rappresentabile con un modello a manubrio omogeneo, può immagazzinare l'energia assorbita come:<br><br>[a] energia potenziale<br><br>[b] energia cinetica totale di traslazione<br><br>[c] energia cinetica totale di traslazione e di vibrazione<br><br>[d] come energia cinetica totale di traslazione e di rotazione |
| 33 | cosa afferma il principio di equipartizione dell'energia |
| 34 | perché il calore specifico di un gas monoatomico è più piccolo del calore specifico di un gas biatomico |
| 35 | mostrare i limiti del principio di equipartizione dell'energia nella spiegazione dei calori specifici dei gas |
| 36 | Sia $N = 10$ il numero di molecole di cui è costituito un gas; se $n_A$ indica il numero delle molecole contenute in un recipiente $A$ e $n_B$ il numero di molecole contenute in un recipiente $B$ di uguale volume e comunicante con il recipiente $A$ tramite un condotto, si determini il numero di stati microscopici del sistema corrispondenti ai seguenti stati macroscopici:<br><br>a) 2 molecole nel recipiente A e 8 molecole nel recipiente B<br><br>b) 5 molecole nel recipiente A e 5 molecole nel recipiente B |
| 37 | quale dei due stati macroscopici di cui al quesito 36) ha la maggiore probabilità di realizzarsi |
| 38 | fornire un'interpretazione molecolare dell'entropia |

| 39 | enunciare il terzo principio della termodinamica sia dal punto di vista macroscopico sia dal punto di vista microscopio |
|----|---|
| 40 | guardando la figura (40.1) si osserva che l'isoterma critica e la curva tratteggiata, lungo i punti , $C\,D$ , dividono il piano $(P,V)$ in quattro parti aventi certe caratteristiche; elencare queste caratteristiche 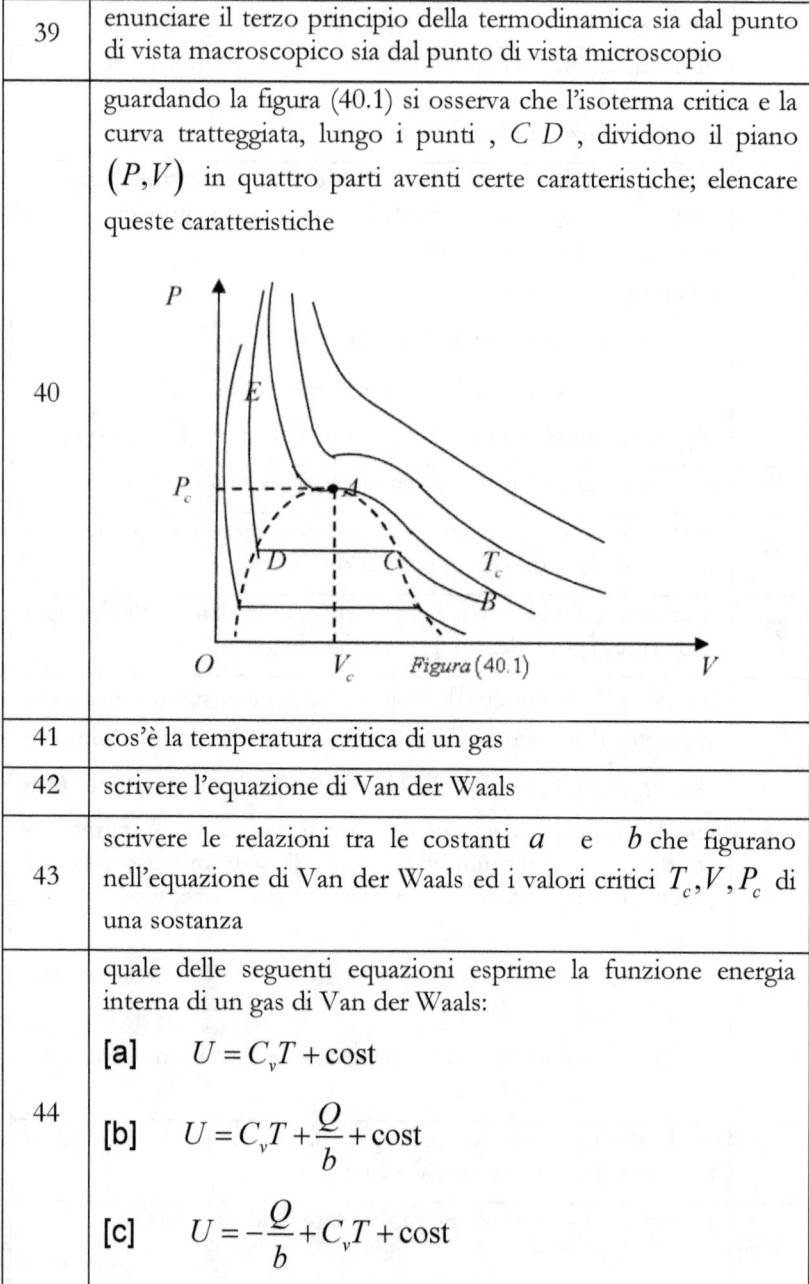 *Figura* (40.1) |
| 41 | cos'è la temperatura critica di un gas |
| 42 | scrivere l'equazione di Van der Waals |
| 43 | scrivere le relazioni tra le costanti $a$ e $b$ che figurano nell'equazione di Van der Waals ed i valori critici $T_c, V, P_c$ di una sostanza |
| 44 | quale delle seguenti equazioni esprime la funzione energia interna di un gas di Van der Waals: [a] $\quad U = C_v T + \text{cost}$ [b] $\quad U = C_v T + \dfrac{Q}{b} + \text{cost}$ [c] $\quad U = -\dfrac{Q}{b} + C_v T + \text{cost}$ |

| | |
|---|---|
| [d] | $U = -\dfrac{b}{V} + C_v T^2 + \text{cost}$ |

| 45 | quale delle seguenti equazioni è l'equazione di Clapeyron: |
|---|---|
| | [a] $\dfrac{\Delta P}{\Delta T} = \dfrac{\lambda_v}{T\left(V_2 - V_1\right)}$ |
| | [b] $\dfrac{\Delta P}{\Delta V} = \dfrac{\lambda_v}{T\left(V_2 - V_1\right)}$ |
| | [c] $\Delta P = \dfrac{\lambda_v}{T\left(V_2 - V_1\right)} e^{-kV}$ |
| | [d] $\dfrac{\Delta P}{\Delta T} = \dfrac{\lambda_v}{T\left(V_2 - V_1\right)} T$ |

| 46 | cosa si intende per diagramma di fase |
|---|---|
| 47 | quali caratteristiche esprimono le curve di equilibrio |
| 48 | il punto triplo esprime: <br> [a] il punto di incontro tra la curva di fusione e la curva di vaporizzazione <br> [b] il punto le cui coordinate termodinamiche sono tali che il corpo coesiste in fase solida ed in fase di vapore <br> [c] il punto le cui coordinate termodinamiche sono tali che il corpo coesiste in fase solida , liquida e gassosa <br> [d] il punto di incontro tra la curva di fusione e la curva di sublimazione |

| 49 | cos'è il calore latente di fusione |
|----|-----------------------------------|
| 50 | quale implicazione ha, in geofisica, il fatto che la temperatura di fusione del ghiaccio si abbassa all'aumentare della pressione |
| 51 | definire e spiegare il processo di ebollizione |
| 52 | mostrare che la quantità di calore che un sistema assorbe o cede nel corso di una trasformazione a pressione costante è uguale all'aumento o alla diminuzione di entalpia |

## 3.1    INTRODUZIONE ALLA PROPAGAZIONE DEL CALORE

Il calore è la forma di energia che si propaga in virtù di una differenza di temperatura secondo tre diversi meccanismi: *la conduzione, la convezione e l'irraggiamento.* La conduzione riguarda la propagazione del calore attraverso un mezzo materiale senza che nel mezzo stesso avvenga uno spostamento di materia; essa si differenzia nei solidi e nei fluidi perché vi è una diversa mobilità molecolare. Per meglio chiarire questa affermazione, si consideri un recipiente contenente una certa quantità di gas e si supponga che da una parte si trovino tutte le molecole veloci e dall'altra parte si trovino tutte le molecole lente (vedi figura (3.1.1)).

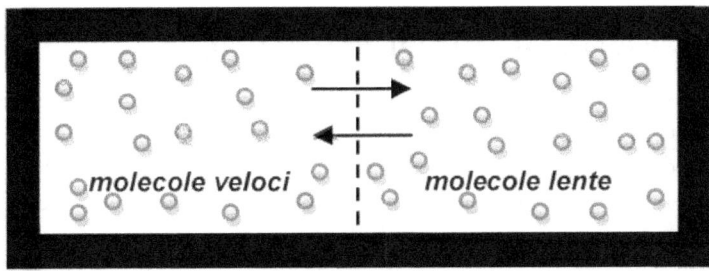

*Figura* (3.1.1)

A causa degli urti tra le molecole in corrispondenza della superficie di separazione e a causa degli spostamenti delle molecole veloci verso destra e delle molecole lente verso sinistra, si verifica un trasferimento di energia da sinistra verso destra; questo trasferimento di energia rappresenta proprio il calore che si propaga da sinistra verso destra. Nei solidi le molecole possono solo oscillare intorno alla loro posizione di equilibrio, pertanto le molecole più veloci comunicano parte della loro energia alle molecole più lente senza però che ciascuna di esse possa mai abbandonare la posizione che occupa all'interno del solido. Inoltre, nei solidi metallici, bisogna considerare anche gli elettroni liberi che, potendosi muovere liberamente dentro il metallo, si comportano come le molecole di un gas spostandosi dalle zone calde alle zone fredde. Orbene, si osservi che nei fluidi può aver luogo anche un massiccio trasferimento di materia a causa delle differenze di massa volumica prodotte dalle differenze di temperatura. Questo processo, dovuto ad una condizione macroscopica di instabilità assume il nome di *convezione* ed è dominante rispetto al processo di conduzione. Per quanto riguarda l'irraggiamento, si osservi che una qualsiasi carica elettrica accelerata emette un'onda elettromagnetica che si propaga nello spazio *(anche se vuoto )* trasportando energia. Poiché ogni corpo è dotato di cariche elettriche che, in virtù dell'agitazione termica, si muovono con una certa accelerazione, si ha che qualsiasi corpo emette una radiazione elettromagnetica dipendente dal valore della sua temperatura. Per esempio, un corpo che si trova al valore di temperatura ambiente emette una radiazione infrarossa. Quindi, la propagazione del calore per irraggiamento riguarda lo scambio di energia che avviene tra i corpi in virtù della loro proprietà di assorbire, trasmettere e respingere la radiazione elettromagnetica.

## 3.2  EQUAZIONE DI FOURIER

Se la temperatura non varia con il tempo, il campo termico si dice *stazionario.* L'insieme dei punti di un campo termico aventi lo stesso valore di temperatura costituisce una superficie isotermica che può essere matematicamente rappresentata con un'equazione del tipo seguente:

$$(3.2.1) \qquad T(x, y, z) = C$$

Parametrizzando la costante $C$ si ottiene una famiglia di superfici isotermiche *(vedi figura (3.2.1))* che pongono in evidenza una stratificazione del campo termico da cui si comprende facilmente la rapidità di variazione della temperatura da punto a punto.

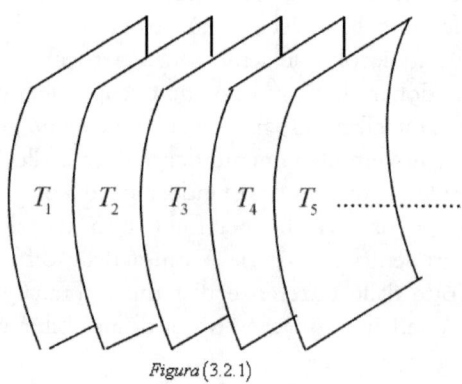

$T_1$ $T_2$ $T_3$ $T_4$ $T_5$ ..................

*Figura* (3.2.1)

Per rendere più comprensibili queste affermazioni, si consideri un punto $P$ del campo termico e sia $\Delta S$ un elemento di superficie contenente il punto $P$ *(vedi figura (3.2.2))*. Attraverso l'elemento di superficie $\Delta S$ transiterà una certa quantità di calore per unità di tempo che dipende, come si verifica sperimentalmente, dall'orientamento dell'elemento di superficie; essa varia da zero ad un valore massimo che si ottiene per un particolare orientamento dell'elemento di superficie.

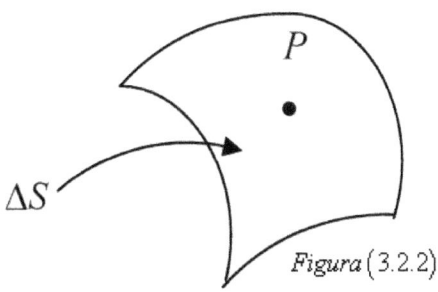

*Figura* $(3.2.2)$

Tutto ciò induce a definire il *vettore flusso di calore* $\vec{F}$ avente il modulo pari alla quantità di calore che transita per unità di tempo e di superficie, la direzione uguale a quella per la quale è massima la quantità di calore transitata e verso uguale a quello in cui fluisce il calore; questo vettore è funzione del punto $P$ e se il campo termico è in regime variabile è funzione anche dell'istante di tempo considerato. Si pone la seguente domanda: *quale relazione esiste tra il vettore flusso di calore $\vec{F}$ e la temperatura?* La risposta a questa domanda è data dalla legge sperimentale di Fourier che afferma:

*il vettore flusso di calore $\vec{F}$ è proporzionale, in ogni punto, alla variazione di temperatura per unità di percorso nella direzione in cui tale variazione è massima (gradiente di temperatura):*

$$(3.2.2) \qquad \vec{F} = -\lambda \vec{G}_T$$

Il segno meno dipende dal fatto che il vettore $\vec{F}$ è orientato verso le superfici a temperatura minore mentre il gradiente di temperatura verso le superfici a temperatura maggiore. Il coefficiente di proporzionalità $\lambda$ dipende dal tipo di materiale ed assume il nome *di conducibilità termica;*

esso, in generale, dipende dalla temperatura ma in molti problemi si può ritenere costante.

Esprimendo il vettore gradiente di temperatura in termini di coordinate cartesiane, si ha:

$$(3.2.3) \qquad \vec{G}_T = \vec{i}\,\frac{\partial T}{\partial x} + \vec{j}\,\frac{\partial T}{\partial y} + \vec{k}\,\frac{\partial T}{\partial z}$$

utilizzando questa espressione nell'equazione (3.2.2), si ottiene la seguente equazione:

$$(3.2.4) \qquad \vec{F} = -\lambda\left( \vec{i}\,\frac{\partial T}{\partial x} + \vec{j}\,\frac{\partial T}{\partial y} + \vec{k}\,\frac{\partial T}{\partial z} \right)$$

che fornisce la relazione tra il vettore flusso di calore $\vec{F}$ e la temperatura in termini di coordinate cartesiane.

L'unità di misura del vettore flusso di calore è espressa da: $\dfrac{J}{m^2 s}$; d'altro canto, essendo l'unità di misura del vettore gradiente di temperatura $\vec{G}_T$ espressa da: $\dfrac{K}{m}$ consegue che l'unità di misura della costante $\lambda$ è espressa da: $\dfrac{J}{m^2 s}\dfrac{K}{m}$. Volendo determinare un'equazione per il campo termico in cui figuri solo la temperatura, si consideri un elemento di volume orientato nella stessa direzione del vettore flusso di calore, così come viene indicato nella figura (3.2.3).

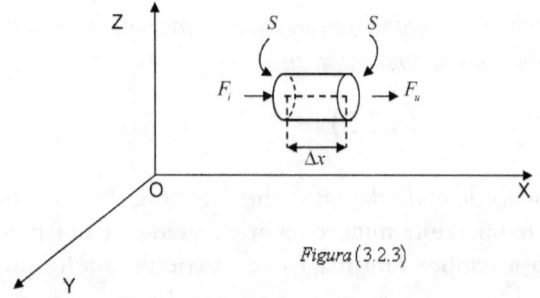

Figura (3.2.3)

*Si dice flusso di calore incidente* $F_i$ *la quantità di calore che, per unità di tempo, entra nell'elemento di volume attraverso la superficie sinistra (vedi figura (3.2.3))*

*Si dice flusso di calore emergente* $F_u$ *la quantità di calore che, per unità di tempo, esce dall'elemento di volume attraverso la superficie destra (vedi figura (3.2.3))*

Quindi il guadagno di calore per unità di tempo all'interno dell'elemento di volume è:

$$(3.2.5) \quad F_i S - F_u S = -S\left(F_u - F_i\right) = -S\partial F = -S\frac{\partial F}{\partial x}dx$$

Se nell'elemento di volume non si verifica nessun altro processo, il guadagno di calore determina un aumento di temperatura e pertanto si può scrivere la seguente equazione:

$$(3.2.6) \qquad S\partial F = c\frac{\partial T}{\partial t}dm$$

in cui $dm$ esprime la massa contenuta nell'elemento di volume e $c$ il calore specifico. Confrontando le equazioni (3.2.5) e (3.2.6) si ottiene la seguente equazione:

$$(3.2.7) \quad -S\frac{\partial F}{\partial x}dx = c\frac{\partial T}{\partial t}dm$$

in cui osservando che la massa $dm$ si può scrivere come: $dm = \rho S dx$ in cui $\rho$ esprime la massa volumica, si ha:

$$(3.2.8) \quad -S\frac{\partial F}{\partial x}dx = c\frac{\partial T}{\partial t}\rho S dx$$

da cui segue l'equazione:

$$(3.2.9) \quad -\frac{\partial F}{\partial x} = \rho c\frac{\partial T}{\partial t}$$

in cui facendo uso dell'equazione (3.2.4), si ottiene l'equazione:

$$(3.2.10) \qquad \frac{\partial^2 T}{\partial x^2} + \frac{\partial^2 T}{\partial y^2} + \frac{\partial^2 T}{\partial z^2} = \frac{\rho c}{\lambda} \frac{\partial T}{\partial t}$$

Essa è detta *equazione di Fourier* ed ammette soluzioni analitiche solo nel caso di geometria e condizioni al contorno semplici; nel caso generale è necessario ricorrere a metodi numerici.

## 3.3 CONDUZIONE IN REGIME STAZIONARIO

Nel caso di un campo termico stazionario, la temperatura non dipende dal tempo pertanto l'equazione (3.2.9) del paragrafo precedente diventa:

$$(3.3.1) \qquad \frac{\partial F}{\partial x} = 0 \Rightarrow F = \text{cost}$$

dalla quale si deduce che la quantità di calore per unità di tempo e per unità di superficie è costante, ovvero la quantità di calore per unità di tempo che entra dalla superficie sinistra deve essere uguale alla quantità di calore per unità di tempo che esce dalla superficie destra. Per realizzare un campo termico stazionario, si può considerare un sistema fisico costituito da un corpo omogeneo avente le estremità in contatto termico con due sorgenti di calore rispettivamente di temperatura di $T_1$ e $T_2$ con $T_1 > T_2$; inoltre, il corpo deve essere rivestito con materiale isolante in modo da impedire qualsiasi fuga di calore attraverso la superficie laterale (vedi figura (3.3.1)).

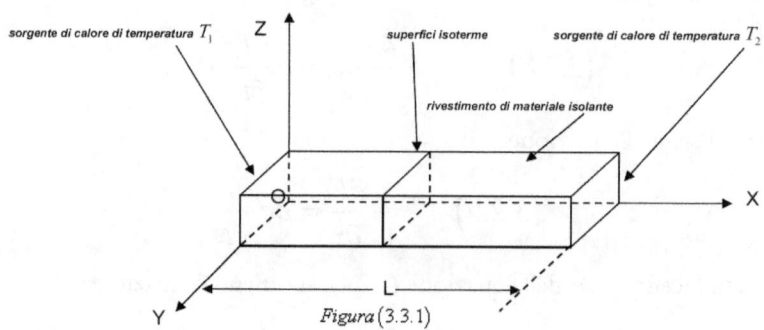

*Figura* (3.3.1)

258

In queste condizioni, le superficie isotermiche sono parallele alle superfici del corpo che sono in contatto termico con le sorgenti di calore; pertanto, la temperatura del corpo sarà funzione solo della coordinata $x$ e di conseguenza l'equazione (3.2.4) del paragrafo precedente, utilizzata per questo caso, si dovrà scrivere come segue:

$$(3.3.2) \quad F = -\lambda \frac{\partial T}{\partial x}$$

in cui tenendo conto dell'equazione (3.3.1), si ha:

$$(3.3.3) \quad F = \frac{\lambda}{L}(T_1 - T_2)$$

Definendo conduttanza il parametro $H = \dfrac{\lambda}{L}$ , l'equazione (3.3.3) assume la forma seguente:

$$(3.3.4) \quad F = H(T_1 - T_2)$$

che risulta più maneggevole per la soluzione di problemi.

Supponendo di realizzare un campo termico stazionario con un sistema fisico costituito da due corpi omogenei rispettivamente di lunghezze $L_1$ e $L_2$ di conducibilità $\lambda_1$ e $\lambda_2$ l'equazione (3.3.4), usata per questo caso, fornisce le seguenti equazioni:

$$F_1 = H_1(T_1 - \theta) \quad ; \quad H_1 = \frac{\lambda_1}{L_1}$$

$$(3.3.5)$$

$$F_2 = H_2(\theta - T_2) \quad ; \quad H_2 = \frac{\lambda_2}{L_2}$$

dove con $\theta$ si è indicata la temperatura della superficie di separazione dei due corpi. Poiché in condizione di campo stazionario è: $F_1 = F_2 = F$ , si ha:

$$(3.3.6) \quad F = H_1(T_1 - \theta) = H_2(\theta - T_2)$$

in cui eliminando $\theta$ si ha:

$$(3.3.7) \qquad F = \frac{H_1 H_2}{H_1 + H_2}(T_1 - T_2)$$

in cui ponendo $H = \dfrac{H_1 H_2}{H_1 + H_2}$ si ha:

$$(3.3.8) \qquad F = H(T_1 - T_2)$$

Quindi, ponendo due corpi omogenei in serie, le conduttanze si sommano secondo la regola seguente:

$$(3.3.9) \qquad \frac{1}{H} = \frac{1}{H_1} + \frac{1}{H_2}$$

che si può estendere al caso di $n$ corpi omogenei in serie .

Si osservi che dall'equazione (3.3.6) si ha:

$$(3.3.10) \qquad \frac{H_2}{H_1} = \frac{T_1 - \theta}{\theta - T_2}$$

da cui si deduce che la caduta di temperatura tra due corpi omogenei in serie è inversamente proporzionale alle rispettive conduttanze.

# 3.4   CONVEZIONE IN REGIME STAZIONARIO

Se il moto convettivo di un fluido è causato solo da variazioni della massa volumica prodotte da un gradiente di temperatura, *la convezione si dice naturale;* per contro, se il moto convettivo di un fluido è fondamentalmente causato da fattori come: ventilatori, pompe, vento, ecc. , *la convezione si dice forzata.* Ordinariamente i problemi che riguardano i moti convettivi dei fluidi sono molto complicati in quanto le modalità della propagazione del calore dipende da molti fattori, quali la forma e le dimensioni delle superfici che racchiudono il fluido e limitano il suo moto nonché dalle caratteristiche fisiche del fluido stesso. Per la convezione naturale si introduce una grandezza adimensionale che caratterizza il sistema, detta *numero di Rayleigh* definita come:

$$(3.4.1) \qquad R_\alpha = A(T)L^3\Delta T$$

in cui $\Delta T$ esprime la differenza di temperatura fra le regioni che interessano gli scambi di calore, $A(T)$ è una funzione dipendente dalle proprietà fisiche del fluido e in particolare dalla sua temperatura media, $L$ è una dimensione lineare caratteristica del sistema. La propagazione del calore per convezione in regime stazionario può essere empiricamente espressa con una legge formalmente analoga a quella della conduzione in regime stazionario:

$$(3.4.2) \qquad F = H_c(T_1 - T_2)$$

in cui $H_c$ assume il nome di *coefficiente di scambio* e dipende dalla geometria del sistema e dalla temperatura. Il valore empirico di $H_c$ per alcune geometrie semplici ed usuali è:

a) intercapedine di spessore $L$ d'aria fra due pareti verticali a temperatura rispettivamente $T_1$ e $T_2$ (vedi figura (3.4.1))

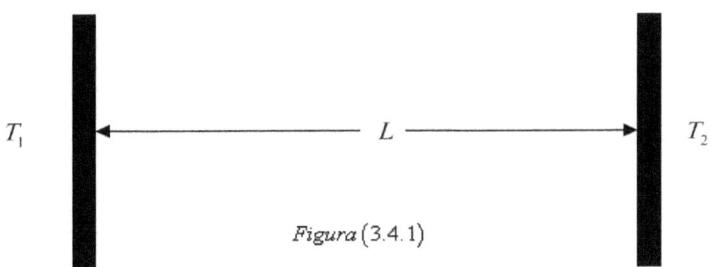

*Figura* (3.4.1)

per $R_a < 2000$ è $H_c = \dfrac{\lambda}{L}$ ; per $2000 < R_a < 200000$ è

$H_c = 0.12(R_a)^{\frac{1}{4}}\dfrac{\lambda}{L}$ ; per $R_a > 200000$ è $H_c = 004(R_a)^{\frac{1}{3}}\dfrac{\lambda}{L}$

b) intercapedine di altezza $L$ d'aria fra due piani orizzontali a temperatura rispettivamente $T_1$ e $T_2$ con $T_2 > T_1$ (vedi figura (3.4.2)), per $T_2 < T_1$ non si hanno moti convettivi.

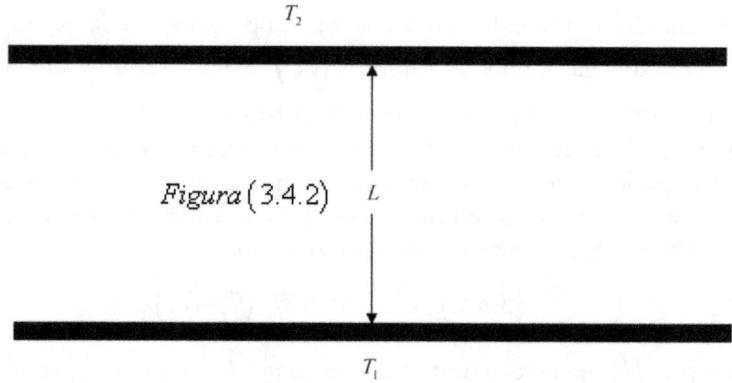

Figura (3.4.2)

## 3.5 PROPAGAZIONE DEL CALORE PER IRRAGGIAMENTO

Per descrivere la propagazione del calore per irraggiamento è opportuno premettere alcune definizioni fondamentali:

*si definisce intensità di radiazione $I$ la quantità di energia per unità di tempo che incide sull'unità di superficie ortogonale alla direzione di moto della radiazione*

Quando un corpo è investito da una radiazione elettromagnetica di intensità $I$, una certa frazione di intensità $I_R$ viene riflessa, una certa frazione di intensità $I_T$ viene trasmessa *(cioè attraversa il corpo)* e una certa frazione di intensità $I_A$ viene assorbita. Pertanto per il principio di conservazione dell'energia si può scrivere la seguente equazione:

$$(3.5.1) \qquad I = I_R + I_T + I_A$$

che può anche porsi nella forma seguente:

$$(3.5.2) \qquad 1 = \frac{I_R}{I} + \frac{I_T}{I} + \frac{I_A}{I}$$

Si definisce *riflettanza* la quantità $\dfrac{I_R}{I}$; essa dipende dalla lunghezza

d'onda $\lambda$ e dall'angolo $\theta$ con cui la radiazione di intensità $I$ incide sul corpo:

$$(3.5.3) \qquad r(\lambda, \theta) = \frac{I_R}{I}$$

Si definisce *trasparenza* la quantità $\dfrac{I_T}{I}$; essa dipende dalla lunghezza

d'onda $\lambda$ e dall'angolo $\theta$ con cui la radiazione di intensità $I$ incide sul corpo:

$$(3.5.4) \qquad t(\lambda, \theta) = \frac{I_T}{I}$$

Si definisce *assorbanza* la quantità $\dfrac{I_A}{I}$; essa dipende dalla lunghezza

d'onda $\lambda$ e dall'angolo $\theta$ con cui la radiazione di intensità $I$ incide sul corpo:

$$(3.5.5) \qquad a(\lambda, \theta) = \frac{I_A}{I}$$

Consegue che l'equazione (3.5.2) può scriversi nella forma seguente:

$$(3.5.6) \qquad r + t + a = 1$$

Un corpo si dice *totalmente riflettente* per una data lunghezza d'onda e per un dato angolo d'incidenza se risulta:

$$r(\lambda, \theta) = 1 \quad ; \quad t(\lambda, \theta) = 0 \quad ; \quad a(\lambda, \theta) = 0$$

Se la radiazione riflessa dal corpo ha l'angolo di riflessione $\theta_r$ uguale all'angolo d'incidenza $\theta_i$ *(vedi figura (3.5.1))* si parla di *riflettanza speculare;* diversamente si parla di *riflettanza diffusa (vedi figura (3.5.2))*.

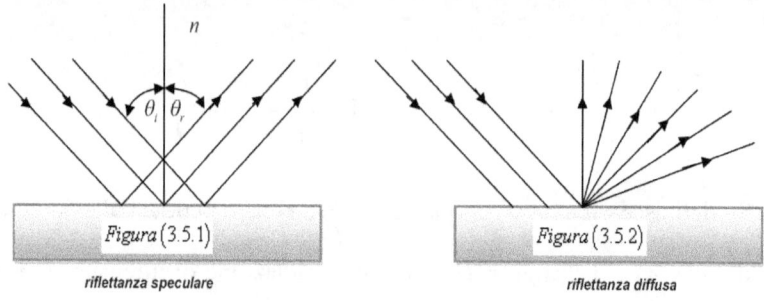

Figura (3.5.1)

riflettanza speculare

Figura (3.5.2)

riflettanza diffusa

Un corpo si dice *totalmente trasparente* per una data lunghezza d'onda e per un dato angolo d'incidenza se risulta:

$$r(\lambda,\theta) = 0 \quad ; \quad t(\lambda,\theta) = 1 \quad ; \quad a(\lambda,\theta) = 0$$

Un corpo si dice *totalmente assorbente* per una data lunghezza d'onda e per un dato angolo d'incidenza se risulta:

$$r(\lambda,\theta) = 0 \quad ; \quad t(\lambda,\theta) = 0 \quad ; \quad a(\lambda,\theta) = 1$$

La proprietà dei corpi di respingere, trasmettere ed assorbire la radiazione elettromagnetica dipende anche dalla temperatura. Un corpo si dice *nero* se assorbe tutta la radiazione incidente per ogni lunghezza d'onda $\lambda$ e per ogni angolo d'incidenza $\theta$. Un corpo nero emette isotropicamente in ogni direzione uno spettro di radiazione elettromagnetica dato dalla legge di Planck:

$$(3.5.7) \qquad f_N(\lambda) = \frac{C_1}{\lambda^5 \left( e^{C_2/\lambda T} - 1 \right)}$$

in cui $C_1$ e $C_2$ sono dette prima e seconda costante della radiazione ed i loro valori sono:

$$C_1 = \pi \cdot 1.19 W m^{-2} \quad ; \quad C_2 = 1.44 \cdot 10^{-2} mK$$

L'energia per unità di tempo e per unità di superficie che un corpo nero emette complessivamente su tutte le lunghezze d'onda a quella temperatura è data dalla seguente relazione:

$$(3.5.8) \qquad F_N = \lim_{\Delta\lambda_i \to 0} \sum_i f_N(\lambda_i)\Delta\lambda_i = \int f_N(\lambda)d\lambda = \sigma T^4$$

da cui segue l'equazione:

$$(3.5.9) \qquad P_N = SF_N = S\sigma T^4$$

che esprime la potenza emessa da tutta la superficie del corpo nero.

Questa equazione è nota come *legge di Stefan-Boltzmann* ed il valore della costante è:

$$\sigma = 5.6697 \cdot 10^{-8} \, \frac{W}{m^2 K^4}$$

Calcolando la variazione rispetto a $\lambda$ della funzione (3.5.7) ed uguagliandola a zero, si ottiene la seguente equazione:

$$(3.5.10) \qquad \lambda_{max} = \frac{2897.8 \, \mu m K}{T}$$

che esprime il valore della lunghezza d'onda per il quale lo spettro del corpo nero ha il suo massimo valore di intensità. Questa equazione è nota come *legge di Wien;* essa mostra come all'aumentare della temperatura il massimo valore di intensità e con esso tutto lo spettro si sposti verso le piccole lunghezze d'onda *(vedi figura (3.5.3)).*

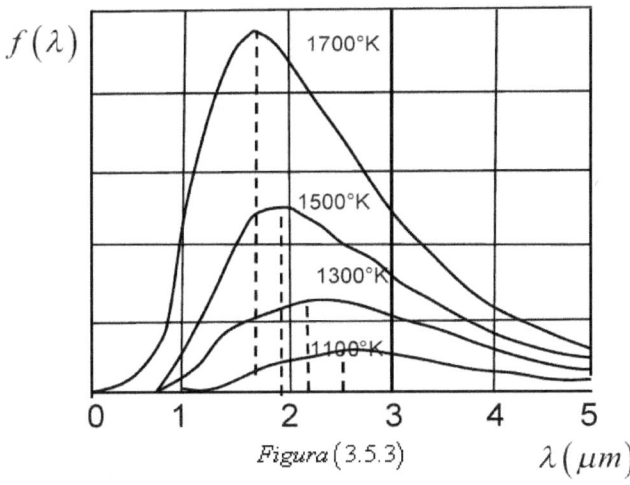

Figura (3.5.3)

Le caratteristiche di emissione di qualsiasi corpo non nero sono specificate *dall'emittanza spettrale* $\varepsilon(\lambda)$*;* essa è un numero puro definita dalla relazione:

$$(3.5.11) \qquad \varepsilon(\lambda) = \frac{f(\lambda)}{f_N(\lambda)}$$

in cui $f(\lambda)$ è lo spettro del corpo in esame ed $f_N(\lambda)$ è lo spettro del corpo nero alla stessa temperatura.

Si può dimostrare che l'emittanza di un corpo è pari alla sua assorbanza su tutta la superficie a quella temperatura *(legge di Kirchhoff)*:

$$(3.5.12) \qquad \varepsilon(\lambda) = a(\lambda)$$

Infatti, ponendo un corpo alla temperatura $T$ dentro la cavità radiante avente la stessa temperatura del corpo si ha: se l'emittanza è minore dell'assorbanza il corpo si riscalda, viceversa se l'assorbanza è minore dell'emittanza il corpo si raffredda. Ciò è contrario al secondo principio della termodinamica in quanto fra due corpi, posti inizialmente alla stessa temperatura, non ci può essere trasferimento di calore.

*Un corpo si dice grigio se la sua emittanza non dipende dalla lunghezza d'onda:* $\varepsilon(\lambda) = \text{cost}$

Come esempio di scambi termici radiativi si può considerare lo scambio termico tra il Sole e la Terra che, essendo immersa nello spazio vuoto ad una distanza media dal Sole pari a $150 \cdot 10^6 \, km$, non è soggetta né a scambi termici conduttivi né a scambi termici convettivi. L'intensità di radiazione emessa dalla superficie del Sole, la cui temperatura è circa $6000 K$, supera il valore di $10 \dfrac{MW}{m^2}$; di questa quantità, solo una parte: $1350 \dfrac{W}{m^2}$ arriva al limite superiore dell'atmosfera terrestre e vede la Terra come un disco di area $\pi R^2 = \pi \left(6370 \cdot 10^3\right)^2 m^2 \cong 1.28 \cdot 10^{14} \, m^2$ $\left(R = raggio \ terrestre\right)$. Poiché l'atmosfera assorbe circa il 25% di $1350 \dfrac{W}{m^2}$, sulla superficie terrestre arriva una quantità di radiazione pari a:

$$\left(75\%\right)1350\frac{W}{m^2}\cdot1.28\cdot10^{14}\,m^2 \cong 1.30\cdot10^{17}\,W$$

di questa quantità, circa il 50% viene riflessa e pertanto la Terra assorbe la seguente potenza termica solare:

$$P_s = \left(50\%\right)1.30\cdot10^{17}\,W = 6.5\cdot10^{16}\,W$$

La potenza termica che la Terra irraggia è:

$$P_T = \varepsilon\sigma ST^4 = 0.9\cdot5.6697\cdot10^{-8}\frac{W}{m^2 K}\cdot4\pi\left(6300\cdot10^3\right)^2 \cong 2.5\cdot10^{7}\frac{W}{K^4}T^4$$

che, all'equilibrio termico, è pari alla potenza termica assorbita dal Sole: $P_S = P_T$ in cui sostituendo i valori si ottiene la seguente equazione:

$$6.5\cdot10^{16}\,W = 2.5\cdot10^{7}\frac{W}{K}T^4$$

che risolta rispetto a $T$ si ottiene:

$$T^4 = \frac{6.5\cdot10^{16}\,W}{2.5\cdot10^{7}\frac{W}{K^4}} \Rightarrow$$

$$T = \sqrt[4]{T^4} = \sqrt[4]{\frac{6.5\cdot10^{16}\,W}{2.5\cdot10^{7}\frac{W}{K^4}}} = \sqrt[4]{26\cdot10^{8}\,k^4} = \sqrt[4]{26\cdot\left(10^2\right)^4 k^4} =$$

$$= 2.26\cdot10^2\,K = 226K \cong -47°C$$

Questo valore di temperatura è molto più basso del valore reale che è circa uguale a $290K$; questo disaccordo dipende dal fatto che l'atmosfera terrestre non risulta trasparente per tutte le lunghezze d'onda, infatti, come risulta dal grafico della figura (3.5.4), essa ha una trasparenza piuttosto ridotta, se si cattura una banda di lunghezza d'onda compresa tra $8\mu m$ e $13\mu m$ *(finestra di trasparenza atmosferica)*. Tutto ciò significa che l'atmosfera intrappola una parte di radiazione emessa dalla Terra e ciò implica un aumento della temperatura di equilibrio termico. Da ciò si capisce come il bilancio termico della Terra dipende in maniera assai critica dalla trasparenza atmosferica.

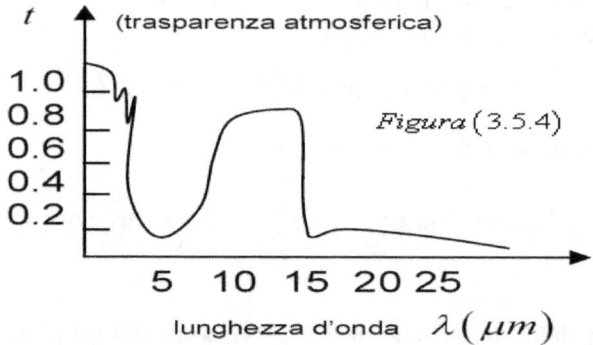

Qualsiasi fenomeno di immissione di sostanze nell'atmosfera, che riducono la sua trasparenza, è causa di variazioni della temperatura; tali variazioni potrebbero essere tanto gravi da determinare conseguenze climatiche disastrose e compromettere perfino l'esistenza di molte specie animali e vegetali. Per esempio, l'immissione di anidride carbonica nell'atmosfera diminuisce la trasparenza alla radiazione infrarossa emessa dalla Terra e diventa così causa di un *effetto serra* che consiste nell'intrappolamento, da parte dell'atmosfera, della radiazione infrarossa emessa dalla Terra con conseguente aumento della temperatura di equilibrio. Per contro, l'immissione di polvere nell'atmosfera, come nel caso di grandi eruzioni vulcaniche, riduce la trasparenza atmosferica alla radiazione solare determinando una forte diminuzione della temperatura di equilibrio e quindi inverni molto freddi e gelati.

## 3.6  BILANCIO TERMICO DI UN ORGANISMO OMEOTERMO

Gli esseri viventi, rispetto alla loro temperatura, vengono classificati in *eterotermi e omeotermi;* gli eterotermi hanno la temperatura dipendente dalla temperatura dell'ambiente che li circonda, mentre gli omeotermi hanno una propria temperatura, indipendente dalla temperatura dell'ambiente che li circonda, il cui valore oscilla lievemente intorno ad un valore medio. Tutti gli animali superiori, tra cui l'uomo, appartengono alla classe degli organismi omeotermi; i valori medi della loro temperatura sono i seguenti:

| UOMO | MAMMIFERI | UCCELLI |
|:---:|:---:|:---:|
| $36.8\,^{\circ}C$ | $39\,^{\circ}C$ | $42\,^{\circ}C$ |

*Nel corso di una giornata la temperatura dell'uomo varia dai* $36.3\,^{\circ}C$ *della mattina ai* $37.3\,^{\circ}C$ *della sera.*

Tutti gli organismi omeotermi hanno una produzione interna di calore che per la maggior parte ha origine nei processi chimici che avvengono nei tessuti e che consistono nella combinazione delle sostanze nutritive con l'ossigeno dell'aria fissato dal sangue nella respirazione. Essi accelerano o rallentano i processi di produzione di calore in funzione dello squilibrio tra la loro temperatura e quella dell'ambiente che li circonda poiché hanno la necessità di termoregolare la temperatura intorno al valore medio. Ma quando questi processi non sono sufficienti, l'organismo deve scambiare calore con l'ambiente che li circonda. Questo scambio avviene prevalentemente secondo i meccanismi della convezione e dell'irraggiamento, essendo il meccanismo della conduzione trascurabile per il modesto contributo che fornisce in quanto questi organismi sono normalmente immersi in un fluido. Gli scambi termici convettivi e radiativi possono essere descritti, per piccoli valori della differenza di temperatura $\Delta T$, tra l'organismo e l'ambiente che lo circonda, attraverso il coefficiente convettivo $H_c$, il cui valore è dell'ordine di $1.5\dfrac{W}{m^2\,^{\circ}C}$ e il coefficiente di scambio radiativo $H_r$, il cui valore è dell'ordine di $5\dfrac{W}{m^2\,^{\circ}C}$

Pertanto, il bilancio termico può scriversi come:

$$(3.6.1) \qquad P = S\left(H_c + H_r\right)\Delta T$$

in cui $S$ esprime la superficie dell'organismo.

Dall'equazione (3.6.1) è possibile determinare il valore ottimale della temperatura dell'ambiente che circonda l'organismo:

$$(3.6.2) \qquad T_{amb.} = T_{org.} - \frac{P}{S(H_c + H_r)}$$

Nel caso dell'uomo, in condizioni di riposo, la potenza termica è di $110W$, e per un corpo di taglia normale la superficie $S$ è di circa $1.5m^2$, quindi la temperatura ottimale dell'ambiente che lo circonda è:

$$T_{amb.} = 36.8°C - \frac{110W}{1.5m^2 (1.5 + 5)\dfrac{W}{m^2 °C}} \cong 25.5°C$$

Se la temperatura ambiente è più bassa di $25.5°C$, il corpo dissipa troppo energia e tende a raffreddarsi; in tal caso, il corpo o deve accelerare il processo di produzione di calore o deve coprirsi con indumenti ostacolando la convezione; invece, se la temperatura ambiente è più alta, il corpo deve rallentare il processo di produzione di calore o deve scoprirsi. Ma se ciò non è possibile, interviene il meccanismo della sudorazione ed il calore in eccesso viene dissipato attraverso il meccanismo di evaporazione. Si osservi che qualora aumentasse la produzione di calore come quando il corpo esegua una intensa attività fisica, la temperatura ottimale dell'ambiente si porta ad un valore più basso e pertanto, a parità di temperatura, il corpo sente il bisogno di scoprirsi.

## TEST DI VERIFICA (3.1)

Il lettore risponda, a seconda del tipo di quesito, elaborando una propria risposta oppure ponendo un segno sulla casella in corrispondenza della risposta che ritiene esatta.

| | |
|---|---|
| 1 | cosa si intende per conduzione di calore |
| 2 | un campo termico stazionario è:<br><br>[a] l'insieme dei punti dello spazio in ognuno dei quali è definito un valore di temperatura indipendente dal tempo<br><br>[b] l'insieme dei punti dello spazio in ognuno dei quali è definito un valore di temperatura<br><br>[c] una regione dello spazio in cui si propaga calore<br><br>[d] l'insieme dei punti dello spazio in ognuno dei quali è posta la sorgente di calore |
| 3 | cos'è una superficie isoterma |
| 4 | il vettore flusso di calore $\vec{F}$ è:<br><br>[a] un vettore avente il modulo pari alla quantità di calore, la direzione quella in cui fluisce il calore, il verso quello che va da temperature maggiori a temperature minori<br><br>[b] un vettore avente il modulo pari alla quantità di calore che transita per unità di tempo e per unità di superficie, la direzione uguale a quella per la quale è massima la quantità di calore che transita e verso quello in cui fluisce il calore<br><br>[c] un vettore avente il modulo pari alla quantità di calore che transita per unità di tempo, la direzione uguale a quella per la quale è massima la quantità di calore e verso uguale a quello in cui fluisce il calore<br><br>[d] un vettore avente il modulo pari alla superficie attraverso la quale fluisce il calore, la direzione ad essa ortogonale, il verso quello in cui fluisce il calore |

| 5 | cosa afferma la legge sperimentale di Fourier |
|---|---|
| 6 | scrivere l'equazione di Fourier |
| 7 | quale delle seguenti equazioni esprime la relazione corretta tra il modulo del vettore flusso di calore e la temperatura in un campo termico stazionario.<br><br>[a] $\quad F = \dfrac{1}{H}\left(T_1 - T_2\right)$<br><br>[b] $\quad F = H\left(T_1 - T_2\right)$<br><br>[c] $\quad F = He^{-\frac{T_1}{T_2}}$<br><br>[d] $\quad F = H^2 e^{-\frac{T_1}{T_2}}$ |
| 8 | quando un moto convettivo di un fluido si dice naturale e quando si dice forzato |
| 9 | cos'è il numero di Rayleigh |
| 10 | esprimere le caratteristiche di emissioni di un corpo |
| 11 | cosa afferma la legge di Kirchoff |

# 4.1   FORMULARIO

| | |
|---|---|
| 1 | Relazione tra la temperatura espressa in gradi centigradi ed il livello di mercurio $$t = 100°C \frac{l - l_0}{l_{100} - l_0}$$ |
| 2 | Relazione tra la temperatura espressa in gradi centigradi e la pressione di un gas perfetto $$t = 100°C \frac{p - p_0}{p_{100} - p_0}$$ |
| 3 | Relazione tra la temperatura espressa in gradi Kelvin e la pressione di un gas perfetto $$T = 273.16K \lim_{p_3 \to 0} \frac{p}{p_3}$$ |
| 4 | Relazione tra scala centigradi e scala Kelvin $$t_c = T - 273.15$$ |
| 5 | Relazione tra scala Fahrenheit e scala Kelvin e tra scala Fahrenheit e scala Celsius $$t_F = 1.8°F\left(T - 273.15\right) + 32°F$$ $$t_F = 1.8°F t_c + 32°F$$ |
| 6 | Equazione della dilatazione termica unidimensionale $$l = l_0\left(1 + \lambda \Delta t\right)$$ |
| 7 | Equazione della dilatazione termica bidimensionale $$S = S_0\left(1 + \sigma \Delta t\right)$$ |

| 8 | Equazione della dilatazione termica tridimensionale $$V = V_0 \left( 1 + \gamma \Delta t \right)$$ |
|---|---|
| 9 | Equazione della dilatazione termica per i corpi liquidi $$V = V_0 \left( 1 + \beta \Delta t \right)$$ |
| 10 | Equazione che consente la determinazione del coefficiente $\beta$ sia studiando le variazioni di volume come funzione della temperatura sia studiando le variazioni della massa volumica $$\frac{V}{V_0} = \frac{\rho}{\rho_0} = \left( 1 + \beta \Delta t \right)$$ |
| 11 | Equazione che riconduce la determinazione del coefficiente $\beta$ a una misura di lunghezza e temperatura $$\beta = \frac{h - h_0}{h_0 \Delta t}$$ |
| 12 | Prima e seconda equazione di Gay-Lussac $$V = V_0 \left( 1 + \alpha_V \Delta t \right)$$ $$P = P_0 \left( 1 + \alpha_P \Delta t \right)$$ |
| 13 | Quantità di calore ceduta o assorbita da un corpo $$\Delta Q = cm\Delta t$$ |
| 14 | Equazione di definizione della tensione superficiale $$\tau = \frac{W}{\Delta S} = \frac{F}{l}$$ |
| 15 | Relazione tra tensione superficiale, pressione e raggio per una superficie sferica |

| | |
|---|---|
| | $$P = \frac{2\tau}{R}$$ |
| 16 | Legge di Jurin $$\Delta h = \frac{2\tau \cos\theta}{r\rho g}$$ |
| 17 | Equazione di stato del gas perfetto $$PV = nRT$$ |
| 18 | Lavoro nelle trasformazioni termodinamiche $$W = \lim_{\Delta V_i \to 0} \sum_i P_i \Delta V_i = \int_{V_A}^{V_B} P\,dV$$ |
| 19 | Primo principio della termodinamica $$\Delta U = \Delta Q - \Delta W$$ |
| 20 | Equazione di definizione del calore specifico di un corpo $$c = \frac{1}{m}\frac{\Delta Q}{\Delta T}$$ |
| 21 | Equazioni del calore specifico a volume costante $$c_v = \frac{1}{m}\left(\frac{\Delta Q}{\Delta T}\right)_{isocora} \quad ; \quad c_v = \frac{1}{m}\left(\frac{\Delta U}{\Delta T}\right)_{isocora}$$ |
| 22 | Equazioni del calore specifico a pressione costante $$c_p = \frac{1}{m}\left(\frac{\Delta Q}{\Delta T}\right)_{isobara} \quad ; \quad c_p = \frac{1}{m}\left[\left(\frac{\Delta U}{\Delta T}\right)_{isobara} + \left(\frac{\Delta W}{\Delta T}\right.\right.$$ |
| 23 | Relazione tra calore molecolare a pressione costante e calore molecolare a volume costante $$\left(Mc_p - Mc_v\right) = R$$ |

| | |
|---|---|
| 24 | Lavoro eseguito da un gas perfetto che si espande isotermicamente da un volume $V_A$ a un volume $V_B$ $$W = nRT \ln \frac{V_B}{V_A}$$ |
| 25 | Equazione di una trasformazione isotermica $$PV = \text{cost}$$ |
| 26 | Equazioni di una trasformazione adiabatica $$TV^{\gamma-1} = \text{cost} \quad ; \quad PV^{\gamma} = \text{cost} \quad ; \quad \frac{T}{p^{(\gamma-1)/\gamma}} = \text{cost}$$ |
| 27 | Dipendenza della temperatura atmosferica dall'altezza sul livello del mare $$\frac{\Delta T}{\Delta h} = -\frac{\gamma-1}{\gamma}\frac{Mg}{R}$$ |
| 28 | Equazione barometrica nell'ipotesi che l'aria venga trattata come gas perfetto $$P(h) = P_0 e^{-\frac{Mg}{RT_0}h}$$ |
| 29 | Rendimento di una macchina di Carnot $$\eta = 1 - \frac{|Q_f|}{|Q_c|} = 1 - \frac{T_f}{T_c}$$ |
| 30 | Coefficiente di prestazione $$COP = \frac{1}{\frac{|Q_f|}{|Q_c|} - 1} = \frac{T_f}{T_c - T_f}$$ |

| 31 | Temperatura termodinamica assoluta $$T = 273.16K \frac{|Q|}{|Q_c|}$$ |
|---|---|
| 32 | Secondo principio della termodinamica $$S(B) \geq S(A) + \lim_{\Delta Q_i \to 0} \sum_{i(AB)} \frac{\Delta Q_i}{T_i} = \int_A^B \frac{dQ}{T}$$ |
| 33 | Quantità di energia meccanica convertita in energia interna dell'Universo $$E_c = T\Delta S$$ |
| 34 | Relazione tra pressione e media dei quadrati delle velocità molecolari $$P = \frac{1}{3} N \frac{m}{V} \overline{v^2}$$ |
| 35 | Equazione di Joule-Clausius $$\overline{E}_c = \frac{3}{2} kT$$ |
| 36 | Velocità quadratica media $$v_{q.m.} = \sqrt{\frac{3RT}{N_A m}} = \sqrt{\frac{3RT}{M}} = \sqrt{\frac{3PV}{Nm}} = \sqrt{\frac{3P}{\rho}}$$ |
| 37 | Calore specifico a volume costante $$c_v = \frac{3}{2} nR$$ |
| 38 | Energia interna di un gas perfetto $$U = c_v T + k = \frac{3}{2} nRT$$ |

| | |
|---|---|
| 39 | Stati microscopici di un sistema $$W = \frac{N!}{n_A! n_B!}$$ |
| 40 | Probabilità che si realizzi un certo stato macroscopico $$p = \frac{W}{2^N} = \frac{N!}{n_A! n_B!} \frac{1}{2^N}$$ |
| 41 | Relazione tra entropia e stati microscopici di un sistema $$S = k \ln W$$ |
| 42 | Equazione di Van der Waals $$\left( P + n^2 \frac{a}{V^2} \right)(V - nb) = nRT$$ |
| 43 | Relazioni tra i valori critici di una sostanza e le costanti e $a$ $b$ del modello termodinamico di Van der Waals $$P_c b + RT_c = 3P_c V_c$$ $$a = 3P_c V_c^2$$ $$ab = P_c V_c^3$$ |
| 44 | Energia interna di un gas di Van der Waals $$U = -\frac{a}{V} + c_v T + \text{cost}$$ |
| 45 | Equazione di Clapeyron $$\frac{\Delta P}{\Delta T} = \frac{\lambda_v}{T(v_2 - v_1)}$$ |
| 46 | Calore latente di fusione |

|  | $$\frac{\Delta Q}{\Delta m} = u_l - u_s + P\left(v_l - v_s\right) = \lambda_f$$ |
|---|---|
| 47 | Calore latente di vaporizzazione $$\frac{\Delta Q}{\Delta m} = u_2 - u_1 + P\left(v_2 - v_1\right) = \lambda_v$$ |
| 48 | Calore latente di sublimazione $$\frac{\Delta Q}{\Delta m} = u_v - u_s + P\left(v_v - v_s\right) = \lambda_s$$ |
| 49 | Relazione tra vettore flusso di calore e temperatura $$\vec{F} = -\lambda\left(\vec{i}\,\frac{\partial T}{\partial x} + \vec{j}\,\frac{\partial T}{\partial y} + \vec{k}\,\frac{\partial T}{\partial z}\right)$$ |
| 50 | Equazione di Fourier $$\frac{\partial^2 T}{\partial x^2} + \frac{\partial^2 T}{\partial y^2} + \frac{\partial^2 T}{\partial z^2} = \frac{\rho_c}{\lambda}\frac{\partial T}{\partial t}$$ |
| 51 | Relazione tra il modulo del vettore flusso di calore e temperatura in regime stazionario $$F = H\left(T_1 - T_2\right) \quad ; \quad H = \frac{\lambda}{L}$$ |
| 52 | Numero di Rayleigh $$R_\alpha = A\left(T\right)L^3\Delta T$$ |
| 53 | Equazione di propagazione del calore per convezione in regime stazionario $$F = H_c\left(T_1 - T_2\right)$$ |

| | |
|---|---|
| | Intercapedine di spessore $L$ d'aria<br><br>$per\ R_\alpha < 2000\ $ è $\ H_c = \dfrac{\lambda}{L}$<br><br>$per\ 2000 < R_\alpha < 200000\ $ è $\ H_c = 0.12R_\alpha^{\frac{1}{4}}\dfrac{\lambda}{L}$<br><br>$per\ R_\alpha > 200000\ $ è $\ H_c = 0.04R_\alpha^{\frac{1}{3}}\dfrac{\lambda}{L}$ |
| 54 | Intercapedine di altezza $L$ d'aria<br><br>$per\ R_\alpha < 1000\ $ è $\ H_c = \dfrac{\lambda}{L}$<br><br>$per\ 1000 < R_\alpha < 300000\ $ è $\ H_c = 0.21R_\alpha^{\frac{1}{4}}\dfrac{\lambda}{L}$<br><br>$per\ R_\alpha > 300000\ $ è $\ H_c = 0.08R_\alpha^{\frac{1}{3}}\dfrac{\lambda}{L}$ |
| 55 | Riflettanza<br><br>$$r = (\lambda,\theta) = \dfrac{I_R}{I}$$ |
| 56 | Trasparenza<br><br>$$t = (\lambda,\theta) = \dfrac{I_T}{I}$$ |
| 57 | Assorbanza<br><br>$$a = (\lambda,\theta) = \dfrac{I_A}{I}$$ |

| | |
|---|---|
| 58 | Legge di Planck $$f_N(\lambda) = \frac{c_1}{\lambda^5 \left( e^{\frac{c_2}{\lambda T}} - 1 \right)}$$ |
| 59 | Legge di Stefan e Boltzmann $$P_N = S\sigma T^4 \quad ; \quad \sigma = 5.6697 \cdot 10^{-8} \frac{W}{m^2 K}$$ |
| 60 | Legge di Wien $$\lambda_{max} = \frac{2897.8 \, \mu mK}{T}$$ |
| 61 | Emittanza spettrale $$\varepsilon(\lambda) = \frac{f(\lambda)}{f_N(\lambda)}$$ |
| 62 | Legge di Kirchhoff $$\varepsilon(\lambda) = a(\lambda)$$ |
| 63 | Equazione del bilancio termico per un organismo omeotermo $$P = S(H_c + H_r)\Delta T$$ |
| 64 | Valore ottimale della temperatura dell'ambiente che circonda un organismo omeotermo $$T_{amb} = T_{org} - \frac{P}{S(H_c - H_r)}$$ |

| | |
|---|---|
| 65 | Lavoro eseguito da una forza agente su un corpo<br><br>$$W = \int_{A}^{B} \vec{F} \cdot d\vec{s}$$ |
| 66 | Teorema dell'energia cinetica<br><br>$$W_{AB} = \frac{1}{2}mv_B^2 - \frac{1}{2}mv_A^2$$ |
| 67 | Energia libera<br><br>$$F = U - TS$$ |
| 68 | Entalpia<br><br>$$H = U + PV$$ |
| 69 | Entropia di Shannon<br><br>$$S\left(\frac{Q}{X}\right) = -k\sum_i p_i \lg_2 p_i$$ |
| 70 | Informazione<br><br>$$I = S\left(\frac{Q}{X}\right) - S_0\left(\frac{Q}{X_o}\right)$$ |

## 4.2    PROVE DI ABILITA'

### Prova numero 1

La lunghezza della colonnina di un termometro a mercurio è 5.0 cm quando il termometro è posto in una miscela acqua-ghiaccio ed è 25.0 cm quando è posto nell'acqua in ebollizione. Si domanda:

A) la lunghezza della colonnina di mercurio alla temperatura ambiente di $22°C$

B) la temperatura di una soluzione chimica sapendo che quando il termometro viene posto in essa la colonnina di mercurio raggiunge il livello di 26.4 cm

### Prova numero 2

Un termometro a gas a volume costante indica una tensione di 50mm $Hg$ al punto triplo dell'acqua. Si domanda:

A) quale pressione indica il termometro quando la temperatura vale $300K$

B) quanto vale la temperatura quando il termometro indica una pressione di 68mm $Hg$

### Prova numero 3

Un certo tipo di sciolina (miscela di grassi minerali usati per migliorare la scorrevolezza degli sci) è indicata per essere usata tra $-12°C$ e $-7°C$. Questo intervallo di temperatura a quale intervallo corrisponde sulla scala Fahrenheit.

### Prova numero 4

Qual è la temperatura espressa in gradi Fahrenheit corrispondente alla temperatura normale del corpo umano di $37°C$. Sapendo che la temperatura interna del sole è circa $10^7 K$, quanto vale questa temperatura in gradi Centigradi e in gradi Fahrenheit.

## Prova numero 5

Un ponte di ferro lungo 100 m è costituito da un'unica struttura continua. Si domanda: di quanto varia la sua lunghezza dai giorni invernali più freddi $-30°C$ ai giorni più caldi $40°C$ □

## Prova numero 6

Si vuole costruire una linea ferroviaria con tronchi di ferro della lunghezza di 100 m . Poiché la costruzione viene eseguita in inverno quando la temperatura è pari a circa $-14°C$, si domanda: quale spaziatura occorre lasciare tra i tronchi di ferro per evitare gli effetti della dilatazione termica, sapendo che la massima temperatura raggiunta in quella zona è circa $66°C$ □

## Prova numero 7

Un cubo di rame viene riempito con mercurio fino all'orlo alla temperatura ambiente di $20°C$. Il sistema così ottenuto viene portato alla temperatura di $60°C$, sapendo che per questo valore di temperatura il volume del cubo di rame vale $0.031 m^3$, si domanda la quantità di mercurio che trabocca dal cubo.

## Prova numero 8

Una lamina quadrata di ferro ha, alla temperatura di $0°C$, il lato di 3 m . Si domanda il valore della sua superficie alla temperatura di $64°C$.

## Prova numero 9

Un sfera di vetro ha il diametro pari a 30 cm alla temperatura di $-20°C$. Si domanda la variazione della sua superficie quando viene portata alla temperatura di $130°C$ (il coefficiente di dilatazione termica unidimensionale è : $\lambda = 8 \cdot 10^{-6} \, °C^{-1}$

# Prova numero 10

Un sfera d'acciaio ha il diametro di 30 cm alla temperatura di $30°C$. Si domanda la variazione del suo volume quando viene portato alla temperatura di $100°C$

# Prova numero 11

Una sbarra d'acciaio di lunghezza $l_0$ alla temperatura di $20°C$ viene introdotta in un forno. Sapendo che la sua lunghezza $l$ , alla temperatura del forno, è aumentata di $(1/500)$ della sua lunghezza iniziale $l_0$, si domanda la temperatura del forno.

# Prova numero 12

Una sfera di zinco ha il diametro di 20 cm quando viene posta in una miscela acqua-ghiaccio. Si riscaldi la miscela fino all'ebollizione e, successivamente, la si lasci raffreddare fino alla temperatura ambiente di $20°C$. Si domanda la variazione della spinta di Archimede subita dalla sfera quando il sistema passa dalla temperatura di ebollizione alla temperatura ambiente di $20°C$ (si assuma che la pressione del luogo, dove vengono eseguite le operazioni, sia $1.012 \cdot 10^5 \, P_a$ ).

# Prova numero 13

Il pendolo di un orologio è costruito in alluminio. Ammettendo che l'orologio sia esatto quando la temperatura ambiente è $t_0 = 20°C$. Si domanda quanto ritarda ogni giorno quando la temperatura ambiente è $t = 30°C$.

# Prova numero 14

In due recipienti cilindrici (vedi figura (4.2.14)), $R_0$ contenente una miscela acqua-ghiaccio e $R$ contenente acqua in ebollizione (alla pressione di $1.012 \cdot 10^5 P_a$), sono immersi i due rami di un tubo ad $U$ contenente mercurio. Sapendo che $h_0 = 100.000 cm$ e $h = 101.826 cm$ si domanda quando vale il coefficiente di dilatazione termica $\beta$ per il mercurio.

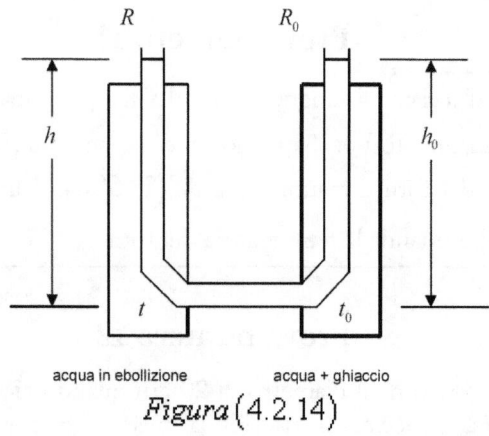

Figura $(4.2.14)$

# Prova numero 15

Un cilindro d'acciaio, avente la sezione $S = 20 cm^2$ e munito di un pistone a perfetta tenuta, contiene alla temperatura ambiente di $20°C$, un volume $V_0 = 200 cm^3$ di glicerina. Sul pistone agisce una forza di $10^3 N$ ; riscaldando il sistema fino alla temperatura di $120°C$ e trascurando sia gli effetti della dilatazione termica sul cilindro sia la massa del pistone, si determini:

A) l'aumento di volume della glicerina

B) il lavoro meccanico eseguito dalla glicerina

C) la quantità di calore assorbita dalla glicerina

Si assuma che la massa volumica ed il calore specifico della glicerina siano costanti rispettivamente di valore:

$$\rho = 1.26 \frac{g}{cm^3} \quad ; \quad c = 0.58 \frac{cal}{g\,°C}$$

# Prova numero 16

Un tornitore meccanico deve introdurre una sfera piena di raggio $R_1 = 10.000mm$ e di massa $m_1 = 500g$ in una sfera cava di raggio $R_2 = 9.995mm$ e di massa $m_2 = 3kg$. Poiché il tornitore non ha alcun utensile per ricondurre il raggio della sfera piena al valore del raggio della sfera cava, decide di utilizzare il fenomeno della dilatazione termica. Si domanda, sapendo che la sfera piena e la sfera cava sono costituite rispettivamente di alluminio e di rame, quale dei due processi possibili sia, dal punto di vista energetico, più vantaggioso: riscaldare la sfera cava o raffreddare la sfera piena

# Prova numero 17

Un mulinello di Joule è costituito da un thermos le cui pareti interne sono rivestite di rame la cui massa è pari a $m_1 = 108g$. Il thermos contiene un olio, di massa $m_2 = 800g$, che viene agitato dal sistema di palette che ruotano sotto l'azione di un momento meccanico $\vec{\tau}$ il cui modulo è $\tau = 10Nm$. Dopo che le palette hanno eseguito 142 giri, la temperatura del sistema si è innalzata di $\Delta t = 5°C$; si domanda di calcolare l'equivalente meccanico della caloria (il calore specifico del rame è $0.093 \frac{kcal}{kg°C}$)

# Prova numero 18

Un compressore sviluppa una quantità di calore pari a $5000kcal$ per ora e viene raffreddato con circolazione di olio che entra alla temperatura di $20°C$ ed esce alla temperatura di $30°C$. Conoscendo il calore specifico dell'olio che è pari a $0.520\dfrac{kcal}{kg°C}$, si determini la quantità di olio per ora che deve circolare nel compressore.

## Prova numero 19

In un thermos vengono versati 5 litri di acqua alla temperatura di $20°C$ e, successivamente, viene immerso un cubetto d'acciaio avente lo spigolo pari a 10 cm e la temperatura di $105°C$. Si domanda la temperatura di equilibrio del sistema. (il calore specifico dell'acciaio è pari a $0.113\dfrac{kcal}{kg°C}$ e la massa volumica a $7860\dfrac{kg}{m^3}$)

## Prova numero 20

Un thermos, avente le pareti interne rivestite di rame e la cui massa è pari a $200g$, contiene $300g$ di acqua alla temperatura di $25°C$. Immergendo una lega di massa $100g$ alla temperatura di $250°C$, la temperatura dell'acqua aumenta di $3°C$. Si domanda il calore specifico della lega.

## Prova numero 21

Due boyler contengono rispettivamente acqua alla temperatura di $30°C$ e alla temperatura di $90°C$. Poiché necessitano 90 litri di acqua alla temperatura di $50°C$, si domanda quanta acqua deve essere prelevata alla temperatura di $30°C$ e quanta alla temperatura di $90°C$. Si supponga che le operazioni siano eseguite senza dispersione di calore.

## Prova numero 22

Si determini il lavoro che si deve eseguire su una bolla di sapone per cambiare il suo diametro dal valore $d_1 = 5cm$ al valore $d_2 = 10cm$, sapendo che la tensione superficiale dell'acqua saponata è costante e vale $40 \cdot 10^{-3} \dfrac{N}{m}$

# Prova numero 23

Si determini il raggio di una goccia di liquido la cui pressione interna e la cui tensione superficiale sono rispettivamente:

$$P = 80 P_a \qquad ; \qquad \tau = 8 \cdot 10^{-2} \dfrac{N}{m}$$

# Prova numero 24

Un anello metallico di spessore trascurabile e di diametro 6 cm viene immerso orizzontalmente in olio. Si determini la tensione superficiale dell'olio sapendo che per poter estrarre l'anello metallico dall'olio è necessaria una forza di $6 \cdot 10^{-3} N$

# Prova numero 25

Una bolla di sapone di massa $m = 0.15 g$ è ottenuta insufflando idrogeno di massa volumica $\rho_H = 9.3 \cdot 10^{-2} \dfrac{kg}{m^3}$. Si determini il massimo valore della pressione interna della bolla perché essa possa sostenersi in aria ed il minimo valore del raggio.

*la tensione superficiale e la massa volumica dell'acqua saponata sono rispettivamente pari a:*

$$\tau = 4 \cdot 10^{-3} \dfrac{N}{m} \qquad ; \qquad \rho_a = 1.293 \dfrac{kg}{m^3}$$

# Prova numero 26

Un cilindro di vetro chiuso ermeticamente contiene acqua su cui si esercita una pressione $P_c = 1.022 \cdot 10^5 P_a$. Immergendo un tubo capillare di vetro nel cilindro, l'acqua sale ad una quota $h = 0.25m$; sapendo che l'angolo di raccordo è: $\theta = 0rad$, si determini il raggio del tubo capillare.

---

# Prova numero 27

Si vuole eseguire una misurazione della pressione atmosferica facendo uso di un tubo barometrico capillare e di mercurio. Si domanda quale deve essere il raggio del tubo capillare perché l'errore relativo causato dalla depressione del mercurio non superi 1‰ ( si assuma l'angolo di raccordo $\theta = 0rad$)

---

# Prova numero 28

In un tubo barometrico il livello di mercurio $h$ è pari a $70.8cm$. Si determini la pressione esterna al tubo barometrico, sapendo che il raggio $r$ del tubo è pari a 1mm ( la massa volumica del mercurio è

$$\rho = 13.6 \frac{g}{cm^3}$$ e l'angolo di raccordo è $\theta = 0rad$)

---

# Prova numero 29

Un anello sottile di raggio $R = 0.03m$ è immerso in una bacinella piena d'acqua e reca appeso un corpo $C$ di massa volumica

$$\rho_c = 0.4 \cdot 10^3 \frac{kg}{m^3}$$ (vedi figura (4.2.29)). Si determini per quali valori

della massa del corpo $C$ l'anello non affiori alla superficie limite dell'acqua.(si trascuri il peso dell'anello e la relativa spinta di Archimede)

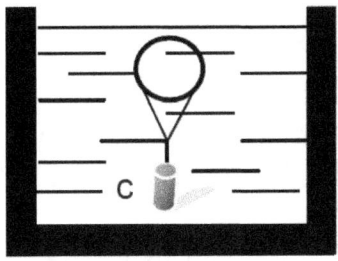

*Figura* (4.2.29)

## Prova numero 30

Lo stato termodinamico di un gas perfetto è definito dai seguenti valori della pressione, del volume e della temperatura:

$$P = 765 orr \quad ; \quad V = 1.29 litri \quad ; \quad t = 18°C$$

Sapendo che la massa gassosa è $m = 2.71g$, si domanda il valore della massa molecolare.

## Prova numero 31

Una bombola di volume $V = 70 litri$ contiene un gas perfetto di peso molecolare $M = 16$ alla pressione $P = 100 atm$ e alla temperatura $t = 27°C$. Si chiede di determinare la massa del gas.

## Prova numero 32

In un recipiente viene praticato il vuoto e la pressione residua, alla temperatura di $26.85°C$, è pari $P = 1.2 \cdot 10^{-5} torr$. Sapendo che il volume del recipiente è pari a $100 cm^3$, si determini il numero delle molecole d'aria contenute nel recipiente.

# Prova numero 33

La presenza dell'idrogeno atmosferico alla quota di 300 km dal livello del mare è pari a 1500 molecole per ogni $m^3$ alla temperatura di $6.85°C$. Si determini la pressione esercitata dall'idrogeno.

# Prova numero 34

Quante molecole per $m^3$ sono contenute in un gas perfetto il cui stato termico è definito dal valore di temperatura $t = 0°C$ e la cui pressione è pari a $10.12 \cdot 10^5 P_a$. Sapendo che il diametro molecolare è $d = 10^{-10} m$ e supponendo che le molecole siano uniformemente distribuite in modo che ognuna di esse sia posizionata al centro di un cubetto di lato $l$, si determini il rapporto $\dfrac{l}{d}$

# Prova numero 35

Si determini l'energia cinetica di traslazione e l'energia totale delle seguenti specie gassose:

- una mole di gas monoatomico
- una mole di gas biatomica
- una massa di 100 g di ossigeno

# Prova numero 36

È stata eseguita una misurazione del rapporto tra il calore molecolare a pressione costante ed il calore molecolare a volume costante di un gas perfetto trovando il valore $\gamma = 1.4$; si domanda l'energia totale di una mole di gas alla temperatura $26.85°C$

# Prova numero 37

Il rapporto tra le energie totali di due specie gassose presenti in uguali quantità alla stessa temperatura è: $\dfrac{U_{t_1}}{U_{t_2}} = 14$ . Sapendo che le specie gassose sono gas perfetti e che uno di essi è idrogeno; si domanda l'altro gas ed i valori dei calori molecolari a pressione costante e a volume costante.

# Prova numero 38

Una quantità di ossigeno pari a 100 g occupa un volume $V = 3l$ alla temperatura $27°C$. Supponendo il gas perfetto si determinino:

A. la velocità quadratica media $v_{q.m.}$ delle molecole di ossigeno

B. la pressione del gas

C. la densità del gas

D. l'energia totale del gas

# Prova numero 39

Un medico deve determinare la funzionalità della ghiandola tiroide di un paziente misurando il grado di metabolismo basale. Il paziente esala un volume $V_e$ di aria pari a 50 litri attraverso un tubo di gomma che termina in un recipiente d'acqua la cui temperatura è $t_1 = 26.85°C$. A questo valore di temperatura corrisponde una tensione di vapore dell'acqua $P = 20.5torr$ e una pressione esterna $P_e = 750Torr$. Sapendo che la durata della prova è 5 minuti e che l'aria esalata dal paziente contiene il 15.50% di ossigeno e quella inalata il 19.40% , si domanda la velocità con cui il paziente consuma l'ossigeno alla temperatura $t_2 = 10°C$ e alla pressione $P_2 = 760torr$ (si trascuri la solubilità dei gas nell'acqua ed ogni eventuale differenza di volume tra aria inalata e aria esalata)

# Prova numero 40

Un cilindro, munito di pistone mobile a perfetta tenuta, contiene un volume $V_1$ di $100$ litri di gas perfetto alla pressione $P_1 = 750 torr$. Comprimendo il gas molto lentamente ed isotermicamente fino a quando il suo volume raggiunge il valore $V_2 = 10$ litri, si domanda: qual è il lavoro eseguito sul sistema.

# Prova numero 41

Un gommista fa uso di un compressore per gonfiare molto lentamente un pneumatico alla pressione $P_1 = 2.5 atm$, partendo da aria che si trova alla pressione di $P_0 = 1 atm$ e alla temperatura di $t_0 = 30°C$. Sapendo che per l'aria il rapporto tra il calore specifico a pressione costante e quello a volume costante è: $\gamma = 1.4$, si determini il valore di temperatura $t_1$ dell'aria quando lascia il compressore. *(si trascurino le perdite di calore)*

# Prova numero 42

Una mole di gas perfetto biatomica si trova inizialmente alla pressione $P_0 = 10^3 torr$ e al volume $V_0 = 100$ litri. Viene eseguita, molto lentamente, una compressione adiabatica che riduce il volume al valore $V = \frac{1}{2} V_0$. Si domanda:

    A. la pressione finale $P$

    B. il lavoro speso per eseguire la compressione adiabatica

# Prova numero 43

Un certa quantità di gas perfetto si trova inizialmente alla temperatura $t_0 = 26.85°C$ e al volume $V_0$. Viene eseguita, molto lentamente, una compressione adiabatica che riduce il volume al valore $V = \dfrac{1}{20}V_0$. Si domanda la temperatura finale $t$.

## Prova numero 44

Una mole di gas perfetto biatomica è contenuta in un recipiente alla temperatura $t_0 = 20°C$. Essa viene fatta espandere a pressione costante somministrandogli una quantità di calore $Q = 5000J$. Si domanda la temperatura finale $t$ ed il rapporto $\dfrac{V}{V_0}$ tra il volume finale ed il volume iniziale.

## Prova numero 45

Lo stato termodinamico di un gas perfetto biatomico è definito dai seguenti valori:

$$V_0 = 5000 litri \quad ; \quad P_0 = 10 atm \quad ; \quad T_0 = 300K$$

Il gas viene sottoposto a tre successive trasformazioni: un'espansione isotermica, nel corso della quale la pressione si riduce al valore $P_1 = 2atm$, un'espansione adiabatica, nel corso della quale la pressione si riduce al valore $P_2 = 1atm$ ed un'espansione nel vuoto, nel corso della quale la pressione si riduce al valore $P_3 = 0.1atm$. Si domanda:

    A. lo stato termodinamico finale del gas

    B. il lavoro totale $W$ eseguito

    C. la variazione totale $\Delta U$ di energia interna

# Prova numero 46

Lo stato termodinamico di un gas perfetto è definito dai seguenti valori:

$$V_0 \quad ; \quad P_0 = 1.8 atm \quad ; \quad T_0 = 300K$$

Esso viene sottoposto prima ad una compressione isotermica che riduce il volume $V_0$ al valore $V_1 = \dfrac{1}{4}V_0$ e poi ad un'espansione adiabatica che riporta il volume $V_1$ al valore iniziale $V_0$. Sapendo che la pressione finale assume il valore $P_2 = 1atm$, si domanda:

A. la variazione $\Delta U$ di energia interna per una mole di gas

B. il rapporto $\gamma = \dfrac{c_p}{c_v}$

---

# Prova numero 47

Lo stato termodinamico di una mole di gas perfetto biatomico è definito dai seguenti valori:

$$V_0 \quad ; \quad P_0 \quad ; \quad T_0 = 300K$$

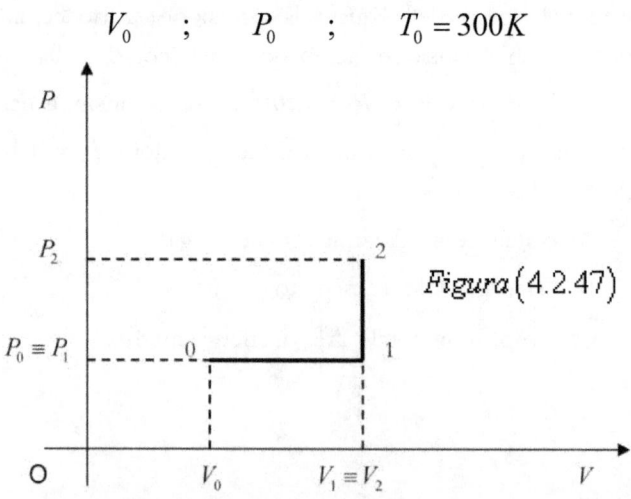

Figura (4.2.47)

Il gas viene riscaldato prima isobaricamente fino a quando il volume raggiunge il valore $V_1 = 2V_0$ e poi isocoricamente fino a quando la pressione raggiunge il valore $P_2 = 2P_0$. Si domanda:

A. la quantità di calore $Q$ assorbita dal gas

B. la variazione $\Delta U$ di energia interna

---

# Prova numero 48

Un gas perfetto di peso molecolare 32, alla pressione $P_0 = 2atm$ e alla temperatura $T_0 = 300K$, fluisce con velocità $v_0 = 40\frac{m}{s}$ attraverso un tubo liscio di sezione costante $S = 40cm^2$. Nel tubo viene immessa una potenza $P = 10^3 W$ che determina un riscaldamento del gas. Supponendo che nel corso del riscaldamento la pressione del gas si mantenga costante, si domanda la velocità $v$ e la temperatura $T$ con cui il gas emerge dal tubo.

# Prova numero 49

Un cilindro termicamente isolato è munito di un pistone mobile che può scorrere senza attrito così com'è indicato nella figura (4.2.49). Inizialmente il pistone divide il cilindro in due parti A e B di pari volume: $V_A = V_B = V_0$ contenente ognuna 600 moli di gas perfetto biatomico alla pressione $P_0$ e alla temperatura $T_0 = 300K$. Nella parte A del cilindro è alloggiata una spirale che percorsa da corrente elettrica produce un lento riscaldamento del gas che espandendosi comprime il gas nella parte B fino a quando la pressione assume il valore $P_A = P_B = 4P_0$. Si domanda:

A. il lavoro eseguito sul gas nella parte B

B. la temperatura finale del gas nelle due parti A e B

C. la quantità di calore $Q$ prodotta dalla spirale.

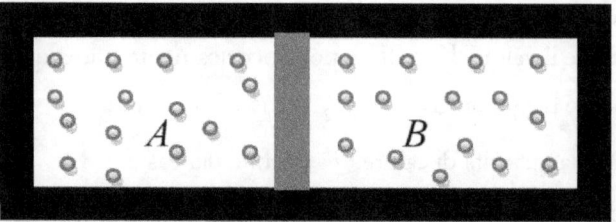

*Figura* $(4.2.49)$

---

## Prova numero 50

Una certa quantità di ossigeno è posta in due recipienti rispettivamente di volume $V_1 = 0.5m^3$ e $V_2 = 1.5m^3$. I due recipienti sono connessi con un tubo cortissimo che contiene un setto poroso (vedi figura (4.2.50)) che consente l'uguaglianza di pressioni nei due recipienti ma non delle temperature. Orbene, sapendo che inizialmente la temperatura e la pressione dell'ossigeno, in entrambi i recipienti, sono rispettivamente $T_0 = 400K$ e $P_0 = 2.024 \cdot 10 \ P_a$, si domanda la pressione finale $P$ e la quantità, espressa in grammi, dell'ossigeno contenuto nel recipiente più piccolo quando il sistema viene sottoposto ad una trasformazione che determina un valore di temperatura $T_1 = 300K$ per il gas contenuto nel recipiente più piccolo ed un valore di temperatura $T_2 = 500K$ per il gas contenuto nel recipiente più grande.

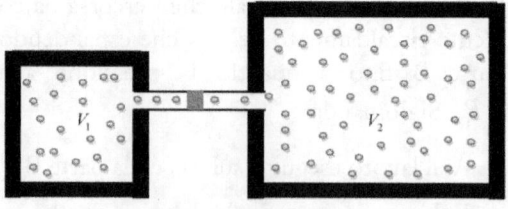

*Figura* $(4.2.50)$

---

# Prova numero 51

Per il riscaldamento di un edificio viene installato un impianto frigorifero capace di assorbire calore dal terreno (sorgente fredda di temperatura $T_f = 260K$) e di cederlo all'edificio (sorgente calda di temperatura $T_c = 293K$). Se una macchina frigorifera di Carnot potesse funzionare in tal modo, si domanda quanti $KWh$ di calore vengono ceduti all'edificio per ogni $KWh$ di energia elettrica fornita all'impianto.

# Prova numero 52

Una macchina frigorifera ha un coefficiente di prestazione $COP_f$ pari a $\dfrac{1}{3}$ del coefficient di prestazione $COP_c$ di una macchina frigorifera di Carnot. Sapendo che la macchina frigorifera assorbe una quantità di calore $\left|Q_f\right| = 100J$ dalla sorgente fredda e che il suo fluido lavora tra due sorgenti di temperatura rispettivamente $T_f = 250K$ e $T_c = 550K$, si domanda la quantità di calore ceduta alla sorgente calda.

# Prova numero 53

Si determini la variazione $\Delta S$ di entropia in funzione dei parametri di stato, dei calori specifici e del numero di moli per un gas perfetto quando viene sottoposto alle seguenti trasformazioni reversibili: isocora, isotermica e isobara.

# Prova numero 54

600 moli di un gas perfetto biatomico si trovano inizialmente in uno stato A i cui valori di pressione e di volume sono rispettivamente: $P_A = 1.012 \cdot 10^5 P_a$ e $V_A = 22.4 \cdot 10^{-3} m^3$. Essi vengono sottoposti ad

una trasformazione che li porta in uno stato C i cui valori di pressione e di volume sono rispettivamente: $P_C = 2.04 \cdot 10^5 P_a$ e $V_C = 33.6 \cdot 10^{-3} m^3$. La trasformazione che porta il sistema dallo stato A allo stato C viene eseguita secondo il percorso ADC indicato nella figura (4.2.54). Si chiede di verificare che la variazione di entropia è la stessa se la trasformazione che porta il sistema dallo stato A allo stato C venisse eseguita secondo il percorso ABC; inoltre si chiede di calcolare la variazione di entropia.

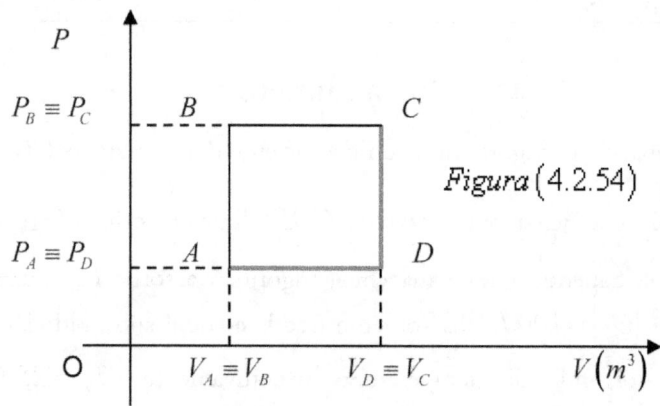

Figura (4.2.54)

## Prova numero 55

Un gas perfetto monoatomico di massa 1kg viene sottoposto ad una espansione isotermica che determina una variazione di entropia $\Delta S = 209 \dfrac{J}{K}$. Sapendo che l'energia interna è $U = 10000 J$ e che il volume finale $V$ è tre volte il volume iniziale $V_0$, si chiede di calcolare:

A. la quantità di calore che il gas scambia con l'ambiente circostante nel corso della sua      espansione

B. la temperatura $T$ a cui avviene l'espansione

C. la massa molecolare $M$

# Prova numero 56

Una massa d'acqua pari a $10kg$ si trova alla temperatura $T_0 = 273.15K$ e alla pressione di $1.012 \cdot 10^5 P_a$. Essa viene riscaldata molto lentamente a pressione costante fino alla temperatura di ebollizione $T_E = 373.15K$ e lasciata bollire fino a quando tutta la massa passa allo stato di vapore. Si chiede di calcolare la variazione di entropia ritenendo che l'intera trasformazione sia reversibile.

# Prova numero 57

Una massa d'acqua pari a $10kg$ si trova alla temperatura $T_A = 273.15K$ e alla pressione $P_A = 1.012 \cdot 10^5 P_a$, essa viene posta in contatto termico con una sorgente di calore di temperatura $T_S = 373.15K$ e pertanto si domanda:

- Qual è la variazione di entropia dell'acqua, della sorgente di calore e dell'Universo quando l'acqua ha raggiunto la temperatura della sorgente ($P_A$ resta costante nel caso del riscaldamento dell'acqua)

- se l'acqua fosse posta prima in contatto termico con una sorgente di calore di temperatura $T = 373.15K$ quale sarebbe la variazione di entropia dell'Universo. Come si potrebbe portare l'acqua dalla temperatura $T_A$ alla temperatura $T_S$ senza che l'Universo cambi la sua entropia.

# Prova numero 58

Una macchina di Carnot usa come fluido di lavoro una quantità $m = 28g$ e lavora tra due sorgenti di calore rispettivamente di temperatura $T_c = 400K$ e $T_f = 300K$. Sapendo che il volume dell'azoto nello stato $A$ è $V_A = 6 \cdot 10^{-3} m^3$ e nello stato C

$V_C = 18.1 \cdot 10^{-3} m^3$ (vedi figura 4.2.58) si chiede di calcolare:

A. il volume $V_B$ e il volume $V_D$

B. le quantità di calore e $Q_c$ e $Q_f$ scambiate nelle isoterme rispettivamente a temperatura $T_c$ e a temperatura $T_f$

C. la variazione complessiva di entropia nelle due isoterme

D. il rendimento della macchina

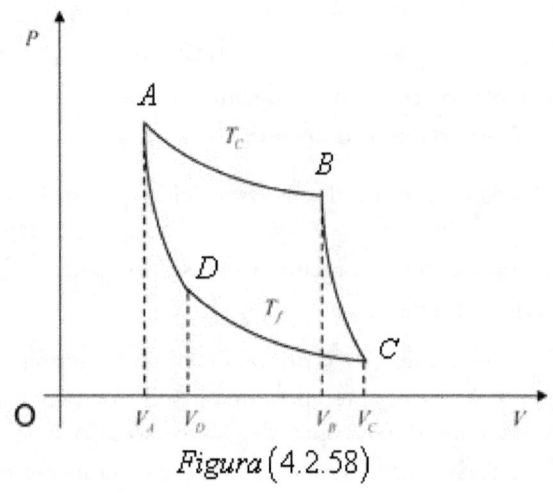

Figura (4.2.58)

---

## Prova numero 59

Una macchina di Carnot lavora tra due sorgenti di calore la cui differenza di temperatura è $\Delta T = T_c - T_f = 100K$. Sapendo che la variazione di entropia lungo l'isoterma di temperatura $T_f$ è

$\Delta S_f = -10 \dfrac{J}{K}$, si chiede di calcolare il lavoro eseguito in un ciclo.

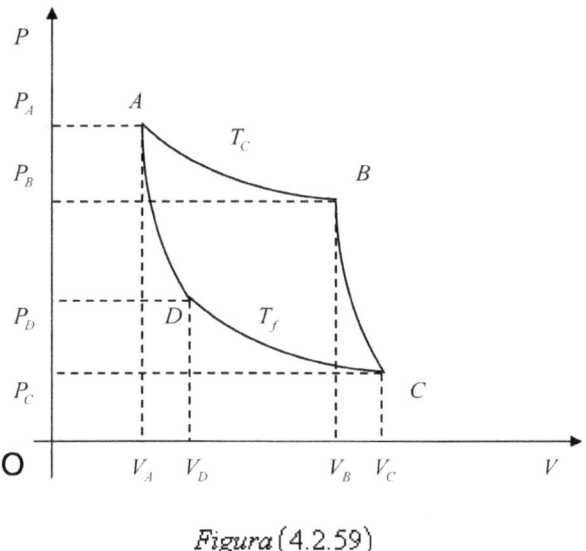

*Figura* $(4.2.59)$

---

## Prova numero 60

Una macchina di Carnot esegue il ciclo complesso come indicato in figura (4.2.60); essa lavora prima tra le sorgenti di calore di temperatura $T_1 = 400K$ e $T_2 = 300K$ e poi tra le sorgenti di calore di temperatura $T_2 = 300K$ e $T_3 = 200K$. Sapendo che la macchina, in un certo numero di cicli, assorbe la quantità di calore $Q_1 = 1200J$ dalla sorgente di calore di temperatura $T_1$ ed esegue il lavoro $W = 200J$, si chiede di calcolare, supposto tutto il sistema termicamente isolato:

A. le quantità di calore $Q_2$ e $Q_3$ scambiate con le sorgenti di calore di temperatura $T_2$ e $T_3$

B. la variazione di entropia di ogni sorgente di calore

C. la variazione di entropia dell'Universo

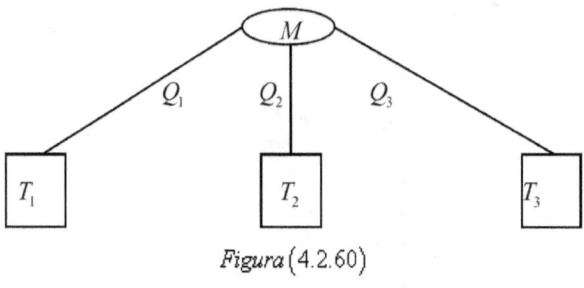

*Figura* (4.2.60)

---

# Prova numero 61

Una mole di gas perfetto monoatomico viene utilizzata per eseguire un ciclo reversibile costituito da una trasformazione isocora, una trasformazione adiabatica e una trasformazione isobara così come viene indicato nella figura (4.2.61). conoscendo i valori delle seguenti grandezze:

$$P_B = 10.12 \cdot 10^5 P_a \quad ; \quad V_B = 2m^3 \quad ; \quad V_C = 4m^3$$

Si chiede di calcolare:

    A. le quantità di calore assorbite e cedute nel ciclo

    B. il rendimento del ciclo

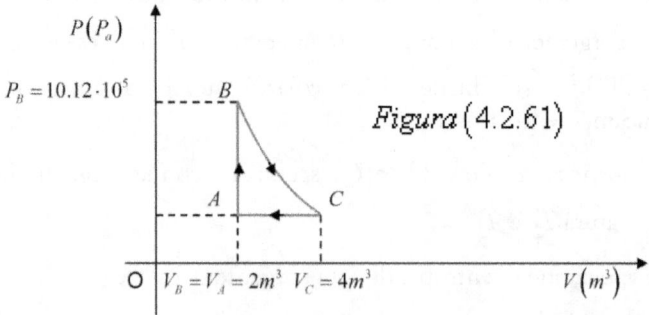

*Figura* (4.2.61)

# Prova numero 62

Una mole di idrogeno, considerato come gas reale, viene fatta espandere isotermicamente e molto lentamente in modo che la trasformazione possa ritenersi reversibile. Sapendo che la trasformazione avviene alla temperatura $T = 400K$ e che il volume del gas varia dal valore $V_1 = 2 \cdot 10^{-3} m^3$ al valore $V_2 = 4 \cdot 10^{-3} m^3$, si chiede di determinare il lavoro che il gas esegue sull'ambiente circostante e di confrontarlo con quello che il gas eseguirebbe se fosse trattato come gas perfetto (*i valori delle costanti di Van der Waals per l'idrogeno sono*):

$$a = 0.0251 P_a \frac{\left(m^3\right)^2}{mole^2} \quad ; \quad b = 0.0000266 \frac{m^3}{mole}$$

# Prova numero 63

Una mole di ossigeno, considerato come gas reale, subisce una trasformazione adiabatica nel corso della quale la temperatura varia dal valore $T_1 = 300K$ al valore $T_2 = 500K$. Sapendo che il volume iniziale del gas è $V_1 = 5litri$, si chiede di calcolare il volume finale $V_2$ assumendo per $\gamma$ lo stesso valore di un gas perfetto (i valori delle costanti di Van der Waals per l'ossigeno sono):

$$a = 0.0140 P_a \frac{\left(m^3\right)^2}{mole^2} \quad ; \quad b = 0.0000318 \frac{m^3}{mole}$$

# Prova numero 64

Si determini la variazione $\Delta S$ di entropia in funzione dei parametri di stato e dei calori specifici per una mole di gas reale quando viene sottoposta ad una generica trasformazione reversibile.

# Prova numero 65

Determinare i valori critici dei parametri di stato per l'ossigeno e confrontarli con i seguenti valori sperimentali:

$$P_{ax} = 50.6 \cdot 10^5 P_a \quad ; \quad V_{ax} = 7.5 \cdot 10^{-5} \frac{m^3}{mole} \quad ; \quad T_{ax} = 154K$$

determinando gli errori commessi nelle misure sperimentali (i valori delle costanti di Van der Waals per l'ossigeno sono:

$$a = 0.0140 P_a \frac{\left(m^3\right)^2}{mole^2} \quad ; \quad b = 0.0000318 \frac{m^3}{mole}$$

# Prova numero 66

Una mole di gas monoatomico viene riscaldata a volume costante e condotta dallo stato A, in cui la pressione è $P_A = 1.012 \cdot 10^5 P_a$, allo stato B, in cui la pressione è $P_B = 2.024 \cdot 10^5 P_a$. Conoscendo la temperatura iniziale: $T_A = 300K$, si chiede di calcolare l'entalpia $H$ del gas.

# Prova numero 67

Sulla cima del Monte Bianco $\left(h = 4810m\right)$ la temperatura è $T_0 = 250K$. Si determini la temperatura di ebollizione dell'acqua sapendo che la massa volumica dell'acqua e quella del suo vapore saturo, in prossimità della temperatura di $373.15K$, sono rispettivamente: $\rho_A = 960 \frac{kg}{m^3}$ e $\rho_V = 0.6 \frac{kg}{m^3}$ (la massa molecolare dell'aria è $M = 2.896 \cdot 10^{-2} \frac{kg}{mole}$ )

# Prova numero 68

In un cilindro con pistone a perfetta tenuta è contenuta una certa quantità di acqua. Sapendo che l'area del pistone è $S = 20cm^2$, si chiede di determinare il peso con il quale deve essere caricato il pistone affinché l'acqua entri in ebollizione alla temperatura $t = 230°C$ *(si utilizzano anche i dati della prova numero 67)*

# Prova numero 69

Gli esperti nutrizionali di una società sportiva hanno deciso che gli atleti devono bere bibite, dopo una gara, solo alla temperatura $T_f = 14°C$. Se le bibite vengono poste quattro ore prima che termina la gara, in un contenitore termico di area complessiva $S = 0.5m^2$ e avente uno strato isolante dello spessore $\Delta x = 2cm$, si domanda a quale temperatura $t_0$ devono essere poste nel contenitore perché gli atleti le possano bere alla temperatura di $14°C$? Si assuma per la conducibilità termica $\lambda = 9.30 \cdot 10^{-3} \dfrac{J}{SmK}$ e per la temperatura esterna $t_e = 32°C$ e si trascurino gli scambi termici tra le bibite considerando che il loro volume complessivo sia $V = 20litri$ mentre la massa volumica $\rho$ ed il calore specifico $c$ siano rispettivamente:

$$\rho = 1.3 \cdot 10^3 \frac{kg}{m^3} \quad ; \quad c = 4102.28 \frac{J}{kgK}$$

# Prova numero 70

Una piastra d'acciaio dello spessore $\Delta x = 5cm$ e di superficie $S = 0.5m^2$ ha una faccia alla temperatura $t_2 = 200°C$ e l'altra alla temperatura $t_1 = 50°C$. Sapendo che la conducibilità dell'acciaio è $\lambda = 45.4 \dfrac{J}{SmK}$, si chiede di calcolare la quantità di calore che si propaga per unità di tempo.

## 4.3 CORRETTORI DELLE PROVE DI ABILITA'

### Correttore della prova numero 1

L'equazione che caratterizza un termometro a mercurio è la seguente:

$$(4.3.1.1) \qquad t = 100°C \frac{l - l_0}{l_{100} - l_0}$$

che risolta rispetto ad $l$ fornisce l'equazione:

$$(4.3.1.2) \qquad l = l_0 + \frac{t}{100°C}(l_{100} - l_0)$$

in cui sostituendo i valori si ottiene il valore della lunghezza della colonnina di mercurio alla temperatura ambiente di $22°C$

$$l = 5cm + \frac{22°C \cdot 20cm}{100°C} = 9.4cm$$

Per rispondere alla domanda b) è sufficiente porre nell'equazione (4.3.1.1) i rispettivi valori delle grandezze:

$$t = 100°C \frac{26.4cm - 5.0cm}{25.0cm - 5.0cm} = 107°C$$

### Correttore della prova numero 2

L'equazione che caratterizza un termometro a gas a volume costante può scriversi come:

$$(4.3.2.1) \qquad T = 273.16K \frac{p}{p_3}$$

che risolta rispetto a $p$ fornisce l'equazione:

$$(4.3.2.2) \qquad p = \frac{T}{273.16K} p_3$$

in cui sostituendo i valori si ha:

$$p = \frac{300K}{273.16K} 50mmHg = 54.9mmHg$$

Per rispondere alla domanda b) è sufficiente porre nell'equazione (4.3.2.1) i rispettivi valori delle grandezze:

$$T = 273.16K \frac{68mmHg}{50mmHg} \cong 371.5K$$

## Correttore della prova numero 3

L'equazione di trasformazione che consente di passare dai gradi Centigradi ai gradi Fahrenheit è la seguente:

$$(4.3.3.1) \qquad t_F = 1.8°F t_c + 32°F$$

Sostituendo i valori si ha:

$$t_F = 1.8°F(-12) + 32°F = 10.4°F$$

$$t_F = 1.8°F(-7) + 32°F = 19.4°F$$

Pertanto, all'intervallo di temperatura $(-12°C, -7°C)$ sulla scala Celsius corrisponde sulla scala Fahrenheit l'intervallo $(104°F, 19.4°F)$

## Correttore della prova numero 4

Usando la seguente equazione di trasformazione:

$$(4.3.4.1) \qquad t_F = 1.8°F t_c + 32°F$$

si può determinare la temperatura espressa in gradi Fahrenheit corrispondente temperatura normale del corpo umano di $37°C$. Così facendo si ha:

$$t_F = 1.8°F(37) + 32°F = 98.6°F$$

Per determinare in gradi Fahrenheit la temperatura interna del Sole pari a circa $10^7 K$ si fa uso della seguente equazione di trasformazione:

$$(4.3.4.2) \qquad t_F = 1.8°F\left(T - 273.15\right) + 32°F$$

in cui sostituendo i valori si ha:

$$t_F = 1.8°F\left(10^7 - 273.15\right) + 32°F \cong 1.8 \cdot 10^{7}°F$$

mentre per determinarla in gradi centigradi si fa uso della seguente equazione trasformazione:

$$(4.3.4.3) \qquad t_c = T - 273.15$$

in cui sostituendo i valori si ha:

$$t_c = 10^7 - 273.15 = 9999726.85°C \cong 10^{7}°C$$

## Correttore della prova numero 5

Usando la formula della dilatazione termica unidimensionale si ha:

$$(4.3.5.1) \qquad l = l_0\left(1 + \lambda \Delta t\right)$$

da cui segue:

$$(4.3.5.2) \qquad \Delta l = l - l_0 = l_0 \lambda \Delta t$$

in cui sostituendo i valori si ha:

$$\Delta l = 100m \cdot 11.7 \cdot 10^{-6}°C^{-1}\left[40°C - \left(-30°C\right)\right] = 0.082m = 8.2cm$$

La lunghezza del ponte, nei giorni più caldi, varia della quantità $\Delta l = 8.2cm$

## Correttore della prova numero 6

Usando la formula della dilatazione termica unidimensionale si ha:

$$(4.3.5.1) \qquad l = l_0\left(1 + \lambda \Delta t\right)$$

da cui segue

$$(4.3.5.2) \qquad \Delta l = l - l_0 = l_0 \lambda \Delta t$$

in cui sostituendo i valori si ha:

$$\Delta l = 100m \cdot 11.7 \cdot 10^{-6} {}^{\circ}C^{-1} \left[ 66{}^{\circ}C - \left( -14{}^{\circ}C \right) \right] = 0.094m = 9.4cm$$

Quindi, per evitare gli effetti della dilatazione termica, i tronchi devono essere spaziati della quantità $\Delta l = 9.4cm$

## Correttore della prova numero 7

Alla temperatura di $20{}^{\circ}C$ il volume del mercurio $V_{M_0}$ coincide con il volume $V_{R_0}$ del tubo di rame. Alla temperatura di $60{}^{\circ}C$ il volume $V_R$ del cubo di rame è dato dalla seguente relazione:

$$(4.3.7.1) \quad V_R = V_{R_0} \left( 1 + \gamma \Delta t \right)$$

in cui osservando che è: $\gamma = 3\lambda$ si ha:

$$(4.3.7.2) \quad V_R = V_{R_0} \left( 1 + 3\lambda \Delta t \right)$$

mentre il volume $V_M$ è dato dalla relazione:

$$(4.3.7.3) \quad V_M = V_{M_0} \left( 1 + \beta \Delta t \right).$$

Per determinare la quantità di mercurio che trabocca nel cubo è sufficiente sottrarre membro a membro le equazioni (4.3.7.3) e (4.3.7.2); così facendo si ottiene la seguente equazione:

$$(4.3.7.4) \qquad \Delta V = V_M - V_R = V_{M_0} \left( 1 + \beta \Delta t \right) - V_{R_0} \left( 1 + 3\lambda \Delta t \right)$$

nella quale se si tiene conto che è $V_{M_0} = V_R$ si ha:

$$(4.3.7.5) \quad \Delta V = V_{R_0} \left( \beta - 3\lambda \right) \Delta t$$ in cui sostituendo il valore di $V_{R_0}$

ricavato dall'equazione $(4.3.7.2)$ si ha:

$$(4.3.7.6) \quad \Delta V = V_R \frac{(\beta - 3\lambda)\Delta t}{1 - 3\lambda \Delta t}$$

in cui sostituendo i valori si ha:

$$\Delta V = \frac{0.031m^3 \left(1.81 \cdot 10^{-4}°C^{-1} - 3 \cdot 16.6 \cdot 10^{-6}°C^{-1}\right)\left(60°C - 20°C\right)}{1 + 3 \cdot 16.6 \cdot 10^{-6}°C^{-1}\left(60°C - 20°C\right)} =$$

$$= 0.000162364m^3 = 162.364cm^3$$

## Correttore della prova numero 8

Usando la formula per la dilatazione termica bidimensionale si ha:

$$(4.3.8.1) \quad S = S_0\left(1 + \sigma\Delta t\right)$$

in cui osservando che il coefficiente $\sigma$ è legato al coefficiente $\lambda$ dalla seguente relazione: $\sigma = 2\lambda$ si ha:

$$(4.3.8.2) \quad S = S_0\left(1 + 2\lambda\Delta t\right)$$

in cui sostituendo i valori si ha:

$$S = 9m^2\left[1 + 2 \cdot 11.7 \cdot 10^{-6}°C^{-1}\left(64°C - 0°C\right)\right] \cong 9.013m^2$$

## Correttore della prova numero 9

Usando la formula per la dilatazione termica bidimensionale si ha:

$(4.3.9.1) \quad S = S_0\left(1 + \sigma\Delta t\right)$ in cui osservando che il coefficiente $\sigma$ è legato al coefficiente $\lambda$ dalla seguente relazione: $\sigma = 2\lambda$ si ha:

$$(4.3.9.2) \quad S = S_0\left(1 + 2\lambda\Delta t\right)$$

da cui segue l'equazione:

$$\left(4.3.9.3\right) \quad \Delta S = S - S_0 = S_0 2\lambda\Delta t$$

in cui sostituendo i valori si ha:

$$\Delta S = 4\pi \cdot \left(0.15m\right)^2 \cdot 2 \cdot 8 \cdot 10^{-6}{}^\circ C^{-1} \left[130^\circ C - \left(-20^\circ C\right)\right] =$$

$$= 0.000678m^2 \cong 0.678cm^2$$

che esprime la variazione della superficie della sfera.

---

## Correttore della prova numero 10

Usando la formula della dilatazione termica si ha:

$$\left(4.3.10.1\right) \quad V = V_0 \left(1 + \gamma\Delta t\right)$$

in cui osservando che il coefficiente $\gamma$ è legato al coefficiente $\lambda$ dalla seguente relazione $\gamma = 3\lambda$, si ha:

$$\left(4.3.10.2\right) \quad V = V_0 \left(1 + 3\lambda\Delta t\right)$$

da cui segue l'equazione

$$\left(4.3.10.3\right) \quad \Delta V = V - V_0 = V_0 3\lambda\Delta t$$

in cui sostituendo i valori si ha:

$$\Delta V = \frac{4}{3}\pi \cdot \left(0.15m\right)^3 \cdot 3 \cdot 11.7 \cdot 10^{-6}{}^\circ C^{-1} \cdot \left(100^\circ C - 30^\circ C\right) =$$

$$= 0.000034735m^3 = 3.4735 \cdot 10^{-5} m^3$$

che esprime la variazione del volume della sfera.

---

# Correttore della prova numero 11

Usando la formula di dilatazione termica unidimensionale si ha:

$$(4.3.11.1) \qquad l = l_0 \left[ 1 + \lambda \left( t - t_0 \right) \right]$$

Risolvendo questa equazione rispetto a $t$ si ha:

$$l = l_0 + \lambda l_0 t - \lambda l_0 t_0 \Rightarrow l - l_0 = \lambda l_0 t - \lambda l_0 t_0 \Rightarrow t = \frac{1}{\lambda} \left( \frac{l}{l_0} - 1 \right) + t_0$$

incui osservando che è:

$$l = l_0 + \frac{1}{500} l_0 = l_0 \left( 1 + \frac{1}{500} \right) \Rightarrow \frac{l}{l_0} = \left( 1 + \frac{1}{500} \right)$$

si ha: $t = \dfrac{1}{\lambda} \dfrac{1}{500} + t_0$ in cui sostituendo i valori si ha:

$$t = \frac{1}{11.7 \cdot 10^{-6} {}^\circ C^{-1}} \frac{1}{500} + 20\,^\circ C \cong 191\,^\circ C$$

che esprime il valore della temperatura del forno.

---

# Correttore della prova numero 12

Usando la formula per la dilatazione termica tridimensionale si ha:

$(4.3.12.1) \quad V = V_0 \left( 1 + \gamma \Delta t \right)$ in cui osservando che il coefficiente

$\gamma$ è legato al coefficiente $\lambda$ dalla seguente relazione: $\gamma = 3\lambda$, si ha:

$(4.3.12.2) \quad V = V_0 \left( 1 + 3\lambda \Delta t \right)$. Indicando con $V_1$ e $V_2$ il volume

della sfera rispettivamente alla temperatura di ebollizione e alla temperatura ambiente, si ha:

$$V_1 = V_0 \left[ 1 + 3\lambda \left( t_1 - t_0 \right) \right] \qquad ; \qquad V_2 = V_0 \left[ 1 + 3\lambda \left( t_2 - t_0 \right) \right]$$

da cui segue l'equazione:

$$(4.3.12.3) \qquad \Delta V = V_2 - V_1 = 3\lambda V_0 \left(t_2 - t_1\right)$$

che esprime la variazione del volume della sfera quando il sistema passa dalla temperatura di ebollizione alla temperatura ambiente. Trascurando la variazione della massa volumica dell'acqua con la temperatura, la sfera subisce una diminuzione della spinta di Archimede data dalla seguente relazione:

$$(4.3.12.4) \quad \Delta A = \rho g \Delta V$$

in cui, tenendo conto dell'equazione $(4.3.12.3)$ si ha:

$$(4.3.12.5) \quad \Delta A = \rho g \Delta V = \rho g 3\lambda V_0 \left(t_2 - t_1\right)$$

in cui sostituendo i valori si ha:

$$\Delta A = 10^3 \frac{kg}{m^3} \cdot 9.8 \frac{m}{s^2} \cdot 3 \cdot 26.30 \cdot 10^{-6} {}^\circ C^{-1} \cdot \frac{4}{3} \pi \left(0.10m\right)^3 \cdot 80^\circ C = 0.259 N$$

---

## Correttore della prova numero 13

Il periodo di oscillazione di un pendolo è definito dalla seguente equazione:

$$(4.3.13.1) \qquad T = 2\pi \sqrt{\frac{l}{g}} \quad \text{che risolta rispetto ad } l \text{ fornisce}$$

l'equazione: $(4.3.13.2) \qquad l = \dfrac{T^2 g}{4\pi^2}$

Poiché alla temperatura ambiente di 20°C il pendolo batte il secondo, indicando con $T_0$ il suo periodo e con $l_0$ la sua lunghezza si ha:

$$l_0 = \frac{T_0^2 g}{4\pi^2} = \frac{1 \cdot 9.8}{4\pi^2} = 0.248236899 m.$$

Quando la temperatura ambiente raggiunge il valore di $30°C$, la lunghezza del pendolo cambia secondo l'equazione:

$$(4.3.13.3) \qquad l = l_0\left(1 + \lambda \Delta t\right)$$

in cui sostituendo i valori si ha:

$$l = 0.248236899m\left[1 + 24 \cdot 10^{-6}°C^{-1}\left(30°C - 20°C\right)\right] = 0.248296476m$$

Usando questo valore nell'equazione (4.3.13.1) si ottiene il periodo del pendolo corrispondente al valore della temperatura ambiente di $30°C$ :

$$T = 2\pi\sqrt{\frac{0.248296476m}{9.8\frac{m}{s^2}}} = 1.000119991s$$

Quindi, la variazione di temperatura determina una variazione $\Delta T$ del periodo di oscillazione pari a:

$$\Delta T = \left(T - T_0\right) = 1.000119991s - 1s = 0.000119991s$$

Moltiplicando questo valore per il numero di secondi di cui è costituito un giorno, si ottiene il ritardo $R$ dell'orologio per l'intera giornata.

$$R = \Delta T \cdot \text{ secondi di un giorno } = 0.000119991s \cdot 86400 \cong 10.37s$$

---

## Correttore della prova numero 14

Per determinare il coefficiente di dilatazione termica $\beta$ per il mercurio è sufficiente utilizzare la seguente equazione:

$$(4.3.14.1) \qquad \beta = \frac{h - h_0}{h_o \Delta t}$$

in cui sostituendo i valori si ha:

$$\beta = \frac{101.826cm - 100.000}{100.000cm\left(100°C - 0°C\right)} = 1.86 \cdot 10^{-4}°C^{-1}$$

## Correttore della prova numero 15

Usando l'equazione $V = V_0\left(1 + \beta\Delta t\right)$ si può determinare l'aumento $\Delta V$ di volume subìto dalla glicerina: $\Delta V = V - V_0 = V_0\beta\left(t - t_0\right)$ in cui sostituendo i valori si ottiene:

$$\Delta V = 200 \cdot 10^{-6} m^3 \cdot 4.85 \cdot 10^{-4}°C^{-1}\left(120°C - 20°C\right) =$$
$$= 9.7 \cdot 10^{-6} m^3 = 9.7 cm^3$$

Poiché il volume della glicerina è aumentato della quantità $\Delta V$, il pistone si sarà spostato verso l'alto di un tratto $h$ dato dalla seguente relazione: $h = \dfrac{\Delta V}{S}$ in cui sostituendo i valori si ha:

$$h = \frac{9.7 cm^3}{20 cm^2} = 0.485 cm = 4.85 \cdot 10^{-3} m$$

Pertanto, il lavoro eseguito dalla glicerina contro la forza che preme sul pistone è:

$$W = Fh = 10^3 N \cdot 4.85 \cdot 10^{-3} m = 4.85 J$$

La quantità di calore che la glicerina assorbe è fornita dalla seguente relazione: $\Delta Q = cm\Delta t$ in cui osservando che è: $m = \rho V_0$ sia ha: $\Delta Q = c\rho V_0\Delta t$ in cui sostituendo i valori si ottiene:

$$\Delta Q = 0.58\frac{kcal}{kgK} \cdot 1260\frac{kg}{m^3} \cdot 200 \cdot 10^{-6} m^3\left(12°C - 20°C\right) =$$
$$= 14.62 kcal = 61199.32 J$$

# Correttore della prova numero 16

L'equazione che governa la dilatazione termica tridimensionale è la seguente:

$$(4.3.16.1) \qquad V = V_0 \left( 1 + \gamma \Delta t \right)$$

in cui osservando che $\gamma = 3\lambda$ si ha:

$$(4.3.16.2) \qquad V = V_0 \left( 1 + 3\lambda \Delta t \right).$$

Nell'ipotesi che si voglia riscaldare la sfera cava in modo che il suo raggio $R_2$ si porti al valore $R_1$ del raggio della sfera piena è necessario variare il suo stato termico della quantità:

$$(4.3.16.3) \qquad \Delta t_r = \frac{V_r - V_{r_0}}{3\lambda_r V_{r_0}}$$

in cui sostituendo i valori si ha:

$$\Delta t_r = \frac{\dfrac{4}{3}\pi R_1^3 - \dfrac{4}{3}\pi R_2^3}{3\lambda_r \dfrac{4}{3}\pi R_2^3} = \frac{\dfrac{4}{3}\pi \left( R_1^3 - R_2^3 \right)}{3\lambda_r \dfrac{4}{3}\pi R_2^3} = \frac{\left( R_1^3 - R_2^3 \right)}{3\lambda_r R_2^3} =$$

$$= \frac{\left( 10 \cdot 10^{-3} \right)^3 - \left( 9.95 \cdot 10^{-3} \right)^3}{3 \cdot 16.6 \cdot 10^{-6} {}^\circ C^{-1} \cdot \left( 9.95 \cdot 10^{-3} \right)^3} = 30.15 {}^\circ C$$

Nell'ipotesi che si voglia raffreddare la sfera piena in modo che il suo raggio $R_1$ si porti al valore $R_2$ del raggio della sfera cava è necessario variare il suo stato termico della quantità:

$$(4.3.16.4) \qquad \Delta t_a = \frac{V_a - V_{a_0}}{3\lambda_a V_{a_0}}$$

in cui sostituendo i valori si ha:

$$\Delta t_r = \frac{\frac{4}{3}\pi R_2^3 - \frac{4}{3}\pi R_1^3}{3\lambda_a \frac{4}{3}\pi R_1^3} = \frac{\frac{4}{3}\pi\left(R_2^3 - R_1^3\right)}{3\lambda_a \frac{4}{3}\pi R_1^3} = \frac{\left(R_2^3 - R_1^3\right)}{3\lambda_a R_1^3} =$$

$$= \frac{\left(9.95\cdot10^{-3}\right)^3 - \left(10\cdot10^{-3}\right)^3}{3\cdot24\cdot10^{-6}°C^{-1}\cdot\left(10\cdot10^{-3}\right)^3} = -20.82°C$$

Si calcoli la quantità di calore che bisogna fornire e sottrarre nei due casi:

- per la sfera di rame il calore specifico è: $c_r = 0.093\dfrac{kcal}{kg°C}$

- per la sfera di alluminio il calore specifico è:

  $$c_a = 0.217\frac{kcal}{kg°C}$$

- per la sfera cava si ha:

  $$\Delta Q_r = c_r m_2 \Delta t_r = 0.093\frac{kcal}{kg°C}\cdot3kg\cdot30.15°C = 8.41 kcal$$

- per la sfera piena si ha:

  $$\Delta Q_a = c_a m_1 \Delta t_a = 0.217\frac{kcal}{kg°C}\cdot0.5kg\cdot20.82°C = -2.26 kcal$$

Si deduce che è più vantaggioso, anche se meno pratico, raffreddare la sfera piena.

---

# Correttore della prova numero 17

La quantità di calore che il sistema assorbe è dato dalla seguente relazione:

$$(4.3.17.1) \qquad \Delta Q = \Delta Q_1 + \Delta Q_2$$

in cui $\Delta Q_1$ è la quantità di calore assorbita dalle pareti di rame e $\Delta Q_2$ è la quantità di calore assorbita dall'olio. Poiché è: $\Delta Q_1 = c_1 m_1 \Delta t$ e $\Delta Q_2 = c_2 m_2 \Delta t$, la relazione $(4.3.17.1)$ si può scrivere come:

$$(4.3.17.2) \qquad \Delta Q = (c_1 m_1 + c_2 m_2) \Delta t$$

in cui sostituendo i valori si ha:

$$\Delta Q = \left( 0.093 \frac{kcal}{kg\,°C} \cdot 108 \cdot 10^{-3} kg + 0.520 \frac{kcal}{kg\,°C} \cdot 800 \cdot 10^{-3} kg \right) \cdot 5°C =$$
$$= 2.13022 kcal$$

Il lavoro eseguito dal momento meccanico per innalzare la temperatura del sistema è dato dalla seguente relazione:

$$(4.3.17.3) \qquad \Delta W = \tau 2 \pi N$$

in cui $N$ esprime il numero di giri eseguiti dalle palette. Sostituendo i valori si ha:

$$\Delta W = 10 Nm \cdot 2\pi \cdot 142 = 8922.123136 J$$

Poiché l'equivalente meccanico della caloria $J$ è dato dalla relazione:

$$J = \frac{\Delta W}{\Delta Q}$$

sostituendo i valori si ha:

$$J = \frac{8922.123136}{2.13022} \frac{J}{kcal} = 4188.36 \frac{J}{kcal} \, .$$

# Correttore della prova numero 18

L'equazione che governa gli stati di calore è la seguente:

$$(4.3.18.1) \qquad \Delta Q = cm\Delta t$$

Poiché l'olio ha il compito di sottrarre al compressore la stessa quantità di calore che produce per ora, nel compressore deve circolare la seguente quantità di olio per ora:

$$m = \frac{\Delta Q}{c\Delta t} = \frac{5000 kcal}{0.520 \frac{kcal}{kg°C}(30°C - 20°C)} = 961.54 kg$$

---

# Correttore della prova numero 19

L'equazione che governa gli scambi termici è la seguente:

$$(4.3.19.1) \quad \Delta Q = cm\Delta t .$$

Poiché lo scambio di calore tra il cubetto d'acciaio e l'acqua avviene in ambiente termicamente isolato, risulta:

$$(4.3.19.2) \qquad c_1 m_1 \left(t_E - t_1\right) = c_2 m_2 \left(t_2 - t_E\right)$$

in cui il pedice 1 si riferisce alle grandezze relative all'acqua ed il pedice 2 alle grandezze relative all'acciaio, mentre $t_E$ indica la temperatura di equilibrio comune all'acqua e all'acciaio. Risolvendo l'equazione $(4.3.19.2)$ rispetto a $t_E$, si ha:

$$(4.3.19.3) \qquad t_E = \frac{c_1 m_1 t_1 + c_2 m_2 t_2}{c_1 m_1 + c_2 m_2}$$

in cui esprimendo le masse in termini dei prodotti delle masse volumiche e dei volumi, si ottiene la seguente equazione:

$$\left(4.3.19.4\right) \quad t_E = \frac{c_1\rho_1 V_1 t_1 + c_2\rho_2 V_2 t_2}{c_1\rho_1 V_1 + c_2\rho_2 V_2}$$

in cui sostituendo i valori si ha:

$$t_E = \frac{1\frac{kcal}{kg}\cdot 10^3\frac{kg}{m^3}\cdot 5\cdot 10^{-3}m^3\cdot 20°C + 0.113\frac{kcal}{kg}\cdot 7860\frac{kg}{m^3}\cdot 10^{-3}m^3\cdot 105°C}{1\frac{kcal}{kg}\cdot 10^3\frac{kg}{m^3}\cdot 5\cdot 10^{-3}m^3 + 0.113\frac{kcal}{kg}\cdot 7860\frac{kg}{m^3}\cdot 10^{-3}m^3} =$$

$$= 32.82°C$$

---

# Correttore della prova numero 20

L'equazione che governa gli scambi termici è la seguente: $\left(4.3.20.1\right)$ $\Delta Q = cm\Delta t$. Quando la lega viene immersa nell'acqua contenuta nel thermos cede al sistema *thermos + acqua* una quantità di calore $\Delta Q$ di cui una parte: $\Delta Q_r$ viene assorbita dalle pareti di rame e la restante parte $\Delta Q_{H_2O} = \Delta Q - \Delta Q_r$ viene assorbita dall'acqua. Pertanto, tenendo conto dell'equazione $\left(4.3.20.1\right)$, si ha:

$$\left(4.3.20.2\right) \quad cm\left(t_2 - t_E\right) = \left(c_r m_r + c_{H_2O} m_{H_2O}\right)\left(t_E - t_1\right)$$

in cui $t_2$ esprime la temperatura della lega, $t_E$ la temperatura di equilibrio comune al sistema *thermos + acqua + lega*, $c$ e $m$ rispettivamente il calore specifico e la massa della lega, $c_r$ e $m_r$ rispettivamente il calore specifico e la massa del rame, $c_{H_2O}$ e $m_{H_2O}$ rispettivamente il calore specifico e la massa dell'acqua. Risolvendo l'equazione (4.3.20.2) rispetto a $c$ si ha:

$$(4.3.20.3) \qquad c = \frac{\left(c_r m_r + c_{H_2O} m_{H_2O}\right)\left(t_E - t_1\right)}{m\left(t_2 - t_E\right)}$$

in cui sostituendo i valori si ha:

$$c = \frac{\left(0.093\frac{kcal}{kg°C} \cdot 200 \cdot 10^{-3} kg + 1\frac{kcal}{kg°C} \cdot 300 \cdot 10^{-3} kg\right)}{100 \cdot 10^{-3} kg \cdot 222°C} = 0.043\frac{kcal}{kg°C}$$

---

## Correttore della prova numero 21

Poiché si devono prelevare 90 litri di acqua, indicata con $x$ la quantità che si deve prelevare dal boyler avente acqua alla temperatura di $30°C$ e con $y$ la quantità che si deve prelevare dal boyler avente acqua alla temperatura di $90°C$, si ha:

$$(4.3.21.1) \qquad x + y = 90$$

Quando le quantità $x$ e $y$ vengono miscelate, $x$ assorbe da $y$ la quantità di calore $cx\Delta t_x$, d'altro canto $y$ cede a $x$ la quantità di calore $cy\Delta t_x$. Supponendo che tutte le operazioni siano eseguite senza dispersione di calore, si ha:

$$(4.3.21.2) \qquad cx\Delta t_x = cy\Delta t_x$$

Poiché le quantità $x$ e $y$ devono soddisfare sia l'equazione $(4.3.21.1)$ sia l'equazione $(4.3.21.2)$ si ottiene il seguente sistema di equazioni:

$$(4.3.21.3) \qquad \begin{cases} x + y = 90 \\ x\Delta t_x = y\Delta t_y \end{cases}$$

in cui osservando che è: $\Delta t_x = \left(50°C - 30°C\right) = 20°C$ e

$\Delta t_y = \left(90°C - 50°C\right) = 40°C$ si ha:

$$\left(4.3.21.4\right) \qquad \begin{cases} x + y = 90 \\ 20x = 40y \end{cases} \Rightarrow \begin{cases} x + y = 90 \\ x = 2y \end{cases}$$

Risolvendo il sistema si ha:
$$\begin{aligned} x &= 60 \\ y &= 30 \end{aligned}$$

Esprimendo le quantità $x$ e $y$ in litri si ha:

$$x = 60 \ \textit{litri}$$
$$y = 30 \ \textit{litri}$$

---

## Correttore della prova numero 22

Usando l'equazione $\tau = \dfrac{W}{\Delta S}$ si può scrivere la seguente equazione:

$\left(4.3.22.1\right) \quad W = \tau\left(S_2 - S_1\right)$ in cui $S_2$ è la superficie corrispondente al diametro $d_2$ e $S_1$ quella corrispondente al diametro $d_1$. Pertanto si ha:

$$\left(4.3.22.2\right) \qquad W = \tau\left[4\pi\left(\frac{d_2}{2}\right)^2 - 4\pi\left(\frac{d_1}{2}\right)^2\right]$$

da cui segue l'equazione:

$$\left(2.3.22.3\right) \qquad W = \tau\pi\left(d_2^2 - d_1^2\right)$$

che esprime il lavoro che si deve eseguire sulla bolla di sapone per cambiare il suo diametro dal valore $d_1$ al valore $d_2$. Sostituendo i valori si ha:

$$W = 40 \cdot 10^{-3} \frac{N}{m} \cdot \pi \left( 100 \cdot 10^{-4} m^2 - 25 \cdot 10^{-4} m^2 \right) = 9424.78 \cdot 10^{-7} J$$

---

## Correttore della prova numero 23

La relazione tra la tensione superficiale, la pressione e il raggio per una goccia di liquido è fornita dalla seguente espressione: $(4.3.23.1)$ $P = \dfrac{2\tau}{R}$ dalla quale è possibile determinare il raggio della goccia:

$$R = \frac{2\tau}{P} = \frac{2 \cdot 8 \cdot 10^{-2} \dfrac{N}{m}}{80 \dfrac{N}{m^2}} = 0.002m = 2mm$$

---

## Correttore della prova numero 24

La tensione superficiale dell'olio, il contorno dell'anello metallico e la forza necessaria all'estrazione dell'anello metallico dall'olio soddisfano la seguente relazione: $\tau = \dfrac{F}{2l}$ in cui osservando che $l = \pi d$ si ha:

$\tau = \dfrac{F}{2\pi d}$ in cui sostituendo i valori si ha:

$$\tau = \frac{600 \cdot 10^{-5} N}{2\pi \cdot 0.06m} \cong 15.92 \cdot 10^{-3} \frac{N}{m}$$

---

# Correttore della prova numero 25

Nel caso di una bolla di sapone la relazione tra la pressione interna P, il raggio R e la tensione superficiale si scrive come:

$(4.3.25.1)$ $P = \dfrac{4\tau}{R}$ in quanto vi è una tensione superficiale sia sulla

superficie interna sia sulla superficie esterna della bolla. Tenendo conto che la bolla di sapone si deve sostenere in aria, la relazione (4.3.25.1) si

dovrà scrivere come: $(4.3.25.2)$ $P = \dfrac{4\tau}{R} + P_0$ in cui $P_0$ è la

pressione atmosferica. Affinché la bolla si possa sostenere in aria il suo peso non deve superare la spinta di Archimede, cioè deve essere:

$$(4.3.25.3) \qquad mg + \rho_H gV \leq A = \rho_a gV$$

Osservando che $V$ esprime il volume della bolla e che può esprimersi come:

$$(4.3.25.4) \qquad V = \frac{4}{3}\pi R^3$$

la disequazione (4.3.25.3) si può scrivere come:

$$(4.3.25.5) \qquad \left(\rho_a - \rho_H\right)\frac{4}{3}\pi R^3 \geq m$$

da cui segue il raggio minimo della bolla:

$$(4.3.25.6) \qquad R_{\min} = \sqrt[3]{\frac{3m}{4\pi\left(\rho_a - \rho_H\right)}}$$

Utilizzando questo valore nell'equazione (4.3.25.2) si ottiene la massima pressione interna della bolla per sostenersi in aria:

$$(4.3.25.7) \qquad P_{\max} = \frac{4\tau}{\sqrt[3]{\dfrac{3m}{4m\left(\rho_a - \rho_H\right)}}} + P_0$$

Sostituendo i valori nelle equazioni (4.3.25.6) e (4.3.25.7) si ottiene rispettivamente:

$$R_{min} = \sqrt[3]{\frac{3 \cdot 0.15 \cdot 10^{-3} kg}{4\pi \left(1.293 \frac{kg}{m^3} - 9.3 \cdot 10^{-2} \frac{kg}{m^3}\right)}} = 0.0299m \simeq 3cm$$

$$P_{max} = \frac{4 \cdot 40 \cdot 10^{-3} \frac{N}{m}}{\sqrt[3]{4\pi \left(1.293 \frac{kg}{m^3} - 9.3 \cdot 10^{-2} \frac{kg}{m^3}\right)}} + 1.012 \cdot 10^5 P_a =$$

$$= \frac{4 \cdot 40 \cdot 10^{-3} \frac{N}{m}}{0.0299m} + 1.012 \cdot 10^5 P_a = 1.012054 \cdot 10^5 P_a$$

---

## Correttore della prova numero 26

La pressione determinata dalla tensione superficiale $\tau$ nel tubo capillare è data dalla seguente relazione: $(4.3.26.1)$ $\quad P = \frac{2\tau \cos\theta}{r}$ in cui essendo $\theta = 0$ si ha $\cos 0 = 1$ e pertanto possiamo scrivere la seguente equazione: $(4.3.26.2)$ $\quad P = \frac{2\tau}{r}$. A questa pressione si contrappone la pressione atmosferica $P_a$, pertanto la pressione $P'$ che si esercita sul menisco concavo del capillare è data dalla seguente relazione:

$$(4.3.26.3) \qquad P' = P_a - P = P - \frac{2\tau}{r}$$

Questa pressione, sommata alla pressione idrostatica $\gamma h$ del tubo capillare, bilancia la pressione $P_c$:

$$(4.3.26.4) \qquad P_c = P_a - \frac{2\tau}{r} + \gamma h$$

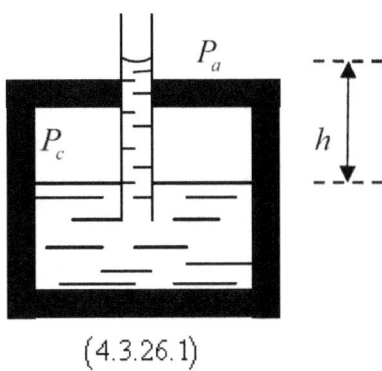

$$(4.3.26.1)$$

Risolvendo questa equazione rispetto ad $r$ si ottiene il raggio del tubo capillare:

$$(4.3.26.5) \qquad r = \frac{2\tau}{P_a - P_c + \gamma h}$$

in cui sostituendo i valori si ha:

$$r = \frac{2 \cdot 72.7 \cdot 10^{-3} \frac{N}{m}}{1.012 \cdot 10^5 P_a - 1.022 \cdot 10^5 P_a + 9800 \frac{N}{m^3} \cdot 0.25 m} =$$

$$= 0.000100275 m \cong 10^{-4} m$$

---

## Correttore della prova numero 27

In assenza di fenomeni capillari, il livello $h_1$ raggiunto dal mercurio è dato dalla seguente relazione:

$$(4.3.27.1) \qquad h_1 = \frac{P_a}{\gamma}$$

in cui $P_a$ esprime la pressione atmosferica e $\gamma$ il peso specifico del mercurio. In presenza di fenomeni capillari, alla pressione atmosferica $P_a$ si contrappone la pressione $P'$ dovuta alla tensione superficiale, pertanto il livello $h_2$ che il mercurio raggiunge è dato dalla seguente

relazione: $\quad (4.3.27.2)\ h_2 = \dfrac{P_a - P'}{\gamma}\quad$ in cui osservando che

$P' = \dfrac{2\tau\cos\theta}{r}$ si ha: $(4.3.27.3)\ h_2 = \dfrac{P_a - \dfrac{2\tau\cos\theta}{r}}{\gamma}$ . Ne consegue

che l'errore relativo causato dalla depressione del mercurio è:

$$\varepsilon_r = \frac{h_1 - h_2}{h_1} = \frac{\dfrac{P_a}{\gamma} - \dfrac{P_a}{\gamma} + \dfrac{2\tau\cos\theta}{r\gamma}}{\dfrac{P_a}{\gamma}} \Rightarrow \varepsilon_r = \frac{2\tau\cos\theta}{rP_a}$$

Questo errore non deve superare l'1‰ e pertanto si ha:

$$\frac{2\tau\cos\theta}{rP_a} \le 0.001 \text{ da cui segue: } r \ge \frac{2\tau\cos\theta}{P_a \cdot 0.001}$$

Il raggio del tubo capillare, affinché l'errore relativo causato dalla depressione mercurio non superi l'1‰ , deve essere:

$$r = \frac{2\tau\cos\theta}{P_a \cdot 0.001} = \frac{2 \cdot 435 \cdot 10^{-3}\, \dfrac{N}{m}\cos 0}{1.012 \cdot 10^5\, P_a \cdot 10^{-3}} = 0.008596837m \cong 8.6mm$$

# Correttore della prova numero 28

Se $P_a$ esprime la pressione atmosferica e $P$ la pressione dovuta alla tensione superficiale del mercurio, deve essere soddisfatta la seguente relazione: $(4.3.28.1)$ $P_a - P = \gamma h$ in cui $\gamma h$ è la pressione idrostatica. Osservando che la pressione dovuta alla tensione superficiale del mercurio si può scrivere come:

$$(4.3.28.2) \quad P = \frac{2\tau \cos \theta}{r}$$ l'equazione $(4.3.28.1)$ diventa:

$$(4.3.28.3) \quad P_a = \frac{2\tau \cos \theta}{r} + \gamma h$$ che fornisce la pressione esterna al tubo barometrico. Sostituendo i valori si ha:

$$P_a = \frac{2 \cdot 435 \cdot 10^{-3} \frac{N}{m} \cos 0}{10^{-3} m} + 133280 \frac{N}{m^3} \cdot 0.708m =$$
$$= 95232.24 P_a = 0.941 atm$$

---

# Correttore della prova numero 29

Trascurando il peso dell'anello e la relativa spinta di Archimede, le forze agenti sul sistema sono: il peso $\overrightarrow{m_c g}$ del corpo $C$, la spinta $\overrightarrow{A}$ di Archimede che su di esso agisce e la forza $\overrightarrow{f}_\tau$ di tensione superficiale delle lamine liquide che si formano sull'anello. Pertanto, affinché l'anello non affiori alla superficie limite dell'acqua deve essere soddisfatta la seguente relazione: $(4.3.29.1)$ $m_c \geq A - F_\tau$. Osservando che $F_\tau = 2\tau 2\pi R$ e che $A = \rho_a g V_c$ in cui $\rho_a$ è la massa volumica dell'acqua e $V_c$ il volume del corpo, la disuguaglianza $(4.3.29.1)$ si scrive come: $(4.3.29.2)$ $m_c g \geq \rho_a g V_c - 2\tau 2\pi R$.

Poiché il volume $V_c$ del corpo si può scrivere come $V_c = \dfrac{m_c}{\rho_c}$ la disuguaglianza $\left(4.3.29.2\right)$ diventa:

$$\left(4.3.29.3\right) \quad m_c g \geq \rho_a g \frac{m_c}{\rho_c} - 2\tau 2\pi R$$

da cui segue la disuguaglianza:

$$\left(4.3.29.4\right) \quad m_c \geq -\frac{4\pi R \tau}{g\left(1 - \dfrac{\rho_a}{\rho_c}\right)}$$

in cui sostituendo i valori si ha:

$$m_c \geq -\frac{4\pi \cdot 0.03m \cdot 72.7 \cdot 10^{-3}\dfrac{N}{m}}{9.8\dfrac{m}{s^2}\left(1 - \dfrac{10^3\dfrac{kg}{m^3}}{0.4 \cdot 10^3\dfrac{kg}{m^3}}\right)} = 0.00186 kg = 1.86 g$$

---

## Correttore della prova numero 30

Usando l'equazione di stato del gas perfetto si ha:

$$\left(4.3.30.1\right) \quad PV = nRT$$

in cui osservando che è: $n = \dfrac{m}{M}$ si ha:

$$\left(4.3.30.2\right) \quad PV = \frac{m}{M} RT .$$

Poiché $M$ esprime la massa molecolare, si ha:

$$(4.3.30.3) \quad M = \frac{m}{PV}RT$$

in cui sostituendo i valori si ha:

$$M = \frac{2.71 \cdot 10^{-3} \, kg \cdot 8.304 \dfrac{J}{Kmole} \cdot 291.15K}{1.020 \cdot 10^5 \, P_a \cdot 1.29 \cdot 10^{-3} \, m^3} =$$

$$= 0.00498 \frac{kg}{mole} = 4.98 \frac{g}{mole}$$

---

## Correttore della prova numero 31

Usando l'equazione di stato del gas perfetto si ha:

$$(4.3.31.1) \quad PV = nRT$$

in cui osservando che è: $n = \dfrac{m}{M}$ si ha:

$$(4.3.31.2) \quad PV = \frac{m}{M}RT \, .$$

Poiché $m$ esprime la massa del gas, si ha:

$$(4.3.31.3) \quad m = \frac{PVM}{RT}$$

in cui sostituendo i valori si ha:

$$m = \frac{1.012 \cdot 10^7 \, P_a \cdot 70 \cdot 10^{-3} \, m^3 \cdot 1.6 \cdot 10^{-3} \dfrac{kg}{mole}}{8.304 \dfrac{J}{Kmole} \cdot 300K} \cong 4.6kg$$

---

333

# Correttore della prova numero 32

Usando l'equazione di stato del gas perfetto:

$$(4.3.32.1) \quad PV = nRT$$

si può determinare il numero di moli. Infatti si ha:

$$n = \frac{PV}{RT}$$

in cui sostituendo i valori si ha:

$$n = \frac{0.0016 P_a \cdot 100 \cdot 10^{-6} \, m^3}{8.304 \dfrac{J}{K} \cdot 300 K} \cong 6.42 \cdot 10^{-10} \, moli \, .$$

Per ottenere il numero $N$ di molecole d'aria presenti nel recipiente è sufficiente moltiplicare il numero di moli per il numero di Avogadro. Così facendo si ha:

$$(4.3.32.3) \qquad N = nN_A$$

in cui sostituendo i valori si ha:

$$N = 6.42 \cdot 10^{-10} \cdot 6.02 \cdot 10^{23} \cong 3.86 \cdot 10^{14} \, molecole$$

---

# Correttore della prova numero 33

Usando l'equazione di stato del gas perfetto

$$(4.3.33.1) \, PV = nRT$$

si ha:

$$(4.3.33.2) \, P = \frac{n}{V} RT \, .$$

Esprimendo con $N_u$ il numero di molecole di idrogeno per unità di volume, si ottiene la seguente relazione:

$$(4.3.33.3) \quad N_u V = n N_A$$

da cui segue:

$$(4.3.33.4) \quad \frac{n}{V} = \frac{N_u}{N_A}.$$

Utilizzando questa equazione nell'equazione $(4.3.33.2)$ si ottiene l'equazione:

$$(4.3.33.5) \quad P = \frac{N_u}{N_A} RT$$

che esprime la pressione esercitata dall'idrogeno nelle condizioni poste dal problema. Sostituendo i valori si ha:

$$P = \frac{1500 \dfrac{molecole}{m^3} \cdot 8.304 \dfrac{J}{Kmole} \cdot 280K}{6.02 \cdot 10^{23} \, molecole} = 5.79 \cdot 10^{-18} P_a$$

---

## Correttore della prova numero 34

Dall'equazione di stato del gas perfetto:

$$(4.3.34.1) \quad PV = nRT$$

segue l'equazione:

$$(4.3.34.2) \quad \frac{n}{V} = \frac{P}{RT}.$$

Esprimendo con $N_u$ il numero di molecole per unità di volume, si ottiene la seguente relazione:

$$(4.3.34.3) \quad N_u V = nN_A$$

da cui segue l'equazione:

$$(4.3.34.4) \quad \frac{n}{V} = \frac{N_u}{N_A}$$

che posta nell'equazione $(4.3.34.2)$ consente di scrivere la seguente equazione:

$$(4.3.3435) \quad N_u = \frac{PN_A}{RT}$$

in cui sostituendo i valori si ha:

$$N_u = \frac{1.012 \cdot 10^5 \, P_a \cdot 6.02 \cdot 10^{23}}{8.304 \dfrac{J}{Kmole} \cdot 273.15K} = 2.69 \cdot 10^{25} \frac{molecole}{m^3}$$

Poiché il lato del cubetto è $l$, il numero $N_c$ di cubetti per metro cubo è:

$$(4.3.34.6) \quad N_c = \frac{1}{l^3}.$$

D'altro canto, poiché ogni molecola è posizionata al centro di un cubetto, si ha:

$$(4.3.34.7) \quad N_c = N_u.$$

Pertanto, tenendo conto di questa equazione, si può scrivere la seguente relazione:

$$(4.3.34.8) \quad N_u = \frac{1}{l^3}$$

da cui segue:

$$(4.3.34.9) \quad l = \sqrt[3]{\frac{1}{N_u}}.$$

Dividendo ambo i membri di questa equazione per il diametro molecolare si ha:

$$(4.3.34.9) \quad \frac{l}{d} = \frac{1}{d} \sqrt[3]{\frac{1}{N_u}}$$

in cui sostituendo i valori si ha:

$$\frac{l}{d} = \frac{1}{10^{-10} \, m} \sqrt[3]{\frac{1}{2.69 \cdot 10^{25} \, \dfrac{molecole}{m^3}}} = 33.75$$

---

## Correttore della prova numero 35

Nel caso di gas monoatomici, le molecole sono animate solo di moto traslatorio rispetto al centro di massa e quindi hanno tre gradi di libertà. Per il principio di equipartizione dell'energia, l'energia cinetica di una molecola di gas, che rappresenta anche l'energia totale, è:

$$(4.3.35.1) \quad U = \frac{3}{2} RT$$

in cui sostituendo i valori si ha:

$$U = \frac{3}{2} \cdot 8.304 \frac{J}{Kmole} \cdot 300K = 3736.8J$$

Nel caso di gas biatomici, le molecole sono animate sia da moto traslatorio che da moto rotatorio rispetto al centro di massa; esse hanno cinque gradi di libertà: tre per le traslazioni e due per le rotazioni. Pertanto, in tal caso, l'energia cinetica di traslazione coincide con quella determinata nel caso del gas monoatomico, mentre l'energia totale è, per il principio dell'equipartizione dell'energia:

$$(4.3.35.2) \quad U_t = \frac{5}{2} RT$$

in cui sostituendo i valori si ha:

$$U_t = \frac{5}{2} \cdot 8.304 \frac{J}{Kmole} \cdot 300K = 6228J$$

Nel caso dell'ossigeno è sufficiente osservare che il suo peso molecolare è $M = 32$ ed è un gas biatomico. Pertanto la sua energia cinetica di traslazione è:

$$(4.3.35.3) \qquad U = \frac{3}{2} nRT = \frac{3}{2} \frac{m}{M} RT$$

in cui sostituendo i valori si ha:

$$U = \frac{3}{2} \cdot \frac{100 \cdot 10^{-3} kg}{32 \cdot 10^{-3} \frac{kg}{mole}} \cdot 8.304 \frac{J}{Kmole} \cdot 300K = 11677.5J$$

e la sua energia totale è:

$$U_t = \frac{5}{2} nRT = \frac{5}{2} \frac{m}{M} RT =$$

$$(4.3.35.4)$$

$$= \frac{5}{2} \cdot \frac{100 \cdot 10^{-3} kg}{32 \cdot 10^{-3} \frac{kg}{mole}} \cdot 8.304 \frac{J}{Kmole} \cdot 300K = 19462.5J$$

---

## Correttore della prova numero 36

Si osserva che il calore molecolare a volume costante è legato ai gradi di libertà di una molecola dalla seguente relazione:

$$(4.3.36.1) \qquad c_v = \frac{f}{2} R$$

in cui $f$ indica il numero di gradi libertà. Poiché la differenza tra il calore molecolare a pressione costante ed il calore molecolare a volume costante uguaglia la costante universale dei gas, l'equazione (4.3.36.1) si può scrivere come:

$$(4.3.36.2) \quad c_v = \frac{f}{2}\left(c_p - c_v\right)$$

da cui segue l'equazione:

$$(4.3.36.3) \quad f = \frac{2}{\gamma - 1}$$

in cui è $\gamma = \dfrac{c_p}{c_v}$.

Sostituendo i valori si ha: $f = \dfrac{2}{1.4 - 1} = 5$ il che significa che le molecole del gas hanno cinque gradi di libertà e pertanto l'energia totale $U_t$ è:

$$U_t = \frac{5}{2}RT = \frac{5}{2} \cdot 8.304 \frac{J}{Kmole} \cdot 300K = 6228J$$

---

## Correttore della prova numero 37

Indicando con $U_{t_1}$ l'energia totale dell'idrogeno si ha:

$$(4.3.37.1) \quad U_{t_1} = \frac{f}{2}n_1 RT = \frac{f}{2}\frac{m_1}{M_1}RT \quad \text{in cui } f \text{ indica il numero}$$

di gradi di libertà.

Indicando con $U_{t_2}$ l'energia totale dell'altro gas si ha:

$$(4.3.37.2) \quad U_{t_2} = \frac{f}{2}n_2 RT = \frac{f}{2}\frac{m_2}{M_2}RT$$

Dividendo membro a membro le equazioni $(4.3.37.1)$ e $(4.3.37.2)$ si ottiene la seguente equazione:

$$(4.3.37.3) \qquad \frac{U_{t_1}}{U_{t_2}} = \frac{m_1}{m_2}\frac{M_2}{M_1}$$

in cui osservando che $m_1 = m_2$ si ha:

$$(4.3.37.5) \qquad 14 = \frac{M_2}{M_1}$$

in cui osservando che il peso molecolare dell'idrogeno è $M = 2$ segue che il peso molecolare dell'altro gas è $M = 28$ che coincide con il peso molecolare dell'azoto. Poiché i gas sono entrambi biatomici, il loro grado di libertà è 5. Pertanto si ha:

$$(4.3.37.6) \qquad c_v = \frac{f}{2}R = \frac{5}{2}R$$

$$(4.3.37.7) \qquad c_p = c_v + R = \frac{f}{2}R + R = \frac{5}{2}R + R$$

Sostituendo i valori di $R$ nelle equazioni $(4.3.37.6)$ e $(4.3.37.7)$ si ha:

$$c_v = \frac{5}{2}\cdot 8.304\frac{J}{Kmole} = 20.76\frac{J}{Kmole}$$

$$c_p = \frac{5}{2}\cdot 8.304\frac{J}{Kmole} + 8.304\frac{J}{Kmole} = 29.06\frac{J}{Kmole}$$

## Correttore della prova numero 38

Per determinare la velocità quadratica media delle molecole di ossigeno si può utilizzare la seguente formula:

$$\left(4.3.38.1\right) \quad v_{q.m.} = \sqrt{\frac{3RT}{M}} \quad \text{in cui sostituendo i valori sia ha:}$$

$$v_{q.m.} = \sqrt{\frac{3 \cdot 8.304 \dfrac{J}{Kmole} \cdot 300.15K}{32 \cdot 10^{-3} mole}} = 483.4 \frac{m}{s}$$

Per determinare la pressione del gas si può utilizzare la seguente formula:

$$\left(4.3.38.2\right) \quad P = \frac{1}{3}\frac{Nm}{V}v_{q.m.}^2$$

in cui sostituendo i valori si ha:

$$P = \frac{1}{3} \cdot \frac{100 \cdot 10^{-3} kg}{3 \cdot 10^{-3} m^3} \cdot \left(483.4 \frac{m}{s}\right)^2 \cong 25.96 \cdot 10^5 P_a$$

Per determinare la densità del gas si può utilizzare la seguente formula:

$$\left(4.3.38.3\right) \quad \rho = \frac{3P}{v_{q.m.}^2}$$

in cui sostituendo i valori si ha: $\rho = \dfrac{3 \cdot 25.96 \cdot 10^5 P_a}{\left(483.4 \dfrac{m}{s}\right)} = 33.33 \dfrac{kg}{m^3}$.

Per determinare l'energia totale del gas è sufficiente osservare che l'ossigeno è un gas biatomico e quindi utilizzare la seguente formula:

$$\left(4.3.38.4\right) \quad U_t = \frac{5}{2}nRT = \frac{5}{2}\frac{Nm}{M}RT$$

in cui sostituendo i valori si ha:

$$U_t = \frac{5}{2} \cdot \frac{100 \cdot 10^{-3}\,kg}{32 \cdot 10^{-3}\,\dfrac{kg}{mole}} \cdot 8.304\,\frac{J}{Kmole} \cdot 300.15K = 19472.23J$$

## Correttore della prova numero 39

Trattando l'aria come gas perfetto si può considerare la seguente equazione di stato:

$$(4.3.39.1) \quad P_2 V_2 = nRT_2$$

in cui $V_2$ esprime il volume dell'aria esalata nelle condizioni di pressione e temperatura rispettivamente di $P_2$ e $T_2$. D'altro canto, se $V_e$ esprime il volume di aria esalata nelle condizioni di pressione e temperatura rispettivamente $P_1$ e $T_1$ di cui è $P_1 = P_e - P$, si può scrivere la seguente equazione di stato:

$$(4.3.39.2) \quad P_1 V_e = nRT_1$$

in cui il numero di moli $n$ è lo stesso di quello dell'equazione $(4.3.39.1)$. Confrontando le equazioni $(4.3.39.1)$ e $(4.3.39.2)$ si ha:

$$(4.3.39.3) \quad \frac{P_2 V_2}{T_2} = \frac{P_1 V_e}{T_1}$$

da cui segue l'equazione:

$$(4.3.39.4) \quad V_2 = \frac{P_1 T_2}{P_2 T_1} V_e.$$

La velocità $v$ con cui il paziente consuma ossigeno alla temperatura $T_2$ e alla pressione $P_2$ è data dalla seguente relazione:

$$\left(4.3.39.5\right) \quad v = V_2 \frac{\Delta p}{\tau}$$

in cui $\Delta p$ esprime la differenza percentuale tra l'aria inalata e quella esalata e $\tau$ esprime la durata della prova. Utilizzando l'equazione $\left(4.3.39.4\right)$ nell'equazione $\left(4.3.39.5\right)$ si ottiene la seguente equazione:

$$\left(4.3.39.6\right) \quad v = \frac{P_1 T_2}{P_2 T_1} V_e \frac{\Delta p}{\tau}$$

in cui sostituendo i valori si ha:

$$v = \frac{729.5 Torr \cdot 10^\circ C}{760 Torr \cdot 26.85^\circ C} \cdot 50 \cdot 10^{-3} \, m^3 \cdot \frac{0039}{300 s} =$$

$$= \frac{7295}{20406} \cdot 0.05 m^3 \cdot 0.00013 = 2.326 \cdot 10^{-6} \frac{m^3}{s} = 2.326 \frac{cm^3}{s}$$

---

## Correttore della prova numero 40

Il lavoro $W$ eseguito dalla compressione isotermica è dato dalla seguente relazione:

$$\left(4.3.40.1\right) \quad W = nRT \ln \frac{V_2}{V_1}.$$

Usando l'equazione di stato del gas perfetto $\left(P_1 V_1 = nRT\right)$ nell'equazione (4.3.40.1) si ha:

$$\left(4.3.40.2\right) \quad W = P_1 V_1 \ln \frac{V_2}{V_1}$$

in cui sostituendo i valori si ha:

$$W = \frac{750}{760} \cdot 1.012 \cdot 10^5 P_a \cdot 100 \cdot 10^{-3} m^3 \ln \frac{10 \cdot 10^{-3} m^3}{100 \cdot 10^{-3} m^3} = -22995 J$$

Il segno meno è dovuto al fatto che si esegue lavoro sul sistema.

---

## Correttore della prova numero 41

Trascurando le perdite di calore, l'operazione di gonfiamento del pneumatico si può considerare una trasformazione adiabatica e quindi scrivere la seguente equazione:

$$(4.3.41.1) \qquad \frac{T_0}{P_0^{\frac{\gamma-1}{\gamma}}} = \frac{T_1}{P_1^{\frac{\gamma-1}{\gamma}}}$$

che risolta rispetto a $T_1$ fornisce l'equazione:

$$(4.3.41.2) \quad T_1 = \left( \frac{P_1}{P_0} \right)^{\frac{\gamma-1}{\gamma}} T_0$$

in cui sostituendo i valori si ha:

$$T_1 = \left( \frac{2.5 \cdot 1.012 \cdot 10^5 P_a}{1.012 \cdot 10^5 P} \right)^{\frac{1.4-1}{1.4}} \cdot 300.15 K =$$

$$= 2.5^{\frac{0.4}{1.4}} \cdot 300.15 K = 389.97 K = 116.82 °C$$

che esprime il valore di temperatura al quale l'aria lascia il compressore quando è stato raggiunto il valore di pressione pari a 2.5 atm.

---

# Correttore della prova numero 42

Per determinare la pressione finale $P$, si consideri la seguente equazione:

$$(4.3.42.1) \quad PV^\gamma = \text{cost}$$

da cui segue l'equazione: $PV^\gamma = P_0 V_0^\gamma$ e pertanto si può scrivere l'equazione:

$$(4.3.42.2) \quad P = P_0 \left( \frac{_0 V}{V} \right)^\gamma$$

in cui sostituendo i valori si ha:

$$P = 10^3 Torr \cdot \left( \frac{V_0}{\frac{1}{2} V_0} \right)^\gamma = 10^3 Torr \cdot 2^{1.4} = 2639.02 Torr \cong 3.5 \cdot 10^5 P_a$$

Per determinare il lavoro speso per eseguire la compressione adiabatica, si consideri la seguente equazione:

$$(4.3.42.3) \quad W = \frac{P_0 V_0^\gamma}{\gamma - 1} \left( \frac{1}{V_0^{\gamma-1}} - \frac{1}{V^{\gamma-1}} \right)$$

e si sostituiscano i valori delle grandezze. Così facendo si ha:

$$W = \frac{P_0 V_0^\gamma}{\gamma - 1} \left( \frac{1}{V_0^{\gamma-1}} - \frac{1}{\frac{1}{2} V_0^{\gamma-1}} \right) = \frac{P_0 V_0^\gamma}{\gamma - 1} \left( -\frac{1}{V_0^{\gamma-1}} \right) =$$

$$= -\frac{1}{V_0^{\gamma-1}} \frac{P_0 V_0^\gamma}{\gamma - 1} = -\frac{P_0 V_0^\gamma V_0^{-\gamma+1}}{\gamma - 1} = -\frac{P_0 V_0}{\gamma - 1} =$$

$$= -\frac{10^3 \cdot \dfrac{\left(1.012 \cdot 10^5 P_a\right)}{760} \cdot 100 \cdot 10^{-3} m^3}{1.4 - 1} = -33289.5 J$$

Osserviamo che è:

$$\gamma = \frac{c_p}{c_v} = \frac{c_v + R}{c_v} = 1 + \frac{R}{c_v}$$

e poiché per un gas biatomico è $c_v = \frac{5}{2}R$, si ha:

$$\gamma = 1 + \frac{R}{\frac{5}{2}R} = \frac{7}{5} = 1.4$$

---

## Correttore della prova numero 43

Per determinare la temperatura finale $t$, si consideri la seguente equazione:

$$(4.3.43.1) \quad TV^{\gamma-1} = \text{cost}.$$

Da questa equazione segue l'equazione: $TV^{\gamma-1} = T_0 V_0^{\gamma-1}$ e pertanto si può scrivere l'equazione:

$$(4.3.43.2) \qquad T = T_0 \left(\frac{V_0}{V}\right)^{\gamma-1}$$

in cui sostituendo i valori si ha:

$$T = T_0 \left(\frac{V_0}{\frac{1}{2}V_0}\right)^{\gamma-1} = T_0 \cdot 20^{\gamma-1} = 300K\,20^{1.4-1} = 994.34K$$

(si osservi che è: $T_0 = t_0 + 273.15 = 26.85 + 273.15 = 300K$)

La temperatura finale $t$ è:

$$t = T - 273.15 = 994.34 - 273.15 = 721.19°C$$

---

# Correttore della prova numero 44

Il primo principio della termodinamica, per una trasformazione molto piccola, si scrive come:

$$(4.3.44.1) \qquad \Delta Q = \Delta U + \Delta W = nc_v \Delta T + P\Delta V$$

Per una trasformazione a pressione costante che va da uno stato iniziale a uno stato finale, l'equazione (4.3.44.1) si scrive come:

$$(4.3.44.2) \quad Q = \lim_{\Delta Q_i \to 0} \sum_i \Delta Q_i =$$

$$= \lim_{\Delta U_i \to 0} \sum_i \Delta U_i + \lim_{\Delta W_i \to 0} \sum_i \Delta W_i = nc_v \lim_{\Delta T_i \to 0} \sum_i \Delta T_i + P \lim_{\Delta V_i \to 0} \sum_i \Delta V_i =$$

$$= nc_v \int_{T_0}^{T} dT + P \int_{V_0}^{V} dV$$

da cui segue l'equazione:

$$(4.3.44.3) \quad Q = nc_v (T - T_0) + P(V - V_0)$$

Osservando che nel caso di una trasformazione a pressione costante è, per il gas perfetto:

$$P(V - V_0) = nRT(T - T_0)$$

l'equazione (4.3.44.3) diventa:

$$(4.3.44.4) \quad Q = nc_v (T - T_0) + nR(T - T_0)$$

da cui segue l'equazione:

$$(4.3.44.5) \quad Q = (T - T_0)(c_v + R).$$

Osservando che per una mole di gas perfetto biatomico è $c_v = \dfrac{5}{2}RT$, l'equazione (4.3.44.5) diventa:

$$\left(4.3.44.6\right) \quad Q = \left(T - T_0\right)\dfrac{7}{2}R$$

da cui segue l'equazione:

$$\left(4.3.44.7\right) \quad T = \dfrac{2Q}{7R} + T_0$$

in cui sostituendo i valori si ha:

$$T = \dfrac{2 \cdot 5000 J}{7 \cdot 8.304 \dfrac{J}{mole}} + 293.15K = 465.18K$$

$$\left(T_0 = t_0 + 273.15 = 20 + 273.15 = 293.15K\right)$$

Quindi la temperatura finale è:

$$t = T - 273.15 = 465.18 - 273.15 = 192.03°C$$

Usando l'equazione di stato del gas perfetto nello stato iniziale e nello stato finale si ha:

$$PV_0 = nRT_0$$

$$\left(4.3.44.8\right)$$

$$PV = nRT$$

Dividendo membro a membro queste equazioni si ha:

$$\left(4.3.44.9\right) \quad \dfrac{V}{V_0} = \dfrac{T}{T_0}$$

in cui sostituendo i valori si ha:

$$\dfrac{V}{V_0} = \dfrac{465.18}{293.15} \cong 1.59$$

# Correttore della prova numero 45

Nel caso dell'espansione isotermica si può considerare la seguente equazione:

$$(4.3.45.1) \quad PV = \text{cost}$$

da cui segue l'equazione: $P_0 V_0 = P_1 V_1$

che consente la determinazione del volume $V_1$ alla fine dell'espansione isotermica:

$$(4.3.45.2) \quad V_1 = \frac{P_0 V_0}{P_1}$$

in cui sostituendo i valori si ha:

$$V_1 = \frac{10 \cdot 1.012 \cdot 10^5 P_a \cdot 5000 \cdot 10^{-3} m^3}{2 \cdot 1.012 \cdot 10^5 P_a} = 25 m^3$$

Ne consegue che lo stato termodinamico del gas, alla fine dell'espansione isotermica, è definito dai seguenti valori:

$$V_1 = 25 m^3 \quad ; \quad P_2 = 2 atm \quad ; \quad T_0 = 300 K$$

Per determinare il lavoro $W_{(is)}$ eseguito dal gas in questa trasformazione, si consideri la seguente equazione:

$$(4.3.45.3) \quad W_{(is)} = nRT_0 \ln \frac{V_1}{V_0}$$

e si osservi che è: $T_0 = \dfrac{P_1 V_1}{nR}$ pertanto si ha:

$$(4.3.45.4) \quad W_{(is)} = nR \frac{P_1 V_1}{nR} \ln \frac{V_1}{V_0} = P_1 V_1 \ln \frac{V_1}{V_0}$$

in cui sostituendo i valori si ha:

$$W_{(is)} = 2 \cdot 1.012 \cdot 10^5 P_a \cdot 25 m^3 \cdot \ln \frac{25}{5} \cong 8.14 \cdot 10^6 J$$

Per determinare la variazione di energia interna è sufficiente osservare che, per il gas perfetto, l'energia interna $U$ è funzione della temperatura e pertanto in una espansione isotermica è $\Delta U_{(is)} = 0$. Nel caso dell'espansione adiabatica si può considerare la seguente equazione:

$$(4.3.45.5) \qquad PV^{\gamma} = \text{cost}$$

da cui segue l'equazione: $P_1 V_1^{\gamma} = P_2 V_2^{\gamma}$ che consente la determinazione del volume $V_2$ alla fine dell'espansione adiabatica:

$$(4.3.45.6) \qquad V_2 = V_1 \left( \frac{P_1}{P_2} \right)^{\frac{1}{\gamma}}$$

in cui sostituendo i valori si ha:

$$V_2 = 25m^3 \left( \frac{2 \cdot 1.012 \cdot 10^5 P_a}{1 \cdot 1.012 \cdot 10^5 P_a} \right)^{\frac{1}{1.4}} = 41.02 m^3$$

Per determinare la temperatura al termine dell'espansione adiabatica, si consideri la seguente equazione:

$$(4.3.45.7) \qquad TV^{\gamma-1} = \text{cost}$$

Da questa equazione segue l'equazione: $T_0 V_1^{\gamma-1} = T_2 V_2^{\gamma-1}$ che consente di scrivere l'equazione:

$$(4.3.45.8) \qquad T_2 = T_0 \left( \frac{V_1}{V_2} \right)^{\gamma-1}$$

in cui sostituendo i valori si ha:

$$T_2 = 300K \left( \frac{25m^3}{41.02m^3} \right)^{0.4} = 246.04K$$

Ne consegue che lo stato termodinamico del gas, alla fine della dell'espansione adiabatica, definito dai seguenti valori:

$$V_2 = 41.02m^3 \quad ; \quad P_2 = 1atm \quad ; \quad T_2 = 246.04K$$

Per determinare il lavoro eseguito dal gas in questa espansione, si consideri la seguente equazione:

$$(4.3.45.9) \quad W_{(ad)} = \frac{P_1 V_1^\gamma}{\gamma - 1}\left(\frac{1}{V_1^{\gamma-1}} - \frac{1}{V_2^{\gamma-1}}\right)$$

e si sostituiscono i valori. Così facendo si ha:

$$W_{(ad)} = 2 \cdot 1.012 \cdot 10^5 P_a \cdot \left(25m^3\right)^{1.4}\left(\frac{1}{\left(25m^3\right)^{0.4}} - \frac{1}{\left(41.02m^3\right)^{0.4}}\right) \Rightarrow$$

$$W_{(ad)} = 2.28 \cdot 10^6 J$$

Per determinare la variazione di energia interna è sufficiente osservare che nell'espansione adiabatica è $\Delta Q = 0$ e pertanto si ha:

$$\Delta U_{(ad)} = -W_{(ad)} = -2.28 \cdot 10^6 J .$$

Nel caso dell'espansione nel vuoto il gas, non dovendo contrastare alcuna forza esterna, non esegue lavoro; d'altro canto , dall'esperienza di Joule si sa che una siffatta trasformazione avviene senza scambio di calore con l'ambiente esterno. Ne consegue, per il primo principio della termodinamica, alcuna variazione di energia interna: $\Delta U = 0$ il che implica che la temperatura del gas non è cambiata. Allora, l'espansione nel vuoto è isotermica e pertanto il volume finale può essere determinato utilizzando l'equazione (4.3.45.1) da cui segue l'equazione:

$$(4.3.45.10) \quad P_2 V_2 = P_3 V_3$$

che consente di scrivere l'equazione: $V_3 = \dfrac{P_2 V_2}{P_3}$ in cui sostituendo i valori si ha:

$$V_3 = \frac{1 \cdot 1.012 \cdot 10^5 P_a \cdot 41.02 m^3}{0.1 \cdot 1.012 \cdot 10^5 P_a} = 410.2 m^3$$

Quindi lo stato termodinamico finale del gas è definito dai seguenti valori:

$$V_3 = 410.2 m^3 \quad ; \quad P_3 = 0.1 atm \quad ; \quad T_3 = T_2 = 246.04 \cdot 10^6 J$$

Il lavoro totale $W$ eseguito è:

$$W = W_{(is)} - W_{(ad)} = 8.14 \cdot 10^6 J + 2.28 \cdot 10^6 J = 10.42 \cdot 10^6 J$$

La variazione totale di energia interna è:

$$\Delta U = \Delta U_{(is)} - \Delta U_{(ad)} + \Delta U_{(V_u)} = 0 - 2.28 \cdot 10^6 J + 0 = -2.28 \cdot 10^6 J$$

---

## Correttore della prova numero 46

L'energia interna di un gas perfetto dipende solo dalla temperatura, ciò implica che la variazione di energia interna, nel caso in esame, è dovuta solo all'espansione adiabatica in quanto è nulla nella compressione isotermica; essa è data dalla seguente equazione:

$$(4.3.46.1) \qquad \Delta U = nc_v \left( T_2 - T_1 \right)$$

in cui $T_2$ e $T_1$ esprimono rispettivamente la temperatura alla fine e all'inizio dell'espansione adiabatica.

Osservando che la temperatura $T_1$ coincide con la temperatura $T_0$ in quanto nel corso della compressione isotermica la temperatura del gas non muta, l'equazione (4.3.46.1) si può scrivere come:

$$(4.3.46.2) \qquad \Delta U = nc_v \left( T_2 - T_0 \right)$$

Per determinare $c_v$ si consideri la seguente equazione:

$$(4.3.46.3) \qquad TV^{\gamma-1} = \text{cost}$$

Da questa equazione segue l'equazione:

$$(4.3.46.4) \qquad T_1 V_1^{\gamma-1} = T_2 V_2^{\gamma-1}$$

in cui tenendo conto che è $T_1 = T_0$ e $V_1 = V_0$ si ottiene l'equazione:

$$(4.3.46.5) \qquad T_0 V_1^{\gamma-1} = T_2 V_0^{\gamma-1}$$

da cui segue l'equazione:

$$(4.3.46.6) \qquad \frac{T_0}{T_2} = \left(\frac{V_0}{V_1}\right)^{\gamma-1}$$

in cui sostituendo osservando che è $V_1 = \dfrac{1}{4} V_0$ si ha:

$$\frac{T_0}{T_2} = \left(\frac{V_0}{\dfrac{1}{4}V_0}\right)^{\gamma-1} \qquad \text{da cui segue l'equazione:}$$

$$(4.3.46.7) \qquad \frac{T_0}{T_2} = 4^{\gamma-1}$$

in cui osservando che è:

$$\gamma = \frac{c_p}{c_v} = \frac{c_v + R}{c_v} = 1 + \frac{R}{c_v},$$

si ottiene la seguente equazione:

$$(4.3.46.8) \qquad \frac{T_0}{T_2} = 4^{\frac{R}{c_v}}$$

in cui considerando i logaritmi si ha:

$$\log \frac{T_0}{T_2} = \frac{R}{c_v} \log 4$$

da cui segue l'equazione:

$$(4.3.46.9) \quad c_v = \frac{R \log 4}{\log \dfrac{T_0}{T_2}} \, .$$

Ponendo questo valore nell'equazione (4.3.46.2) si ottiene la seguente equazione:

$$(4.3.46.10) \quad \Delta U = \frac{nR \log 4}{\log \dfrac{T_0}{T_2}} (T_2 - T_0)$$

in cui resta da determinare solo $T_2$ . Per poterlo fare, si consideri l'equazione di stato del gas perfetto scritto nella forma seguente:

$$(4.3.46.11) \quad P_2 V_0 = nRT_2$$

da cui segue: $T_2 = \dfrac{P_2 V_0}{nR}$ .

Ponendo questo valore nell'equazione (4.3.46.10) si ha l'equazione:

$$(4.3.46.12) \quad \Delta U = \frac{nR \log 4}{\log \dfrac{nRT_0}{P_2 V_0}} \left( \frac{P_2 V_0}{nR} - T_0 \right)$$

Ancora, scrivendo l'equazione di stato del gas perfetto nella forma seguente:

$$(4.3.46.13) \quad P_0 V_0 = nRT_0$$

si ottiene l'equazione $V_0 = \dfrac{nRT_0}{P_0}$ che posta nell'equazione

$(4.3.46.12)$ consente di scrivere la seguente equazione:

$$\Delta U = \frac{nR\log 4}{\log \dfrac{nRT_0}{P_2 \dfrac{nRT_0}{P_0}}} \left( \frac{P_2}{nR} \frac{nRT_0}{P_0} - T_0 \right)$$

da cui segue l'equazione:

$$(4.3.46.14) \quad \Delta U = \frac{nR\log 4}{\log \dfrac{P_0}{P_2}} T_0 \left( \frac{P_2}{P_0} - 1 \right)$$

in cui sostituendo i valori si ha:

$$\Delta U = \frac{n \cdot 8.304 \dfrac{J}{Kmole} \cdot \log 4}{\log \dfrac{1.8 \cdot 1.012 \cdot 10^5 P_a}{1 \cdot 1.012 \cdot 10^5 P_a}} \cdot 300K \cdot \left( \frac{1 \cdot 1.012 \cdot 10^5 P_a}{1.8 \cdot 1.012 \cdot 10^5 P_a} - 1 \right) \Rightarrow$$

$$\Delta U = -2611.3 \cdot nJ$$

Quindi, la variazione di energia interna per una mole di gas è:

$$\Delta U = -2611.3 \cdot nJ$$

Per determinare $\gamma$ si consideri la seguente equazione:

$$(4.3.46.15) \quad \gamma = 1 + \frac{R}{c_v}$$

e si ponga al posto di $c_v$ il valore espresso dall'equazione (4.3.46.9).
Così facendo si ottiene l'equazione:

$$(4.3.46.16) \quad \gamma = 1 + \frac{\log \dfrac{T_0}{T_2}}{\log 4}$$

Sostituendo in questa equazione il valore di $T_2$ espresso dall'equazione che consegue dall'equazione (4.3.46.11), si ottiene l'equazione:

$$(4.3.46.17) \qquad \gamma = 1 + \frac{\log \dfrac{nRT_0}{P_2 V_0}}{\log 4}$$

Sostituendo in questa equazione il valore di $V_0$ espresso dall'equazione che consegue dall'equazione (4.3.46.13), si ottiene l'equazione:

$$(4.3.46.18) \qquad \gamma = 1 + \frac{\log \dfrac{P_0}{P_2}}{\log 4}$$

in cui sostituendo i valori si ha:

$$\gamma = 1 + \frac{\log \dfrac{1.8 \cdot 1.012 \cdot 10^5 P_a}{1 \cdot 1.012 \cdot 10^5 P}}{\log 4} \cong 1.4$$

Si tratta di un gas biatomico.

---

## Correttore della prova numero 47

La quantità di calore $Q$ che il gas assorbe nel corso delle due trasformazioni è data dalla seguente equazione:

$$(4.3.47.1) \qquad Q = Q_{01} + Q_{12}$$

in cui $Q_{01}$ esprime la quantità di calore assorbita nel corso della trasformazione isobara e $Q_{12}$ quella assorbita nel corso della trasformazione isocora.

Usando il primo principio della termodinamica l'equazione (4.3.47.1) assume la seguente forma:

$$(4.3.47.2) \quad Q = \left(\lim_{\Delta U_i \to 0} \sum_i \Delta U_i\right)_{01} + \left(\lim_{\Delta V_i \to 0} \sum_i P_i \Delta V_i\right)_{01} + \left(\lim_{\Delta U_i \to 0} \sum_i \Delta U_i\right)_{12} + \left(\lim_{\Delta V_i \to 0} \sum_i P_i \Delta V_i\right)_{12}$$

in cui tenendo conto che la trasformazione complessiva è costituita da una trasformazione isobara e da una trasformazione isocora, si ha:

$$(4.3.47.3) \quad Q = \left(\lim_{\Delta U_i \to 0} \sum_i \Delta U_i\right)_{01} + \left(\lim_{\Delta V_i \to 0} \sum_i P_i \Delta V_i\right)_{01} + \left(\lim_{\Delta U_i \to 0} \sum_i \Delta U_i\right)_{12} + (0)_{12}$$

in cui tenendo conto che è : $\Delta U_i = c_v \Delta T_i$ si ha:

$$(4.3.47.4) \quad Q = \left(c_v \lim_{\Delta T_i \to 0} \sum_i \Delta T_i\right)_{01} + \left(P \lim_{\Delta V_i \to 0} \sum_i \Delta V_i\right)_{01} + \left(c_v \lim_{\Delta T_i \to 0} \sum_i \Delta T_i\right)_{12} \Rightarrow$$

$$(4.3.47.5) \quad Q = c_v \int_{T_0}^{T_1} dT + P \int_{V_0}^{V_1} dV + c_v \int_{T_1}^{T_2} dT$$

da cui segue l'equazione:

$$(4.3.47.6) \quad Q = \left[c_v (T_1 - T_o)\right] + \left[P_1 (V_1 - V_0)\right] + \left[c_v (T_2 - T_1)\right]$$

Scrivendo l'equazione di stato del gas perfetto per gli stati 0, 1, 2 si ha:

$$(4.3.47.7) \quad P_0 V_0 = R_0 T_0 \quad ; \quad P_1 V_1 = R_1 T_1 \quad ; \quad P_2 V_2 = R_2 T_2$$

Combinando la prima con la seconda delle equazioni (4.3.47.7) si ha:

$$(4.3.47.8) \quad \frac{P_0 V_0}{T_0} = \frac{P_1 V_1}{T_1}$$

in cui osservando che è: $P_0 = P_1$ si ha:

$$(4.3.47.9) \quad T_1 = T_0 \frac{V_1}{V_0}$$

in cui osservando che è: $V_1 = 2V_0$ si ha:

$$(4.3.47.10) \quad T_1 = 2T_0.$$

Combinando la seconda e la terza delle equazioni (4.3.47.7) si ha:

$$\left(4.3.47.11\right) \quad \frac{P_1 V_1}{T_1} = \frac{P_2 V_2}{T_2}$$

in cui osservando che è: $V_1 = V_2$ si ha:

$$\left(4.3.47.12\right) \quad T_2 = T_1 \frac{V_2}{V_1}$$

in cui osservando che è: $P_1 = 2P_0 = 2P_1$ si ha:

$$\left(4.3.47.13\right) \quad T_2 = 2T_1 .$$

Utilizzando le equazioni (4.3.47.10) e (4.3.47.13) nell'equazione (4.3.47.6), si ha:

$$\left(4.3.47.14\right) \quad Q = c_V T_0 + P_1 \left(V_1 - V_0\right) + 2c_V T_0$$

in cui osservando che è: $P_1 = P_0$ e $V_1 = 2V_0$ si ha:

$$\left(4.3.47.15\right) \quad Q = 3c_V T_0 + P_0 V_0$$

in cui utilizzando la prima equazione delle (4.3.47.7), si ha:

$$\left(4.3.47.16\right) \quad Q = 3c_V T_0 + RT_0$$

in cui osservando che per un gas biatomico è $c_v = \frac{5}{2} R$ si ha:

$$\left(4.3.47.17\right) \quad Q = 3\frac{5}{2} RT_0 + RT_0 = \frac{17}{2} RT_0$$

in cui sostituendo i valori si ha:

$$Q = \frac{17}{2} \cdot 8.304 \frac{J}{Kmole} \cdot 300K = 21175.2 J$$

Per determinare la variazione $\Delta U$ di energia interna si consideri il primo principio della termodinamica nella seguente forma:

$$\left(4.3.47.18\right) \quad \Delta U = Q - W$$

in cui, tenendo conto dell'equazione (4.3.47.7) ed osservando che il gas esegue lavoro solo nella trasformazione isobara, si ha:

$$(4.3.47.19) \quad \Delta U = \frac{17}{2} RT_0 - P_0 \left( V_1 - V_0 \right)$$

in cui osservando che $V_1 = 2V_0$ si ha:

$$(4.3.47.20) \quad \Delta U = \frac{17}{2} RT_0 - P_0 V_0$$

in cui tenendo conto della prima equazione delle (4.3.47.7), si ha:

$$(4.3.47.21) \quad \Delta U = \frac{17}{2} RT_0 - RT_0 = \frac{15}{2} RT_0$$

in cui sostituendo i valori si ha:

$$\Delta U = \frac{15}{2} \cdot 8.304 \frac{J}{Kmole} \cdot 300K = 18684J$$

---

# Correttore della prova 48

La variazione di energia cinetica $\Delta E_c$ che un filetto fluido di massa $\Delta m_0$ subisce come conseguenza dell'immissione della potenza $P$ nel tubo è data dalla seguente relazione:

$$(4.3.48.1) \quad \Delta E_c = \frac{1}{2} \Delta m v^2 - \frac{1}{2} \Delta m_0 v_0^2$$

in cui essendo $\Delta E_c = P \Delta t$ si ha:

$$(4.3.48.2) \quad P \Delta t = \frac{1}{2} \Delta m v^2 - \frac{1}{2} \Delta m_0 v_0^2$$

Dividendo ambo i membri di questa equazione per $\Delta t$ si ha:

$$(4.3.48.3) \quad P = \frac{1}{2} \frac{\Delta m}{\Delta t} v^2 - \frac{1}{2} \frac{\Delta m_0}{\Delta t} v_0^2$$

Utilizzando il principio di conservazione della massa si può scrivere la seguente relazione:

$$(4.3.48.4) \qquad \frac{\Delta m_0}{\Delta t} = \frac{\Delta m}{\Delta t} = \rho_0 S v_0 = \rho S v$$

che utilizzata nell'equazione (4.3.48.3) consente di scrivere l'equazione:

$$(4.3.48.5) \qquad P = \frac{1}{2} \rho_0 S v_0 v^2 - \frac{1}{2} \rho_0 S v_0^3$$

da cui segue l'equazione:

$$(4.3.48.6) \qquad v = \sqrt{\frac{2P + \rho_0 S v_0^3}{\rho_0 S v_0}}$$

che consente la determinazione della velocità $v$ con cui il gas emerge dal tubo. Si osservi che la massa volumica che figura nell'equazione (4.3.48.6) non è nota e per poterla determinare si consideri l'equazione di stato del gas perfetto scritto nella seguente forma:

$$(4.3.48.7) \qquad P_0 V_0 = n R T_0$$

in cui osservando che è: $V_0 = \dfrac{m}{\rho_0}$ si ha: $P_0 \dfrac{m}{\rho_0} = n R T_0$ da cui segue:

$\rho_0 = \dfrac{m}{n} \dfrac{P_0}{R T_0}$     in     cui     osservando     che     è:

$M = \dfrac{m}{n} \left( M = \text{massa molecolare} \right)$ si ha: $(4.3.48.8)$ $\rho_0 = \dfrac{M P_0}{R T_0}$

che posta nell'equazione (4.3.48.6) si ha: $v = \sqrt{\dfrac{2P + \dfrac{M P_0}{R T_0} S v_0^3}{\dfrac{M P_0}{R T_0} S v_0}}$    da cui

segue l'equazione $(4.3.48.9)$ $v = \sqrt{\dfrac{2 P R T_0}{M P_0 S v_0} + v_0^2}$ in sostituendo i

valori si ha:

$$v = \sqrt{\frac{2 \cdot 10^3 W \cdot 8.304 \cdot 10^3 \, \frac{J}{Kmole} \cdot 300K}{32 \cdot 2 \cdot 1.012 \cdot 10^5 P_a \cdot 40 \cdot 10^{-4} m^2 \cdot 40 \frac{m}{s}} + \left(40 \frac{m}{s}\right)^2} = 80.05 \frac{m}{s}$$

Si osservi che quando la massa è espressa in kg il valore della costante $R$ deve essere espresso in $\dfrac{J}{Kmole}$ e pertanto va moltiplicato per il fattore $10^3$.

Per determinare la temperatura $T$ si osservi che dall'equazione (4.3.48.4) si ha:

$$\left(4.3.48.10\right) \quad \rho_0 v_0 = \rho v \, .$$

Combinando questa equazione con l'equazione (4.3.48.8) e con la seguente equazione:

$$\left(4.3.48.11\right) \quad \rho = \frac{MP}{RT}$$

si ottiene l'equazione:

$$\left(4.3.48.12\right) \quad \frac{MP_0}{RT_0} v_0 = \frac{MP}{RT} v$$

in cui osservando che è $P_0 = P$ si ha:

$$\left(4.3.48.13\right) \quad T = \frac{V}{V_0} T_0$$

in cui sostituendo i valori si ha:

$$T = \frac{80.05 \frac{m}{s}}{40 \frac{m}{s}} \cdot 300K = 600.04K$$

# Correttore della prova 49

Per determinare il lavoro eseguito sul gas nella parte $B$, si osservi che essendo la compressione adiabatica e potendosi ritenere reversibile, si può scrivere la seguente equazione:

$$(4.3.49.1) \quad W_B = -c(T_B - T_0)$$

Dall'equazione $(4.3.49.2) \quad \dfrac{T_0}{P_0^{\frac{(\gamma-1)}{\gamma}}} = \dfrac{T_B}{P_B^{\frac{(\gamma-1)}{\gamma}}}$ segue l'equazione

$$(4.3.49.3) \quad T_B = T_0 \left(\frac{P_B}{P_0}\right)^{\frac{(\gamma-1)}{\gamma}}$$ che posta nell'equazione (4.3.49.1)

consente di scrivere l'equazione:

$$(4.3.49.4) \quad W_B = n c_v T_0 \left[\left(\frac{P_B}{P_0}\right)^{\frac{(\gamma-1)}{\gamma}} - 1\right]$$ in cui osservando che è

$$c_v = \frac{5}{2} R \text{ si ha:}$$

$$(4.3.49.5) \quad W_B = n \frac{5}{2} R T_0 \left[\left(\frac{P_B}{P_0}\right)^{\frac{(\gamma-1)}{\gamma}} - 1\right]$$ in cui sostituendo i valori

si ha:

$$W_B = -600 mole \cdot \frac{5}{2} \cdot 8.304 \frac{J}{Kmole} \cdot 300K \left[\left(\frac{4P_0}{P_0}\right)^{\frac{(1.4-1)}{1.4}} - 1\right] \Rightarrow$$

$$W_B = -1816063.46 J$$

Sostituendo i valori nell'equazione (4.3.49.3) si ottiene la temperatura finale del gas nella parte $B$:

$$T_B = 300K \left( \frac{4P_0}{P_0} \right)^{\frac{(1.4-1)}{1.4}} = 445.80K$$

Per determinare la temperatura finale del gas nella parte $A$, si consideri l'equazione di stato del gas perfetto scritta nel modo seguente:

$$P_0V_0 = nRT_0$$

$$(4.3.49.6)$$

$$P_A V_A = nRT_A$$

Dividendo membro a membro queste equazioni si ha:

$$(4.3.49.7) \quad \frac{P_0V_0}{P_A V_A} = \frac{T_0}{T_A}$$

da cui segue l'equazione:

$$(4.3.49.8) \quad T = T_0 \frac{P_A V_A}{P_0 V_0}$$

Orbene, considerando che la trasformazione nella parte $B$ è adiabatica, si ha:

$$(4.3.49.9) \quad P_0 V_0^\gamma = P_B V_B^\gamma$$

da cui segue l'equazione:

$$(4.3.49.10) \quad V_B = V_0 \left( \frac{P_0}{P_B} \right)^{\frac{1}{\gamma}}$$

D'altro canto si ha anche l'equazione:

$$(4.3.49.11) \quad V_A = 2V_0 - V_B$$

in cui ponendo il valore di $V_B$ fornito dall'equazione (4.3.49.10), si ha:

$$(4.3.49.12) \quad V_A = 2V_0 - V_0 \left( \frac{P_0}{P_B} \right)^{\frac{1}{\gamma}}$$

Ponendo questo valore nell'equazione (4.3.49.8), si ha l'equazione:

$$(4.3.49.13) \quad T_A = T_0 \frac{P_A}{P_0} \left[ 2 - \left( \frac{P_0}{P_B} \right)^{\frac{1}{\gamma}} \right]$$

in cui osservando che è $P_A = P_B = 4P_0$ si ha:

$$T_A = 300K \cdot 4 \left[ 2 - \left( \frac{1}{4} \right)^{\frac{1}{1.4}} \right] = 1954.20K \,.$$

La quantità di calore $Q$ prodotta dalla spirale è, per il primo principio della termodinamica:

$$(4.3.49.15) \quad Q = W_A + \Delta U_A$$

in cui osservando che $W_A = -W_B$ e $\Delta U_A = nc_v \left( T_A - T_0 \right)$ si ha:

$$(4.3.49.16) \quad Q = -W_B + nc_v \left( T_A - T_0 \right)$$

in cui sostituendo i valori si ha:

$$Q = 1816063.46J + 600 mole \cdot \frac{5}{2} \cdot 8.304 \frac{I}{Kmole} \cdot (1954.20K - 300K) \Rightarrow$$

$$Q = 22420778.66J$$

---

# Correttore della prova 50

Se $n_1$ e $n_2$ indicano rispettivamente il numero di moli nel recipiente più piccolo e nel recipiente più grande, il numero totale di moli $n$ è dato dalla seguente relazione:

$$(4.3.50.1) \quad n = n_1 + n_2$$

Orbene, se si considera l'equazione di stato del gas perfetto e si osserva che la pressione finale $P$ è identica nei due recipienti, si possono scrivere le seguenti equazioni:

$$PV_1 = n_1RT_1$$

$$(4.3.50.2)$$

$$PV_2 = n_2RT_2$$

da cui seguono le equazioni:

$$n_1 = \frac{PV_1}{RT_1} \qquad ; \qquad n_2 = \frac{PV_2}{RT_2}$$

che poste nell'equazione (4.3.50.1) consentono di scrivere la seguente equazione:

$$(4.3.50.3) \qquad n = P\left(\frac{V_1}{RT_1} + \frac{V_2}{RT_2}\right)$$

D'altro canto, dalle condizioni iniziali si ha:

$$P_0V_1 = n_1RT_0$$

$$(4.3.50.4)$$

$$P_0V_2 = n_2RT_0$$

da cui seguono le equazioni:

$$n_1 = \frac{P_0V_1}{RT_0} \qquad ; \qquad n_2 = \frac{P_0V_2}{RT_0}$$

che poste nell'equazione (4.3.50.1) consentono di scrivere la seguente equazione:

$$(4.3.50.5) \qquad n = \frac{P}{RT_0}\left(V_1 + V_2\right)$$

Confrontando questa equazione con l'equazione (4.3.50.3), si ottiene:

$$P\left(\frac{V_1}{RT_1} + \frac{V_2}{RT_2}\right) = \frac{P}{RT_0}\left(V_1 + V_2\right)$$

da cui segue l'equazione:

$$\left(4.3.50.6\right) \qquad P = P_0 \frac{T_1 T_2}{T_0}\left(\frac{V_1 + V_2}{T_2 V_1 + T_1 V_2}\right)$$

che fornisce la pressione finale. Sostituendo i valori si ha:

$$P = 2.044 \cdot 10^5 P_a \cdot \frac{300K \cdot 500K}{400K}\left(\frac{0.5m^3 + 1.5m^3}{500K \cdot 0.5m^3 + 300K \cdot 1.5m^3}\right) \Rightarrow$$

$$P = 2.19 \cdot 10^5 P_a$$

Per determinare la quantità $m_1$ di ossigeno nel recipiente più piccolo si osservi che è soddisfatta la seguente relazione:

$$\left(4.3.50.7\right) \qquad m_1 = n_1 M$$

in cui $M$ è la massa molecolare dell'ossigeno. Sostituendo $n_1$ con il valore ricavato dalla prima equazione delle (4.3.50.2), si ha:

$$\left(4.3.50.8\right) \qquad m_1 = \frac{PV_1}{RT_1} M$$

in cui sostituendo i valori si ha:

$$m_1 = \frac{2.19 \cdot 10^5 P_a \cdot 0.5m^3}{8.304 \dfrac{J}{Kmole} \cdot 300K} \cdot 32 = 1406.55g = 1.40655kg$$

# Correttore della prova 51

La quantità di calore $|Q_c|$ che una macchina frigorifera cede alla sorgente calda è data dalla relazione:

$$(4.3.51.1) \qquad |Q_c| = |Q_f| + W$$

Osservando che una macchina frigorifera di Carnot ha il coefficiente di prestazione $COP$ dato dalla seguente relazione:

$$(4.3.51.2) \qquad COP = \frac{|Q_f|}{W} = \frac{T_f}{T_c - T_f}$$

si può scrivere la seguente equazione:

$$(4.3.51.3) \qquad |Q_f| = W \frac{T_f}{T_c - T_f}$$

che posta nell'equazione (4.3.51.1) consente di scrivere la seguente equazione:

$$(4.3.51.4) \qquad |Q_f| = W \left( \frac{T_f}{T_c - T_f} + 1 \right)$$

in cui sostituendo i valori si ha:

$$|Q_f| = 1kWh \left( \frac{260K}{293K - 260K} + 1 \right) = 8.88kWh$$

All'edificio vengono ceduti $8.88kWh$ di calore per ogni $kWh$ di energia elettrica fornito all'impianto.

---

# Correttore della prova 52

Il coefficiente di prestazione della macchina frigorifera di Carnot è espresso dalla seguente relazione:

$$(4.3.52.1) \qquad COP_c = \frac{T_f}{T_c - T_f}$$

mentre il coefficiente di prestazione di una qualsivoglia macchina frigorifera è espresso dalla seguente altra relazione:

$$(4.3.52.2) \qquad COP_f = \frac{|Q_f|}{|Q_c| - |Q_f|}$$

Pertanto dovendo essere $COP_f = \frac{1}{3} COP_c$ si può scrivere la seguente equazione:

$$(4.3.52.3) \qquad \frac{|Q_f|}{|Q_c| - |Q_f|} = \frac{1}{3} \frac{T_f}{T_c - T_f}$$

da cui segue l'equazione:

$$(4.3.52.4) \qquad |Q_c| = |Q_f| \left( 3\frac{T_c}{T_f} - 2 \right)$$

in cui sostituendo i valori si ha:

$$|Q_c| = 1000 J \left( 3\frac{550 K}{250 K} - 2 \right) = 4600 J$$

---

# Correttore della prova 53

La variazione $\Delta S$ di entropia nel caso di una trasformazione reversibile è espressa dalla seguente relazione:

$$(4.3.53.1) \qquad \Delta S = \lim_{\Delta Q_i \to 0} \sum_{i(AB)} \frac{\Delta Q_i}{T_i} = \int_A^B \frac{dQ}{T}$$

Dal primo principio della termodinamica si ha:

$$(4.3.53.2) \qquad \Delta Q = P\Delta V + nc_c \Delta T$$

Questa equazione, nel caso di una trasformazione isocora diventa:

$$(4.3.53.3) \qquad \Delta Q = nc_c \Delta T$$

in quanto è $\Delta V = 0$. Ponendo l'equazione (4.3.53.3) nell'equazione (4.3.53.1), si ha:

$$(4.3.53.4) \qquad \Delta S = \lim_{\Delta T_i \to 0} \sum_{i(AB)} nc_v \frac{\Delta T_i}{T_i} \quad \text{in cui assumendo che } c_v \text{ è}$$

costante in tutto l'intervallo $(A, B)$ si ha:

$$(4.3.53.5) \qquad \Delta S = nc_v \lim_{\Delta T_i \to 0} \sum_{i(AB)} \frac{\Delta T_i}{T_i} = nc_v \int_A^B \frac{dQ}{T} \quad . \text{ Calcolando}$$

l'integrale si ha:

$$(4.3.53.6) \qquad \Delta S = nc_v \ln \frac{T_B}{T_A}$$

Nel caso di una trasformazione isotermica l'equazione (4.3.53.2) diventa:

$$(4.3.53.7) \qquad \Delta Q = P\Delta V$$

in quanto è $\Delta T = 0$. Se in questa equazione si tiene conto che è:

$P = \dfrac{nRT}{V}$, si ottiene la seguente equazione:

$$(4.3.53.8) \qquad \Delta Q = nRT \frac{\Delta V}{V}$$

che posta nell'equazione (4.3.53.1) consente di scrivere la seguente equazione:

$$(4.3.53.9) \qquad \Delta S = nR \lim_{\Delta V_i \to 0} \sum_{i(AB)} \frac{\Delta V_i}{V_i} = nR \int_A^B \frac{dV}{V}$$

Calcolando l'integrale si ha:

$$(4.3.53.10) \qquad \Delta S = nR \ln \frac{V_B}{V_A}$$

Si osservi che in una trasformazione isotermica risulta essere:

$$(4.3.53.11) \quad P_B V_B = P_A V_A$$

da cui segue l'equazione:

$$(4.3.53.12) \quad \frac{V_B}{V_A} = \frac{P_A}{P_B}.$$

Se si tiene conto di questa equazione, l'equazione (4.3.53.10) si può scrivere nella forma seguente:

$$(4.3.53.13) \quad \Delta S = nR \ln \frac{P_A}{P_B}$$

Nel caso di una trasformazione isobara risulta essere:

$$PV_B = nRT_B$$

$$(4.3.53.14)$$

$$PV_A = nRT_A$$

Dividendo membro a membro queste equazioni si ottiene la seguente equazione:

$$(4.3.53.15) \quad \frac{V_B}{V_A} = \frac{T_A}{T_B}$$

Orbene, combinando le equazioni (4.3.53.1) e (4.3.53.2), si ha:

$$(4.3.53.16) \qquad \Delta S = \lim_{\Delta V_i \to 0} \sum_{i(AB)} \frac{P_i \Delta V_i}{T_i} + \lim_{\Delta T_i \to 0} \sum_{i(AB)} nc_v \frac{\Delta T_i}{T_i}$$

in cui osservando che è: $P_i = \dfrac{nRT_i}{V_i}$ si ha:

$$\left(4.3.53.17\right) \Delta S = nR \lim_{\Delta V_i \to 0} \sum_{i(AB)} \frac{\Delta V_i}{V_i} + nc_v \lim_{\Delta T_i \to 0} \sum_{i(AB)} \frac{\Delta T_i}{T_i} =$$

$$= nR \int_A^B \frac{dV}{V} + nc_v \int_A^B \frac{dT}{T}$$

Calcolando gli integrali si ha:

$$\left(4.3.53.18\right) \quad \Delta S = nR \ln \frac{V_B}{V_A} + nc_v \ln \frac{T_B}{T_A}$$

Nel caso di una trasformazione isobara, dovendo valere l'equazione (4.3.53.15), l'equazione (4.3.53.18) diventa:

$$\left(4.3.53.19\right) \quad \Delta S = n\left(R + c_v\right) \ln \frac{T_B}{T_A}$$

in cui tenendo conto che è: $c_p = R + c_v$ si ha:

$$\left(4.3.53.20\right) \quad \Delta S = nc_p \ln \frac{T_B}{T_A}$$

---

## Correttore della prova 54

Poiché l'entropia è una funzione di stato, la sua variazione dipende solo dagli stati iniziali e finali del gas. Ciò implica la seguente relazione:

$$\left(4.3.54.1\right) \quad \Delta S_{AC} = \Delta S_{ABC} = \Delta S_{ADC}$$

Per verificare questa relazione si consideri prima la trasformazione $ABC$; essa è costituita da due trasformazioni: una trasformazione isocora $AB$ e una trasformazione isobara $BC$. Pertanto *(vedi correttore prova n. 53)* la variazione di entropia $\Delta S_{ABC}$ si scrive come:

$$\left(4.3.54.2\right) \quad \Delta S_{ABC} = \Delta S_{AB} + \Delta S_{BC} = nc_v \ln \frac{T_B}{T_A} + nc_p \ln \frac{T_C}{T_B}$$

Si considera l'equazione di stato del gas perfetto scritta per lo stato $B$ e per lo stato $A$ :

$$P_B V_B = nRT_B$$

$$\left(4.3.54.3\right)$$

$$P_A V_A = nRT_A$$

Nel caso della trasformazione isocora $AB$ è $V_A = V_B$ e pertanto, dividendo membro a membro le equazioni (4.3.54.3) si ottiene la seguente equazione:

$$\left(4.3.54.4\right) \qquad \frac{P_B}{P_A} = \frac{T_B}{T_A}$$

che posta nell'equazione (4.3.54.2) consente di scrivere la seguente equazione:

$$\left(4.3.54.5\right) \quad \Delta S_{ABC} = nc_v \ln\frac{P_B}{P_A} + nc_p \ln\frac{T_C}{T_B}.$$

Si considera l'equazione di stato del gas perfetto scritta per lo stato $C$ e per lo stato $B$ :

$$P_C V_C = nRT_C$$

$$\left(4.3.54.6\right)$$

$$P_B V_A = nRT_B$$

Nel caso della trasformazione isobara $BC$ è $P_B = P_C$ e pertanto, dividendo membro a membro le equazioni (4.3.54.6) si ottiene la seguente equazione:

$$\left(4.3.54.7\right) \qquad \frac{V_C}{V_A} = \frac{T_C}{T_B}$$

che posta nell'equazione $\left(4.3.54.5\right)$ consente di scrivere l'equazione seguente:

$$\left(4.3.54.8\right) \quad \Delta S_{ABC} = nc_v \ln\frac{P_B}{P_A} + nc_p \ln\frac{V_C}{V_B}$$

si consideri la trasformazione $ADC$: essa è costituita da due trasformazioni: una trasformazione isobara $AD$ e una trasformazione isocora $DC$. Pertanto la variazione di entropia $\Delta S_{ABC}$ si scrive come:

$$\left(4.3.54.9\right) \quad \Delta S_{ABC} = \Delta S_{AD} + \Delta S_{DC} = nc_p \ln\frac{T_D}{T_A} + nc_v \ln\frac{T_C}{T_D}$$

Si considera l'equazione di stato del gas perfetto scritta per lo stato $C$ e per lo stato $D$:

$$P_D V_C = nRT_D$$

$$\left(4.3.54.10\right)$$

$$P_A V_A = nRT_A$$

Nel caso della trasformazione isobara $AD$ è $P_A = P_D$ e pertanto, dividendo membro a membro le equazioni (4.3.54.10) si ottiene la seguente equazione:

$$\left(4.3.54.11\right) \quad \frac{V_C}{V_A} = \frac{T_D}{T_A}$$

che posta nell'equazione (4.3.54.9) consente di scrivere la seguente equazione:

$$\left(4.3.54.12\right) \quad \Delta S_{ADC} = nc_p \ln\frac{V_C}{V_A} + nc_v \ln\frac{T_C}{T_D}$$

Si considera l'equazione di stato del gas perfetto scritta per lo stato $C$ e per lo stato $D$:

$$P_C V_C = nRT_C$$

$$\left(4.3.54.13\right)$$

$$P_D V_D = nRT_D$$

Nel caso della trasformazione isocora $DC$ è $V_C = V_D$ e pertanto, dividendo membro a membro le equazioni (4.3.54.13) si ottiene la seguente equazione:

$$\left(4.3.54.14\right) \qquad \frac{P_C}{P_D} = \frac{T_C}{T_D}$$

che posta nell'equazione (4.3.54.12) consente di scrivere la seguente equazione:

$$\left(4.3.54.15\right) \quad \Delta S_{ADC} = nc_p \ln \frac{V_C}{V_A} + nc_v \ln \frac{P_C}{P_D}$$

in cui osservando che è: $P_C = P_B$ e $P_D = P_A$ si ha:

$$\left(4.3.54.16\right) \quad \Delta S_{ADC} = nc_p \ln \frac{V_C}{V_A} + nc_v \ln \frac{P_B}{P_A}$$

Questa equazione è identica all'equazione (4.3.54.8) e pertanto risulta verificata la relazione (4.3.54.1).

Per calcolare la variazione di entropia si osservi che per un gas biatomico è:

$$c_v = \frac{5}{2} R \qquad ; \qquad c_p = c_v + R = \frac{5}{2} R + R = \frac{7}{2} R$$

Quindi, sostituendo tutti i valori nell'equazione (4.3.54.16) e tenendo conto che $P_B = P_C$ , si ha:

$$\Delta S_{ADC} = 600 mole \cdot \frac{7}{2} \cdot 8.304 \frac{J}{Kmole} \cdot \ln \frac{33.6 \cdot 10^{-3} m^3}{22.414 \cdot 10^{-3} m^3} +$$

$$+600 mole \cdot \frac{5}{2} \cdot 8.304 \frac{J}{Kmole} \cdot \ln \frac{2.024 \cdot 10^5 P_a}{1.012 \cdot 10^5 P_a} \Rightarrow$$

$$\Delta S_{ADC} = 15704.50 \frac{J}{K}$$

# Correttore della prova 55

Per determinare la quantità di calore che il gas scambia con l'ambiente circostante nel corso della sua espansione isotermica, si osservi che, per una siffatta espansione risulta essere: $\Delta U = 0$ e pertanto il primo principio della termodinamica si può scrivere come:

$$\left(4.3.55.1\right) \qquad \Delta Q = P\Delta V$$

in cui osservando che è: $P = \dfrac{nRT}{V}$, si ottiene l'equazione:

$$\left(4.3.55.2\right) \qquad \Delta Q = nRT\,\dfrac{\Delta V}{V}$$

da cui segue l'equazione:

$$\left(4.3.55.3\right) \qquad Q = nRT\,\dfrac{V}{V_0}$$

in cui tenendo conto che $V = 3V_0$, si ha:

$$\left(4.3.55.4\right) \qquad Q = nRT\ln 3$$

Orbene, osservando che l'energia interna $U$ è legata alla temperatura $T$ dalla seguente relazione:

$$\left(4.3.55.5\right) \quad U = nc_v T$$

si ha:

$$\left(4.3.55.6\right) \quad T = \dfrac{U}{nc_v}$$

che posta nell'equazione (4.3.55.4) consente di scrivere l'equazione:

$$\left(4.3.55.7\right) \quad Q = \dfrac{RU}{c_v}\ln 3$$

in cui osservando che per un gas monoatomico è $c_v = \dfrac{3}{2}R$ si ha:

$$\left(4.3.55.8\right) \quad Q = \frac{2}{3}U\ln 3.$$

Sostituendo i valori in questa equazione si ottiene:

$$Q = \frac{2}{3} \cdot 10000J \cdot \ln 3 = 7324.08J$$

Per determinare la temperatura $T$ si può utilizzare l'equazione (4.3.55.4). Così facendo si ha:

$$\left(4.3.55.9\right) \quad T = \frac{Q}{nR\ln 3}$$

Il valore di $T$ si può conoscere se si conosce il numero di moli $n$ ; esso può essere determinato con la seguente relazione:

$$\left(4.3.55.10\right) \quad \Delta S = nR\ln\frac{V}{V_0}$$

Infatti, osservando che $V = 3V_0$, si ha:

$$\left(4.3.55.11\right) \quad n = \frac{\Delta S}{R\ln 3}$$

Ponendo questo valore nell'equazione (4.3.55.9) si ha:

$$\left(4.3.55.12\right) \quad T = \frac{Q}{\Delta S}$$

in cui sostituendo i valori si ha:

$$T = \frac{7324.08J}{209\dfrac{J}{K}} = 35.04K.$$

Per determinare la massa molecolare $M$ è sufficiente scrivere l'equazione:

$$\left(4.3.55.13\right) \quad M = \frac{m}{n}$$

in cui sostituendo $n$ con il valore fornito dall'equazione $(4.3.55.11)$ si ha l'equazione:

$$(4.3.55.14) \quad M = \frac{m}{\Delta S} R \ln 3$$

in cui sostituendo i valori si ha:

$$M = \frac{1 \cdot 10^3 \, kg}{209 \, \dfrac{J}{kg}} \cdot 8.304 \frac{J}{Kmole} \cdot \ln 3 = 43.6$$

Il gas in questione è Argon.

---

## Correttore della prova 56

Nel corso della trasformazione, quando lo stato termico dell'acqua cambia, il calore $\Delta Q_{1i}$ è fornito dalla seguente relazione:

$$(4.3.56.1) \quad \Delta Q_{1i} = c_p m \Delta T_i$$

mentre quando l'acqua bolle alla temperatura di ebollizione costante, il calore $Q_{2i}$ è fornito dalla seguente relazione:

$$(4.3.56.2) \quad \Delta Q_{2i} = \lambda_v \Delta m_i .$$

Pertanto, il calore complessivo $\Delta Q_i$ che l'acqua assorbe nel corso della sua trasformazione è dato dalla seguente relazione:

$$(4.3.56.3) \quad \Delta Q_i = \Delta Q_{1i} + \Delta Q_{2i} = c_p m \Delta T_i + \lambda_v \Delta m_i$$

che utilizzato nella seguente equazione:

$$(4.3.56.4) \quad \Delta S = \lim_{\Delta Q_i \to 0} \sum_{i(AB)} \frac{\Delta Q_i}{T_i}$$

consente di scrivere l'equazione:

$$(4.3.56.5) \qquad \Delta S = \lim_{\Delta T_i \to 0} \sum_{i(AB)} c_p m \frac{\Delta T_i}{T_i} + \lim_{\Delta m_i \to 0} \sum_{i(AB)} \lambda_v \frac{\Delta m_i}{T_i}$$

in cui osservando che $m$ e $\lambda_v$ *(calore latente di vaporizzazione)* sono costanti e ritenendo costante anche il calore specifico a pressione costante $c_p$ in tutto l'intervallo di temperatura, si ottiene l'equazione:

$$(4.3.56.6) \qquad \Delta S = c_p m \lim_{\Delta T_i \to 0} \sum_{i(AB)} \frac{\Delta T_i}{T_i} + \frac{\lambda_v}{T_E} \lim_{\Delta m_i \to 0} \sum_{i(AB)} \Delta m_i =$$

$$= c_p m \int_A^B \frac{dT}{T} + \frac{\lambda_v}{T_E} \int_A^B dm$$

in cui si è tenuto conto che l'ebollizione avviene a temperatura costante $T_E$. Calcolando gli integrali si ha l'equazione:

$$(4.3.56.7) \qquad c_p m \ln \frac{T_E}{T_0} + \frac{\lambda_v}{T_E} m$$

in cui sostituendo i seguenti valori:

$$c_p = 1 \frac{kcal}{kgK} = 4186 \frac{J}{kgK}$$

$$m = 10 kg$$

$$T_E = 373.15 K$$

$$\lambda_v = 539.5 \frac{kcal}{kg} = 2258347 \frac{J}{kg}$$

si ha:

$$\Delta S = 41186 \frac{J}{kgK} \cdot 10 kg \ln \frac{373.15 K}{273.15 K} + \frac{2258347 \frac{J}{kg}}{373.15 K} \cdot 10 kg = 73579.8 \frac{J}{K}$$

# Correttore della prova 57

Quando l'acqua viene posta in contatto termico con la sorgente di calore di temperatura $T_S > T_A$ vi è conduzione di calore per differenza di temperatura e pertanto il processo è irreversibile. Ciò nondimeno è possibile determinare la variazione di entropia osservando che, essendo l'entropia una funzione di stato e come tale non dipende dal processo di trasformazione si può considerare una qualsiasi trasformazione reversibile che collega i due stati; ovvero il processo in esame si può considerare come se avvenisse con una trasformazione reversibile che conduce dallo stato di temperatura $T_A$ allo stato di temperatura $T_S$ e ciò implica che si può fare uso della seguente relazione:

$$(4.3.57.1) \qquad \Delta S = \lim_{\Delta Q_i \to 0} \sum_{i(AB)} \frac{\Delta Q_i}{T_i}$$

Pertanto la variazione $\Delta S_A$ di entropia dell'acqua *(vedi correttore prova n.56)* è data dalla seguente relazione:

$$(4.3.57.2) \qquad \Delta S_A = c_p m \ln \frac{T_S}{T_A}$$

in cui sostituendo i valori si ha:

$$\Delta S_A = 4186 \frac{J}{kgK} \cdot 10 kg \ln \frac{373.15K}{273.15K} = 13049.26 \frac{J}{K}$$

Per determinare la variazione di entropia della sorgente di calore si osservi che la sorgente di calore cede calore all'acqua mantenendo costante la propria temperatura. Pertanto tenendo conto che il calore ceduto all'acqua è dato dalla relazione: $Q = c_p m (T_S - T_A)$ e tenendo conto della relazione (4.3.57.1) si ha che la variazione di entropia $\Delta S$ della sorgente di calore è:

$$(4.3.57.3) \qquad \Delta S_S = -c_p m \left( \frac{T_S - T_A}{T_S} \right)$$

in cui sostituendo i valori si ha:

$$\Delta S_S = -4186 \frac{J}{kgK} \cdot 10kg \left( \frac{373.15K - 273.15K}{373.15K} \right) = -11218 \frac{J}{K}$$

Ponendo l'acqua in contatto termico prima con la sorgente di calore di temperatura $T = 323.15K$ e poi con la sorgente di calore di temperatura $T_S = 373.15K$ la sua variazione di entropia è:

$$(4.3.57.4) \; \Delta S_A = c_p m \ln \frac{T}{T_A} + c_p m \ln \frac{T_S}{T} = c_p m \ln \frac{T}{T_A} \frac{T_S}{T} = c_p m \ln \frac{T_S}{T_A}$$

che coincide con la relazione (4.3.57.2) nel caso in cui l'acqua scambia calore con una sola sorgente di calore. La variazione complessiva $\Delta S$ di entropia delle due sorgenti di calore è:

$$(4.3.57.5) \qquad \Delta S = -c_p m \left( \frac{T - T_A}{T} + \frac{T_S - T}{T} \right)$$

in cui sostituendo i valori si ha:

$$\Delta S = -4186 \frac{J}{kgK} \cdot 10kg \left( \frac{323.15K - 273.15K}{323.15K} + \frac{373.15K - 323.15K}{373.15K} \right) =$$

$$\Delta S = -12085.87 \frac{J}{K}$$

La variazione di entropia dell'Universo è:

$$\Delta S = \Delta S_A + \Delta S = 13049.26 \frac{J}{K} - 12085.87 \frac{J}{K} = 963.39 \frac{J}{K}$$

Per portare l'acqua dalla temperatura $T_A$ alla temperatura $T_S$ in modo che l'Universo non cambi la sua entropia, si osservi che aumentando il numero delle sorgenti di calore la variazione di entropia dell'acqua resta costante, la variazione complessiva di entropia delle sorgenti di calore aumenta in valore assoluto e di conseguenza diminuisce la variazione di entropia dell'Universo. Ciò induce a ritenere che qualora aumenti il numero delle sorgenti di calore in modo tale che la temperatura di ognuna di esse differisce in valore di una quantità molto piccola $\Delta T$ sia dalla sorgente che la precede sia da quella che la segue, la variazione complessiva di entropia tende a diventare uguale alla variazione di entropia dell'acqua e ciò implica che la variazione di entropia dell'Universo tende ad essere nulla.

---

# Correttore della prova 58

Per determinare il volume nello stato $B$ e nello stato $D$ si può utilizzare la seguente equazione:

$$(4.3.58.1) \qquad TV^{\gamma-1} = \text{cost}$$

che utilizzata per il tratto adiabatico $BC$ fornisce la seguente equazione:

$$(4.3.58.2) \qquad T_C V_B^{\gamma-1} = T_f V_C^{\gamma-1}$$

mentre utilizzata per il tratto adiabatico $AD$ fornisce la seguente equazione:

$$(4.3.58.3) \qquad T_C V_A^{\gamma-1} = T_f V_D^{\gamma-1}$$

Risolvendo le equazioni (4.3.58.2) e (4.3.58.3) rispettivamente rispetto a $V_B$ e $V_D$ si ha:

$$(4.3.58.4) \quad V_B = V_C \left( \frac{T_f}{T_C} \right)^{\frac{1}{\gamma-1}} \quad ; \quad (4.3.58.5) \quad V_D = V_A \left( \frac{T_C}{T_f} \right)^{\frac{1}{\gamma-1}}$$

Sostituendo i valori si ha:

(per l'azoto, essendo un gas monoatomico, $\gamma = \dfrac{7}{5} = 1.4$)

$$V_B = 18.1 \cdot 10^{-3} \, m^3 \left( \frac{300K}{400K} \right)^{\frac{1}{1.4-1}} = 8.82 \cdot 10^{-3} \, m^3$$

$$V_D = 6 \cdot 10^{-3} \, m^3 \left( \frac{400K}{300K} \right)^{\frac{1}{1.4-1}} = 12.32 \cdot 10^{-3} \, m^3$$

La quantità di calore $Q_C$ che la macchina assorbe dalla sorgente calda nel caso dell'espansione isotermica è data dalla seguente equazione:

$$(4.3.58.6) \quad Q_C nRT_C \ln \frac{V_B}{V_A}$$

mentre la quantità di calore che la macchina cede alla sorgente fredda nel caso della compressione isotermica è data dalla seguente equazione:

$$(4.3.58.7) \quad Q_f nRT_f \ln \frac{V_D}{V_C}$$

Osservando che il numero $n$ di moli è dato dalla seguente relazione:

$n = \dfrac{m}{M}$, le equazioni (4.3.58.6) e (4.3.58.7) diventano:

$$(4.3.58.8) \quad Q_C \frac{m}{M} RT_C \ln \frac{V_B}{V_A} \quad ; \quad (4.3.58.9) \quad Q_f \frac{m}{M} RT_f \ln \frac{V_D}{V_C}$$

Sostituendo i valori si ha:

$$Q_C = \frac{28}{28} mole \cdot 8.304 \frac{J}{K} \cdot 400K \ln \frac{8.82 \cdot 10^{-3} \, m^3}{6 \cdot 10^{-3} \, m^3} = 1279.68 J$$

$$Q_f = \frac{28}{28} mole \cdot 8.304 \frac{J}{K} \cdot 300K \ln \frac{12.32 \cdot 10^{-3} \, m^3}{18.1 \cdot 10^{-3} \, m^3} = -958.33 J$$

La variazione complessiva $\Delta S$ di entropia nelle due trasformazioni isotermiche è:

$$(4.3.58.10) \qquad \Delta S = nR \left( \ln \frac{V_B}{V_A} + \ln \frac{V_D}{V_C} \right) = \frac{m}{M} R \left( \ln \frac{V_B}{V_A} + \ln \frac{V_D}{V_C} \right)$$

Sostituendo i valori si ha:

$$\Delta S = \frac{28}{28} mole \cdot 8.304 \frac{J}{Kmole} \cdot \left( \ln \frac{8.82 \cdot 10^{-3} m^3}{6 \cdot 10^{-3} m^3} + \ln \frac{12.32 \cdot 10^{-3} m^3}{18.1 \cdot 10^{-3} m^3} \right) =$$

$$= 0.0048 \frac{J}{K} \cong 0$$

come deve essere. Il rendimento della macchina è:

$$(4.3.58.11) \quad \eta = 1 - \frac{T_f}{T_C} = 1 - \frac{300K}{400K} = 0.25$$

---

## Correttore della prova 59

Per determinare il lavoro eseguito in un ciclo si può fare uso della seguente relazione:

$$(4.3.59.1) \qquad W = |Q_C| - |Q_f|$$

Il calore $Q_C$ che la macchina assorbe dalla sorgente calda nel corso dell'espansione isotermica è:

$$(4.3.59.2) \qquad Q_C = nRT_C \ln \frac{V_B}{V_A}$$

mentre il calore $Q_f$ che la macchina cede alla sorgente fredda nel corso della compressione isotermica è:

$$(4.3.59.3) \qquad Q_f = nRT_f \ln \frac{V_D}{V_C}$$

D'altro canto le variazioni di entropia lungo le isoterme di temperatura $T_C$ e $T_f$ sono rispettivamente:

$$(4.3.59.4) \quad \Delta S_C = nR \ln \frac{V_B}{V_A} \quad ; \quad (4.3.59.5) \quad \Delta S_f = nR \ln \frac{V_D}{V_C}$$

Confrontando queste equazioni con le equazioni (4.3.59.2) e (4.3.59.3), si ottengono equazioni:

$$(4.3.59.6) \quad Q_C = T \Delta S_C \quad ; \quad (4.3.59.7) \quad Q_f = T \Delta S_f$$

che poste nell'equazione (4.3.59.1) consentono di scrivere la seguente equazione:

$$(4.3.59.8) \quad W = \left| T_C \Delta S_C \right| - \left| T_f \Delta S_f \right| = T_C \left| \Delta S_C \right| - T_f \left| \Delta S_f \right|$$

in cui osservando che è: $\left| \Delta S_C \right| = \left| \Delta S_C \right|$ si ha:

$$(4.3.59.8) \quad W = \left| \Delta S_f \right| \left( T - T_f \right) \text{ in cui sostituendo i valori si ha:}$$

$$W = \left| -10 \right| \frac{J}{K} \cdot 100 K = 10^3 \, J$$

---

## Correttore della prova 60

Il lavoro eseguito dalla macchina è dato dalla differenza tra le quantità di calore assorbite dalle sorgenti di calore e le quantità di calore cedute. Orbene, si osservi che delle quantità di calore scambiate con le sorgenti di calore si sa solo il segno di $Q_1$ mentre nulla si de segno di $Q_2$ e $Q_3$ Pertanto, se si assumono positivi i segni di $Q_2$ e $Q_3$ il lavoro si può scrivere secondo la seguente relazione:

$$(4.3.60.1) \quad W = Q_1 + Q_2 + Q_3$$

D'altro canto, essendo reversibile il ciclo di una macchina di Carnot, deve valere la seguente equazione:

$$\left(4.3.60.2\right) \quad \frac{Q_1}{T_1} + \frac{Q_2}{T_2} + \frac{Q_3}{T_3} = 0$$

che moltiplicata per $T_2$ fornisce l'equazione:

$$\left(4.3.60.3\right) \quad Q_1 \frac{T_2}{T_1} + Q_2 + Q_3 \frac{T_2}{T_3} = 0$$

Sottraendo membro a membro questa equazione dall'equazione (4.3.60.1) si ottiene la seguente equazione:

$$\left(4.3.60.4\right) \quad W = Q_1\left(1 - \frac{T_2}{T_1}\right) + Q_3\left(1 - \frac{T_2}{T_3}\right)$$

da cui segue l'equazione:

$$\left(4.3.60.5\right) \quad Q_3 = \frac{W - Q_1\left(1 - \frac{T_2}{T_1}\right)}{1 - \frac{T_2}{T_3}}$$

Orbene, usando l'equazione (4.3.60.1) si può scrivere la seguente relazione:

$$\left(4.3.60.6\right) \quad Q_2 = W - Q_1 - Q_3$$

in cui sostituendo il valore di $Q_3$ con quello fornito dall'equazione (4.3.60.5), si ottiene l'equazione:

$$\left(4.3.60.7\right) \quad Q_2 = W - Q_1 - \frac{W - Q_1\left(1 - \frac{T_2}{T_1}\right)}{1 - \frac{T_2}{T_3}}$$

da cui segue l'equazione:

$$(4.3.60.8) \qquad Q_2 = \frac{-W\dfrac{T_2}{T_3} + Q_1 T_2\left(\dfrac{1}{T_3} - \dfrac{1}{T_1}\right)}{1 - \dfrac{T_2}{T_3}}$$

in cui sostituendo i valori si ha:

$$Q_2 = \frac{-200J \cdot \dfrac{300K}{200K} + 1200J \cdot 300K\left(\dfrac{1}{200K} - \dfrac{1}{400K}\right)}{1 - \dfrac{300K}{200K}} = -1200J$$

Questo risultato indica che la macchina di Carnot cede alla sorgente di calore di Temperatura $T_2$ la quantità di calore $Q_2 = -1200J$. Sostituendo i valori nell'equazione (4.3.60.5), si ha:

$$Q_3 = \frac{200J - 1200J \cdot \left(1 - \dfrac{300K}{400K}\right)}{1 - \dfrac{300K}{200K}} = 200J$$

Questo risultato indica che la macchina di Carnot assorbe dalla sorgente di calore di Temperatura $T_3$ la quantità di calore $Q_3 = 200J$.

Le variazioni di entropia delle sorgenti di calore sono date dalle seguenti relazioni:

$$\Delta S_1 = -\frac{Q_1}{T_1} = -\frac{1200J}{400K} = -3\frac{J}{K}$$

$$\Delta S_2 = -\frac{Q_2}{T_2} = -\left(-\frac{1200J}{300K}\right) = 4\frac{J}{K}$$

$$\Delta S_\mathfrak{L} = -\frac{Q_3}{T_3} = -\frac{200J}{200K} = -1\frac{J}{K}$$

La variazione di entropia dell'Universo è data dalla somma delle variazioni di entropia delle sorgenti di calore:

$$\Delta S = \Delta S_1 + \Delta S_2 + \Delta S_3 = -3\frac{J}{K} + 4\frac{J}{K} - 1\frac{J}{K} = O$$

come deve essere per un ciclo reversibile di un sistema termicamente isolato.

---

## Correttore della prova 61

Nel corso della trasformazione isocora il gas scambia con la sorgente di calore la quantità di calore $Q_{AB}$ data dalla seguente equazione:

$$(4.3.61.1) \qquad Q_{AB} = c_v \left( T_B - T_A \right)$$

in cui osservando che è $c_v = \dfrac{3}{2} R$ si ha:

$$(4.3.61.2) \qquad Q_{AB} = \frac{3}{2} R \left( T_B - T_A \right)$$

Usando l'equazione di stato del gas perfetto si possono scrivere, per una mole di gas, le seguenti equazioni:

$$P_B V_B = R T_B$$

$$(4.3.61.3)$$

$$P_A V_A = R T_A$$

dalle quali, sottraendo membro a membro, si ha:

$$(4.3.61.4) \qquad P_B V_B - P_A V_A = R \left( T_B - T_A \right)$$

Confrontando questa equazione con l'equazione (4.3.61.2), si ottiene l'equazione:

$$\left(4.3.61.5\right) \qquad Q_{AB} = \frac{3}{2}\left(P_B V_B - P_A V_A\right)$$

in cui osservando che $V_A = V_B$ si ha:

$$\left(4.3.61.6\right) \qquad Q_{AB} = \frac{3}{2} V_B \left(P_B - P_A\right)$$

Considerando la trasformazione adiabatica, si può scrivere la seguente equazione: $\left(4.3.61.7\right)$ $P_B V_B^{\gamma} = P_C V_C^{\gamma}$ da cui segue l'equazione:

$$\left(4.3.61.8\right) \quad P_C = P_B \left(\frac{V_B}{V_C}\right)^{\gamma}$$

in cui osservando che è $P_C = P_A$, si ha:

$$\left(4.3.61.9\right) \quad P_A = P_B \left(\frac{V_B}{V_C}\right)^{\gamma}$$

che posta nell'equazione (4.3.61.6) consente di scrivere la seguente equazione:

$$\left(4.3.61.10\right) \quad Q_{AB} = \frac{3}{2} P_B V_B \left[1 - \left(\frac{V_B}{V_C}\right)^{\gamma}\right]$$

in cui sostituendo i valori si ha:

$$Q_{AB} = \frac{3}{2} \cdot 10.24 \cdot 10^5 P_a \cdot 2m^3 \left[1 - \left(\frac{2m^3}{4m^3}\right)^{\frac{5}{3}}\right] = 2.1 \cdot 10^6 J$$

Poiché il segno di $Q_{AB}$ risulta positivo, come d'altro canto, si rileva anche dall'equazione (4.3.6.20) osservando che è $V_B < V_C$, si può affermare che $Q_{AB}$ è la quantità di calore che viene assorbita nel ciclo.

Nel corso della trasformazione isobara il gas scambia con la sorgente di calore la quantità di calore $Q_{CA}$ data dalla seguente equazione:

$$(4.3.61.11) \quad Q_{CA} = c_p \left( T_A - T_C \right)$$

in cui osservando che $c_p = \dfrac{5}{2} R$ si ha:

$$(4.3.61.12) \quad Q_{CA} = \frac{5}{2} R \left( T_A - T_C \right).$$

Usando l'equazione di stato del gas perfetto si possono scrivere, per una mole di gas, le seguenti equazioni:

$$(4.3.61.13) \quad \begin{aligned} P_A V_A &= R T_A \\[6pt] P_C V_C &= R T_C \end{aligned}$$

dalle quali, sottraendo membro a membro, si ha:

$$(4.3.61.14) \quad P_A V_A - P_C V_C = R \left( T_A - T_C \right)$$

Confrontando questa equazione con l'equazione (4.3.61.12), si ottiene l'equazione:

$$(4.3.61.15) \quad Q_{CA} = \frac{5}{2} \left( P_A V_A - P_C V_C \right)$$

in cui osservando che $P_A = P_C$ si ha:

$$(4.3.61.16) \quad Q_{CA} = \frac{5}{2} P_C \left( V_A - V_C \right)$$

in cui sostituendo $P_C$ con il valore fornito dall'equazione $(4.3.61.8)$, si ottiene l'equazione:

$$(4.3.61.17) \quad Q_{CA} = \frac{5}{2} P_B \left( V_A - V_C \right) \left( \frac{V_B}{V_C} \right)^{\gamma}$$

in cui se si osserva che è $V_A = V_B$ si può scrivere l'equazione:

$$(4.3.61.18) \qquad Q_{CA} = \frac{5}{2} P_B \left( V_B - V_C \right) \left( \frac{V_B}{V_C} \right)^{\gamma}$$

Sostituendo i valori si ha:

$$Q_{CA} = \frac{5}{2} \cdot 10.24 \cdot 10^5 P_a \cdot \left( 2m^3 - 4m^3 \right) \cdot \left( \frac{2m^3}{4m^3} \right)^{\frac{5}{3}} = -1.6 \cdot 10^6 J$$

Poiché il segno di $Q_{CA}$ risulta negativo come, d'altro canto, si rileva anche dall'equazione (4.3.61.18) osservando che è $V_B < V_C$, si può affermare che $Q_{CA}$ è la quantità di calore che viene ceduta nel ciclo. Il rendimento del ciclo è:

$$\eta = \frac{W}{|Q_{AB}|} = \frac{|Q_{AB}| - |Q_{CA}|}{|Q_{AB}|} = 1 - \frac{|Q_{CA}|}{|Q_{AB}|}$$

in cui sostituendo i valori si ha:

$$\eta = 1 - \frac{\left| 1.6 \cdot 10^6 \right| J}{\left| 2.6 \cdot 10^6 \right| J} = 1 - \frac{1.6 \cdot 10^6 \, J}{2.6 \cdot 10^6 \, J} = 0.24$$

---

## Correttore della prova 62

Il lavoro che il gas esegue può essere calcolato facendo uso della seguente equazione:

$$(4.3.62.1) \qquad W = \lim_{\Delta V_i \to 0} \sum_i P_i \Delta V_i = \int_{V_1}^{V_2} P dV$$

Orbene, si consideri l'equazione di Van der Waals per una mole di gas:

$$(4.3.62.2) \qquad \left( P + \frac{a}{V^2} \right)(V - b) = RT$$

e la si risolva rispetto a $P$. Così facendo si ottiene la seguente equazione:

$$(4.3.62.3) \qquad P = \frac{RT}{V - b} - \frac{a}{V^2}$$

che utilizzata nell'equazione (4.3.62.1) consente di scrivere la seguente equazione:

$$(4.3.62.4) \qquad W = \lim_{\Delta V_i \to 0} \sum_i \left( \frac{RT}{V_i - b} - \frac{a}{V_i^2} \right) \Delta V_i = \int_{V_1}^{V_2} \left( \frac{RT}{V - b} - \frac{a}{V^2} \right) dV$$

da cui segue l'equazione:

$$(4.3.62.5) \qquad W = RT \int_{V_1}^{V_2} \frac{dV}{V - b} - a \int_{V_1}^{V_2} \frac{dV}{V^2}$$

Calcolando gli integrali si ha:

$$(4.3.62.6) \qquad W = RT \ln \frac{V_2 - b}{V_1 - b} + a \left( \frac{1}{V_2} - \frac{1}{V_1} \right)$$

Sostituendo i valori si ha:

$$W = 8.304 \frac{J}{mole} \cdot 400K \ln \frac{4 \cdot 10^{-3} m^3 - 0.0266 \cdot 10^{-3} m^3}{2 \cdot 10^{-3} m^3 - 0.0266 \cdot 10^{-3} m^3} +$$

$$+ 0.0251 P_a \frac{\left( m^3 \right)^2}{mole^2} \cdot \left( \frac{1}{4 \cdot 10^{-3} m^3} - \frac{1}{2 \cdot 10^{-3} m^3} \right) \Rightarrow$$

$$W = 2318.39 J$$

Se il gas viene trattato secondo il modello termodinamico di gas perfetto, l'equazione (4.3.62.6) si riduce alla seguente equazione:

$$\left(4.3.62.7\right) \qquad W = RT \ln \frac{V_2}{V_1}$$

in quanto risulta $a = b = 0$. Quindi, sostituendo i valori nell'equazione (4.3.62.7), si ha:

$$W = 8.304 \frac{J}{mole} \cdot 400K \ln \frac{4 \cdot 10^{-3} \, m^3}{2 \cdot 10^{-3} \, m^3} = 2302.36 J$$

Questo valore è leggermente inferiore *(come deve essere)* del valore precedente.

---

## Correttore della prova 63

Si consideri l'equazione che pone in relazione la temperatura ed il volume per le trasformazioni adiabatiche. Nel caso di un gas reale essa può scriversi nel modo seguente:

$$\left(4.3.63.1\right) \qquad T_1 \left(V_1 - b\right)^{\gamma-1} = T_2 \left(V_2 - b\right)^{\gamma-1}$$

Risolvendo questa equazione rispetto a $V_2$ si ha:

$$\left(4.3.63.2\right) \qquad V_2 = \left(V_1 - b\right) \left(\frac{T_1}{T_2}\right)^{\frac{1}{\gamma-1}} + b$$

in cui sostituendo i valori si ha:

$$V_2 = \left(5 \cdot 10^{-3} \, m^3 - 0.0318 \cdot 10^{-3} \, m^3\right) \cdot \left(\frac{300K}{500K}\right) + 0.0318 \cdot 10^{-3} \, m^3 =$$

$$= 0.0028 m^3 = 2.8 \cdot 10^{-3} \, m^3 = 2.8 litri$$

Poiché questo valore è più piccolo del valore iniziale si può affermare che il gas ha subito una compressione adiabatica.

---

# Correttore della prova 64

La variazione $\Delta S$ di entropia, nel caso di una trasformazione reversibile, è espressa dalla seguente equazione:

$$\left(4.3.64.1\right) \qquad \Delta S = \lim_{\Delta Q_i \to 0} \sum_{i(AB)} \frac{\Delta Q_i}{T_i}$$

Per il primo principio della termodinamica si può scrivere la seguente equazione:

$$\left(4.3.64.2\right) \qquad \Delta Q = \Delta U + \Delta W$$

in cui osservando che è: $\Delta W = P\Delta V$ si ottiene l'equazione:

$$\left(4.3.64.3\right) \qquad \Delta Q = \Delta U + P\Delta V$$

Utilizzando il modello termodinamico di Van der Waals per una mole di gas si può scrivere la seguente equazione:

$$\left(4.3.64.4\right) \qquad P = \frac{RT}{V-b} - \frac{a}{V^2}$$

che posta nell'equazione (4.3.64.3) consente di scrivere la seguente equazione:

$$\left(4.3.64.5\right) \qquad \Delta Q = \Delta U + \left( \frac{RT}{V-b} - \frac{a}{V^2} \right)\Delta V$$

in cui osservando che la variazione dell'energia interna per un gas reale è espressa dall'equazione: $\Delta U = c_v \Delta T + a\dfrac{\Delta V}{V^2}$ , si ottiene l'equazione:

$$\left(4.3.64.6\right) \qquad \Delta Q = c_v \Delta T + \frac{RT}{V-b}\Delta V$$

che posta nell'equazione (4.3.64.1) consente di scrivere la seguente equazione:

$$\left(4.3.64.7\right) \qquad \Delta S = \lim_{\Delta T_i \to 0} \sum_{i(AB)} c_v \frac{\Delta T_i}{T_i} + \lim_{\Delta V_i \to 0} \sum_{i(AB)} \frac{RT}{V_i - b} \Delta V_i =$$

$$= \int_A^B c_v \frac{dT}{T} + \int_A^B \frac{RT}{V - b} dV$$

Ritenendo il calore specifico $c_v$ costante in tutto l'intervallo AB e calcolando gli integrali si ha:

$$\left(4.3.64.8\right) \qquad \Delta S = c_v \ln \frac{T_B}{T_A} + R \ln \frac{V_B - b}{V_A - b}$$

che esprime la variazione di entropia di una mole di gas reale quando viene sottoposta ad una generica trasformazione reversibile.

---

## Correttore della prova 65

Per determinare i valori critici teorici dei parametri di stato si considerino le seguenti equazioni:

$$\left(4.3.65.1\right) \quad P_C b + RT_C = 3 P_C V_C \quad ; \quad 3 P_C V_C^2 = a \quad ; \quad P_C V_C^3 = ab$$

Combinando queste equazioni si ottengono le seguenti equazioni:

$$\left(4.3.65.2\right) \quad P_C = \frac{a}{27 b^2} \quad ; \quad V_C = 3b \quad ; \quad T_C = \frac{8a}{27 bR}$$

in cui sostituendo i valori si ha:

$$P_C = \frac{0.140 \dfrac{P_a \left(m^3\right)^2}{mole^2}}{27 \cdot \left(0.0000318\right) \dfrac{\left(m^3\right)^2}{mole^2}} = 5127551.506 P_a \cong 51.28 \cdot 10^5 P_a$$

$$V_C = 3 \cdot (0.0000318) \frac{m^3}{mole} = 9.54 \cdot 10^{-5} \frac{m^3}{mole}$$

$$T_C = \frac{8 \cdot 0.140 \dfrac{P_a \left(m^3\right)^2}{mole^2}}{27 \cdot \left(0.0000318\right)^2 \dfrac{\left(m^3\right)^2}{mole^2} \cdot 8.304 \dfrac{J}{mole}} = 157.09K$$

Gli errori percentuali di cui sono affette le misure sperimentali sono:

$$\Delta P\% = \frac{\left|P_{ex} - P_C\right|}{P_C} \cdot 100 = \frac{\left|50.6 \cdot 10^5 P_a - 51.28 \cdot 10^5 P_a\right|}{51.28 \cdot 10^5 P_a} \cdot 100 = 1.33\%$$

$$\Delta V\% = \frac{\left|V_{ex} - V_C\right|}{V_C} \cdot 100 = \frac{\left|7.5 \cdot 10^{-5} \dfrac{m^3}{mole} - 9.54 \cdot 10^{-5} \dfrac{m^3}{mole}\right|}{9.54 \cdot 10^{-5} \dfrac{m^3}{mole}} \cdot 100 = 21.38\%$$

$$\Delta T\% = \frac{\left|T_{ex} - T_C\right|}{T_C} \cdot 100 = \frac{\left|154K - 157.09K\right|}{157.09K} \cdot 100 = 1.9\%$$

## Correttore della prova 66

Si consideri la funzione entalpia:

$$(4.3.66.1) \quad H = U + PV$$

e si determini una variazione molto piccola di essa:

$$(4.3.66.2) \quad \Delta H = \Delta U + P\Delta V + V\Delta P.$$

Poiché il riscaldamento del gas avviene a volume costante, l'equazione (4.3.66.2) si riduce alla seguente equazione:

$$(4.3.66.3) \quad \Delta H = \Delta U + V\Delta P.$$

Dall'equazione di stato del gas perfetto si ha l'equazione:

$$(4.3.66.4) \quad \Delta P = \frac{R}{V}\Delta T$$

che posta nell'equazione (4.3.66.3) consente di scrivere l'equazione:

$$(4.3.66.5) \quad \Delta H = \Delta U + R\Delta T$$

in cui osservando che $\Delta U = c_v \Delta T$ si ottiene l'equazione:

$$(4.3.66.6) \quad \Delta H = (c_v + R)\Delta T = c_p \Delta T$$

Se il calore specifico si ritiene costante in tutto l'intervallo AB, l'equazione (4.3.66.6), per una trasformazione finita, si può scrivere come:

$$(4.3.66.7) \quad H = \lim_{\Delta H_i \to 0} \sum_{i(AB)} \Delta H_i = \lim_{\Delta T_i \to 0} \sum_{i(AB)} c_p \Delta T_i = \int_A^B c_p dT$$

Calcolando l'integrale si ottiene l'equazione:

$$(4.3.66.8) \quad H = c_p (T_B - T_A)$$

in cui osservando che per un gas monoatomico è $c_p = \frac{5}{2}R$ si ha:

$$(4.3.66.9) \quad H = \frac{5}{2}R(T_B - T_A)$$

Per determinare il valore di $H$ è necessario determinare il valore di $T_B$. A tal fine, utilizzando l'equazione di stato del gas perfetto si possono scrivere le seguenti equazioni:

$$P_B V_B = RT_B$$

$$(4.3.66.10)$$

$$P_A V_A = RT_A$$

Dividendo queste equazioni membro a membro ed osservando che $V_A = V_B$, si ha l'equazione:

$$(4.3.66.11) \qquad T_B = \frac{P_B}{P_A} T_A$$

che posta nell'equazione (4.3.66.9) consente di scrivere la seguente equazione:

$$(4.3.66.12) \qquad H = \frac{5}{2} RT_A \left( \frac{P_B}{P_A} - 1 \right)$$

in cui sostituendo i valori si ha:

$$H = \frac{5}{2} \cdot 8.304 \frac{J}{mole} \cdot 300K \cdot \left( \frac{2.024 \cdot 10^5 P_a}{1.012 \cdot 10^5 P_a} - 1 \right) = 6228 J$$

---

# Correttore della prova 67

Usando l'equazione di Clapeyron:

$$(4.3.67.1) \qquad \frac{\Delta P}{\Delta T} = \frac{\lambda_v}{T_{ab} \left( V_2 - V_1 \right)}$$

si può determinare la variazione della pressione esterna necessaria a produrre una variazione di temperatura di $1K$ nella fase di ebollizione dell'acqua. Così, osservando che è:

$$V_2 = \frac{1}{\rho_v} = \frac{1}{0.6\dfrac{kg}{m^3}} = 1.67\frac{m^3}{kg}$$

(volume specifico del vapore saturo di acqua)

$$V_1 = \frac{1}{\rho_A} = \frac{1}{960\dfrac{kg}{m^3}} = 1.04\cdot10^{-3}\frac{m^3}{kg}$$

(volume specifico dell'acqua)

$T_{eb}$ (temperatura di ebollizione)

si ottiene:

$$\frac{\Delta P}{\Delta T} = \frac{2260440 J}{373.15K\left(1.67\dfrac{m^3}{kg} - 1.04\cdot10^{-3}\dfrac{m^3}{kg}\right)} = 3629.64\frac{P_a}{K} \cong 0.036\frac{atm}{K}$$

Quindi per produrre una variazione di $1K$ della temperatura di ebollizione necessita una variazione di pressione pari a $3629.64P_a$. Nel caso in esame, l'abbassamento $\Delta T_M$ della temperatura di ebollizione si può calcolare con la seguente equazione:

$$(4.3.67.2) \qquad \Delta T_M = \left(\frac{\Delta T}{\Delta P}\right)\Delta P_M$$

in cui $\Delta P_M$ esprime la differenza tra la pressione alla quota $h = 0$ e la pressione alla quota $h = 4810m$. Per determinare la pressione alla quota $h = 4810m$ si consideri l'equazione barometrica scritta nel modo seguente:

$$(4.3.67.3) \qquad P(h) = p(0)e^{-\frac{Mgh}{RT_0}}$$

Sostituendo i valori in questa equazione si ha:

$$P(4810m) = 1.012 \cdot 10^5 P_a e^{-\dfrac{2.896 \cdot 10^{-2} \frac{kg}{mole} \cdot 9.8 \frac{m}{s^2} \cdot 4810m}{8.304 \frac{J}{Kmole} \cdot 250K}} = 52432.58 P_a$$

Orbene, la variazione di pressione $\Delta P_M$ è:

$$\Delta P_M = P(0) - P(4810m) = 101200 P_a - 52432.58 P_a = 48767.42 P_a$$

Usando questo valore nell'equazione (4.3.67.2) si ha:

$$\Delta T_M = \left( \frac{1K}{3629.64 P_a} \right) \cdot 48767.42 P_a = 13.44K$$

Quindi, la temperatura di ebollizione dell'acqua sulla cima del Monte Bianco è:

$$T_M = T_{eb} - \Delta T_M = 373.15K - 13.44K = 359.71K = 86.56°C$$

---

## Correttore della prova 68

Dall'equazione di Clapeyron:

$$(4.3.68.1) \quad \frac{\Delta P}{\Delta T} = \frac{\lambda_v}{T_{eb}(V_2 - V_1)}$$

segue l'equazione:

$$(4.3.68.2) \quad \Delta P = \frac{\lambda_v}{T_{eb}(V_2 - V_1)} \Delta T$$

Usando i risultati del precedente correttore si ha:

$$(4.3.68.3) \quad \Delta P = \left( 3629.64 \frac{P_a}{K} \right) \Delta T$$

in cui osservando che è: $\Delta T = \left(230°C - 100°C\right) = 130°C = 130K$

si ottiene:

$$\left(4.3.68.4\right) \qquad \Delta P = \left(3629.64\frac{P_a}{K}\right) \cdot 130K = 471853.2P_a$$

Poiché è $Peso = S\Delta P$ si ha:

$Peso = 20 \cdot 10^{-4} m^2 \cdot 471853.2P_a = 943.7N = 96.30kg_p$

---

## Correttore della prova 69

Lo scambio di calore tra il contenitore termico e l'ambiente esterno avviene per conduzione. Trattando il problema come se il contenitore scambiasse calore con l'esterno lungo una sola direzione impiegando una superficie di area $S = 0.5m^2$ si può considerare la seguente equazione:

$$\left(4.3.69.1\right) \qquad F = -\lambda \frac{\Delta T}{\Delta x}$$

Se si osserva che il modulo del vettore flusso di calore si può scrivere come:

$$\left(4.3.69.2\right) \qquad F = \frac{1}{S}\frac{\Delta Q}{\Delta t}$$

l'equazione (4.3.69.1) diventa:

$$\left(4.3.69.3\right) \qquad \Delta Q = -\lambda \frac{\Delta T}{\Delta x}S\Delta t$$

ed esprime la quantità di calore che il contenitore termico scambia con l'ambiente esterno. Osservando che è:

$\lambda = 9.30 \cdot 10^{-3}\frac{J}{smK}$ ; $S = 0.5m^2$ ; $\Delta T = t_e - t_f = 32°C - 14°C = 18°C$

$$\Delta x = 2cm = 2 \cdot 10^{-2} m \quad ; \quad \Delta t = 4h = 14400c$$

l'equazione (4.3.69.3) fornisce il seguente valore numerico:

$$\Delta Q = -9.30 \cdot 10^{-3} \frac{J}{smK} \cdot \frac{18K}{2 \cdot 10^{-2} m} \cdot 0.5m^2 \cdot 14400s = -6026J$$

Le bibite acquistano la quantità di calore $\Delta Q$ e aumentano la loro temperatura di una quantità $\Delta T$ data dalla seguente relazione:

$$(4.3.69.4) \qquad \Delta T = \frac{\Delta Q}{mc} = \frac{\Delta Q}{\rho V c}$$

Sostituendo i valori si ha:

$$\Delta T = \frac{60264J}{1.3 \cdot 10^3 \frac{kg}{m^3} \cdot 20 \cdot 10^{-3} \cdot 4102.28 \frac{J}{kgK}} = 0.57K = 0.57°C$$

Quindi le bibite devono essere poste nel contenitore termico alla temperatura:

$$t_0 = t_f - \Delta T = 14°C - 0.57°C = 13.43°C$$

---

## Correttore della prova 70

Si consideri l'equazione $(4.3.70.1)$ $F = -\lambda \dfrac{\Delta T}{\Delta x}$. Se si osserva che il modulo del vettore flusso di calore si può scrivere come:

$$(4.3.70.2) \quad F = \frac{1}{S} \frac{\Delta Q}{\Delta t}$$

l'equazione (4.3.70.1) diventa:

$$(4.3.70.3) \qquad \frac{\Delta Q}{\Delta t} = -\lambda \frac{\Delta T}{\Delta x} S$$

che esprime la quantità di calore per unità di tempo che si propaga nella piastra. Sostituendo i valori si ha:

$$\frac{\Delta Q}{\Delta t} = -45.4 \frac{J}{smK} \cdot 0.5m^2 \cdot \frac{150K}{5 \cdot 10^{-2} m} = -68100 \frac{J}{s}$$

| | CORRETTORE DEL TEST DI VERIFICA (1.1) |
|---|---|
| | |
| 1 | la temperatura di un corpo si definisce come la grandezza fisica che descrive lo stato termico del corpo |
| 2 | per assegnare un valore numerico alla temperatura di un corpo secondo un criterio oggettivo è necessario sostituire il senso termico dell'uomo con un opportuno strumento: il termometro |
| 3 | il principio zero della termodinamica esprime il criterio per stabilire se due corpi sono in equilibrio termico |
| 4 | la risposta esatta è quella indicata nella casella [c] |
| 5 | per determinare le costanti $a$ e $b$ nell'equazione $t = al + b$ si fissano due stati termici di riferimento: una miscela acqua - ghiaccio e una certa quantità di acqua in ebollizione, entrambi alla pressione di $1.012 \cdot 10^5 P_a$ |
| 6 | per determinare la costante $a$ nell'equazione $t = ap$ si fissa uno stato termico di riferimento: il punto triplo dell'acqua che si riproduce molto facilmente alla temperatura di $0.01°C$ e alla pressione di $610.465 P_a$ |
| 7 | la risposta esatta è quella indicata nella casella [a] |
| 8 | la scala pratica internazionale delle temperature consiste nella determinazione di un insieme di stati termici di riferimento ed un insieme di norme, metodi e strumenti che servono ad interpolare tra gli stati termici di riferimento e ad estrapolare al di sopra dei loro valori estremi |
| 9 | gli intervalli di temperatura indicati dalle norme che regolano la scala pratica internazionale delle temperature sono:<br><br>dal punto triplo dell'idrogeno $-259.34°C$ al punto di fusione normale dell'antimonio $630.50°C$ ; in questo intervallo si usa il *termometro a resistenza di platino* |

| | |
|---|---|
| | dal punto di fusione normale dell'antimonio $630.50°C$ al punto di fusione normale dell'oro $1064.43°C$; in questo intervallo si usa il *termometro a termocoppia di platino +10% rodio /platino*

oltre il punto di fusione normale dell'oro $1064.43°C$ si usa un *termometro a radiazione parziale*, ovvero il pirometro monocromatico che confronta l'intensità di emissione, per una data frequenza, della sorgente con quella corrispondente emessa da un *corpo nero* mantenuto al punto di fusione normale dell'oro |
| 10 | la risposta esatta è quella indicata nella casella [a] |
| 11 | ad un gas in equilibrio termico con il sistema acqua - ghiaccio - vapore acqueo, si assegna il valore di temperatura $273.16°$ |
| 12 | l'equazione $\lambda = \dfrac{\Delta l}{l_0 \Delta t}$ esprime la variazione relativa di lunghezza quando lo stato termico del corpo varia di una unità; considerando $\lambda$ come funzione della temperatura, l'equazione in questione si può considerare come l'equazione generale per la dilatazione termica unidimensionale |
| 13 | la relazione tra il coefficiente di dilatazione termica bidimensionale $\sigma$ ed il coefficiente di dilatazione termica unidimensionale $\lambda$ per un corpo omogeneo è: $\sigma = 2\lambda$, ciò significa che lo studio della relazione tra la superficie di un corpo bidimensionale e omogeneo con la sua temperatura può essere ricondotto allo studio della relazione tra la lunghezza e la temperatura di uno stesso corpo che può considerarsi in forma unidimensionale |
| 14 | la risposta esatta è quella indicata nella casella [b] |
| 15 | per determinare sperimentalmente il coefficiente di dilatazione |

termica $\beta$, nel caso di corpi liquidi, si può considerare l'equazione:

$$\frac{V}{V_0} = \frac{\rho}{\rho_0} = \left(1 + \beta \Delta t\right)$$

Questa equazione suggerisce che il coefficiente $\beta$ può essere determinato sia studiando le variazioni di volume come funzione della temperatura, sia studiando le variazioni della massa volumica. In ogni caso, i risultati che si ottengono devono essere corretti perché bisogna tener conto anche delle variazioni dei volumi dei recipienti che contengono il liquido. Tuttavia, vi sono metodi, come quello di Dulong e Petit, che consentono di ottenere risultati indipendenti dalle variazioni dei volumi dei recipienti attraverso l'uso della seguente equazione:

$$\beta = \frac{h - h_0}{h_0 \Delta t}$$

in cui $h$ e $h_0$ sono i livelli del liquido nei due rami di un tubo a forma di $U$; questi rami sono mantenuti a due diversi valori di temperatura: uno costante e uno variabile

| 16 | perfezionando gli studi di Volta ,Charles e Gay Lussac e Regnault, nel 1841, pervennero al seguente importante risultato:<br><br>tutti i corpi gassosi, lontano dal punto di liquefazione, se sufficientemente rarefatti, hanno lo stesso comportamento termico ed il loro coefficiente di dilatazione termica a pressione costante è pari a $\dfrac{1}{273}\,°C^{-1}$ |
|----|---|
| 17 | l'equazione che esprime la quantità di calore che un corpo assorbe o cede quando è in contatto con un altro corpo è la seguente: |

| | |
|---|---|
| | $$\Delta Q = cm\Delta t$$ Se questa equazione si riferisce ad un corpo di massa unitaria che subisce un cambiamento unitario del suo stato termico, diventa: $$\Delta Q = c$$ che esprime il calore specifico del corpo, mentre il prodotto $cm$ esprime la capacità |
| 18 | si definisce quantità unitaria di calore e si indica con il simbolo $kcal$, la quantità di calore necessaria a far variare lo stato termico di $1kg$ di acqua distillata dal valore di temperatura $287.65K$ al valore $288.65K$ alla pressione di $1.012 \cdot 10^5 P_a$ |
| 19 | la risposta esatta è quella indicata nella casella [d] |
| 20 | la risposta esatta è quella indicata nella casella [b] |
| 21 | la differenza sostanziale esistente tra la teoria atomica di Democrito e quella attuale consiste nel fatto che la teoria di Democrito è un sistema filosofico sostanzialmente materialistico, mentre l'attuale teoria atomica è una teoria fisica basata su un gran numero di fatti sperimentali; inoltre l'atomo attuale è un sistema complesso fatto di parti elementari |
| 22 | le basi per uno sviluppo scientifico della teoria atomica furono poste nei primi anni del 1800 da Dalton, Gay Lussac e Avogadro |
| 23 | il modello atomico proposto nel 1912 da Rutherford consiste di un nucleo centrale di carica positiva $Ze$ e di $Z$ elettroni che gli ruotano intorno |
| 24 | nell'atomo di Rutherford, poiché l'elettrone ruota intorno al nucleo risulta avere un'accelerazione; d'altro canto, secondo la teoria elettromagnetica, una carica accelerata irraggia energia, ne consegue che l'elettrone deve perdere gradualmente energia e quindi rimpicciolire sempre più la propria orbita finché, in un tempo calcolato pari a $10^{-11} s$ collassa sul nucleo determinando |

| | la distruzione stessa dell'atomo. Poiché questa conseguenza non è verificata, si può ipotizzare che gli elettroni dentro l'atomo siano governati da leggi diverse da quelle fornite dalla meccanica newtoniana e dalla teoria elettromagnetica di Maxwell |
|---|---|
| 25 | la contraddizione a cui condusse il modello atomico di Rutherford venne risolta dal modello atomico di Bohr che fece uso di postulati ad hoc |
| 26 | il corpo è una porzione limitata di materia; la sostanza è una proprietà del corpo che consente di distinguere il suo costituente materiale |
| 27 | una reazione chimica è una trasformazione che muta un'entità chimica in un altra |
| 28 | il principio di conservazione della massa afferma che la massa totale di un sistema che non scambia materia con l'ambiente circostante resta costante nel corso di qualsiasi trasformazione chimica e fisica |
| 29 | la legge di Proust afferma che in una reazione chimica gli elementi si uniscono in un rapporto di massa definito e costante, caratteristico di quella particolare reazione. Se, per esempio, si fa reagire una determinata massa $m_H$ di idrogeno con una determinata massa $m_O$ di ossigeno, la reazione si sviluppa in modo che la combinazione tra idrogeno e ossigeno soddisfa la seguente proporzione: $$\frac{m_H}{m_O} = \frac{1}{8}$$ e qualunque quantità di idrogeno ed ossigeno eccedente rispetto a questa proporzione non interviene nella reazione |
| 30 | quando due elementi possono combinarsi secondo più rapporti di massa, dando luogo a composti diversi, fissata la massa di uno dei due elementi, le masse del secondo, presenti nei vari composti, sono sempre multiple di un certo valore |
| 31 | la legge dei volumi di Gay Lussac afferma: due gas diversi si combinano chimicamente in modo tale che i loro volumi ed i |

| | |
|---|---|
| | volumi dei loro composti, misurati nelle stesse condizioni di temperatura e pressione, stanno in un rapporto semplice e costante |
| 32 | il principio di Avogadro afferma: volumi uguali di gas, nelle stesse condizioni di temperatura e pressione, contengono lo stesso numero di molecole |
| 33 | la risposta esatta è quella indicata nella casella [a] |
| 34 | il numero di Avogadro esprime il numero di molecole contenute in una grammo mole di qualsiasi sostanza; esso vale $6.02 \cdot 10^{23} \dfrac{molcole}{mole}$ |
| 35 | il numero $n$ di moli esprime il rapporto tra la massa $m$ di una sostanza e la sua massa molecolare $M$ : $n = \dfrac{m}{M}$ |
| 36 | le forze di Van der Waals hanno origine da una ineguale distribuzione delle nubi elettroniche intorno a nuclei atomici positivi e sono preponderanti in tutte quelle sostanze le cui molecole non hanno alcuna tendenza a legarsi stabilmente tra loro come, per esempio, nel caso di gas nobili |
| 37 | la risposta esatta è quella indicata nella casella [c] |
| 38 | la risposta esatta è quella indicata nella casella [b] |
| 39 | la risposta esatta è quella indicata nella casella [c] |
| 40 | per spiegare la forma sferica che un volume di liquido assume quando viene sottratto all'azione di ogni forza esterna, vengono prese in considerazione le forze molecolari; queste forze hanno un raggio d'azione pari a $10^{-5} cm$ e pertanto una molecola posta al centro di una sfera di raggio pari a $10^{-5} cm$ interagisce solo con quelle molecole che sono interne alla sfera *(sfera d'azione)*. Se la sfera d'azione è interamente contenuta nel liquido (vedi figura (40.1)), il risultante delle forze che si esercitano sulla molecola è nullo per ragioni di simmetria, diversamente, se la sfera d'azione non è interamente contenuta nel |

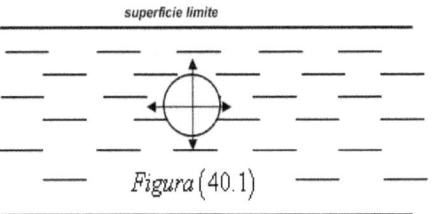

*Figura* $(40.1)$

ed il suo centro è posto sulla superficie limite del liquido (vedi figura $(40.2)$), il risultante delle forze che agiscono sulla molecola è diverso da zero perché vengono meno le ragioni di simmetria: infatti, nella semisfera esterna al liquido non agisce alcuna forza perché non vi sono molecole. Quindi, tutte le molecole appartenenti ad uno strato superficiale di spessore inferiore al raggio della sfera d'azione (vedi figura $(40.3)$), sono soggette a forze dirette verso l'interno del liquido.

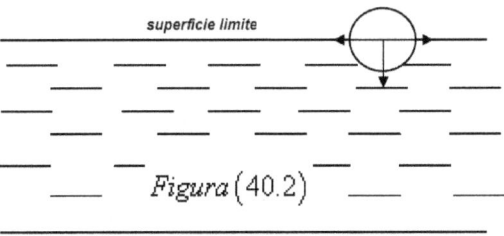

*Figura* $(40.2)$

Sotto l'azione di queste forze, le molecole tendono a spostarsi verso l'interno del liquido poiché il loro numero per unità di superficie deve mantenersi costante, pertanto la superficie limite tende a diminuire comportandosi come una membrana elastica che avvolge il liquido e di conseguenza i liquidi tendono ad assumere forme tali da racchiudere il proprio volume entro la minima superficie possibile; ma dalla geometria è noto che la forma sferica è quella che meglio soddisfa tali requisiti e pertanto risulta spiegata la forma sferica che assume un volume di liquido in assenza di ogni forza esterna.

$10^{-5}\,cm$

$10^{-5}\,cm$

*Figura* $(40.3)$

| 41 | la tensione superficiale $\tau$ si può definire come la forza di contrazione agente tangenzialmente alla superficie limite, in direzione perpendicolare ad un tratto unitario della linea di contorno della superficie stessa:<br><br>$$\tau = \frac{F}{l}$$<br><br>La sua unità di misura nel S.I. è: newton/metro. Ancora, la tensione superficiale $\tau$ si può definire come il lavoro necessario che si deve eseguire sul liquido per estendere la sua superficie limite di una unità, oppure più brevemente, come l'energia potenziale superficiale per unità di superficie. Seconda questa definizione, l'unità di misura è:<br><br>$$\frac{Joule}{m^2} = \frac{Newton}{m}$$ |
|----|------|
| 42 | la risposta esatta è quella indicata nella casella [b] |
| 43 | i fenomeni di capillarità nei liquidi consistono nell'alterazione delle condizioni di equilibrio di un liquido, in quiete in un campo gravitazionale, quando viene posto in un tubo verticale di raggio molto piccolo dell'ordine di $10^{-4}\,m$ |
| 44 | la risposta esatta è quella indicata nella casella [c] |

| 45 | l'angolo di raccordo è l'angolo definito dalla superficie del liquido e dalla superficie piana del contenitore |
|----|------------------------------------------------------------------------------------------------------------------|
| 46 | L'equazione $\cos\theta = \dfrac{\tau_{23} - \tau_{13}}{\tau_{12}}$ esprime la relazione tra l'angolo di raccordo $\theta$, la tensione superficiale contenitore – aria $\tau_{23}$, la tensione superficiale liquido – contenitore $\tau_{13}$ e la tensione superficiale liquido – aria $\tau_{12}$. Da essa si deduce che, se la tensione superficiale contenitore – aria $\tau_{23}$ è maggiore della tensione superficiale liquido – contenitore $\tau_{13}$, allora l'angolo di raccordo $\theta$ è acuto e ciò implica che il liquido bagna le pareti del contenitore in quanto la sua superficie libera ha la forma di un menisco concavo; mentre se $\tau_{23} < \tau_{13}$, allora l'angolo di raccordo $\theta$ è ottuso ed il liquido non bagna le pareti del contenitore in quanto la sua superficie libera ha la forma di un menisco convesso |
| 47 | la legge di Jurin afferma che la variazione del livello del liquido in un tubo capillare è inversamente proporzionale al raggio $r$ del tubo capillare: $$\Delta h = \frac{2\tau\cos\theta}{r\rho g}$$ |

412

| | |
|---|---|
| 1 | per sistema termodinamico si intende un qualsiasi sistema fisico il cui stato viene determinato con l'uso di variabili che descrivono il comportamento d'insieme del sistema; in tal caso, le variabili si dicono *variabili termodinamiche* e lo stato si dice *stato termodinamico* |
| 2 | la risposta esatta è quella indicata nella casella [b] |
| 3 | per sorgente di calore si intende qualsiasi corpo capace di scambiare calore con i corpi che lo circondano senza modificare il valore del suo stato termico |
| 4 | per trasformazione isotermica si intende una trasformazione che cambia lo stato termodinamico del sistema mantenendo costante il valore dello stato termico |
| 5 | per trasformazione isocora si intende una trasformazione che cambia lo stato termodinamico del sistema mantenendo costante il valore del volume |
| 6 | per porre l'equazione $PV = P_0 V_0 \left(1 + \alpha \Delta t\right)$ nella forma $PV = nRT$ si osservi che il coefficiente di dilatazione termica $\alpha$ vale $\dfrac{1}{273.15}$ e pertanto si può scrivere la seguente equazione:<br><br>$$(6.1) \quad PV = P_0 V_0 \left( \frac{273.15 + \Delta t}{273.15} \right)$$<br><br>in cui osservando che il numeratore della frazione esprima la temperatura assoluta, si ottiene l'equazione seguente:<br><br>$$(6.2) \quad PV = \left( \frac{P_0 V_0}{273.15} \right) T$$<br><br>in cui il fattore in parentesi dipende solo dalla quantità di gas considerata. Esprimendo la massa del gas in funzione del numero di |

moli e definendo dei valori standard di pressione e temperatura, è possibile assegnare un valore costante al fattore $\left(\dfrac{P_0 V_0}{273.15}\right)$.

Dalla legge dei volumi di Avogadro si deduce che una grammo mole di qualsiasi gas, nelle stesse condizioni di temperatura e pressione, occupa sempre lo stesso volume; quindi, considerando una grammo mole di gas alla temperatura di $273.15K$ e alla pressione di $1.012 \cdot 10^5 P_a$, il suo volume ha il valore di $22.415 \cdot 10^{-3} \dfrac{m^3}{mole}$ qualunque sia la natura del gas: Pertanto si ha:

$$(6.3) \quad \frac{P_0 V_0}{273.15} = \frac{1.012 \cdot 10^5 P_a \cdot 22.415 \cdot 10^{-3} m^3 mole^{-1}}{273.15} = 8.304 \frac{Joule}{mole}$$

Questo valore è solitamente indicato con la lettera $R$, nota come costante universale dei gas, sicché l'equazione (6.2) si può scrivere come:

$$(6.4) \quad PV = nRT$$

in cui $n$ esprime il numero di moli.

---

7

Le condizioni a cui deve soddisfare un sistema affinché sia in equilibrio termodinamico sono le seguenti:

*equilibrio meccanico*: la pressione interna deve avere lo stesso valore in tutti i punti del sistema e deve essere uguale alla pressione esterna *equilibrio termico* : la temperatura interna deve avere lo stesso valore in tutti i punti del sistema e deve essere uguale alla temperatura esterna

*equilibrio chimico* : il sistema deve conservare la struttura interna e la composizione chimica

| | |
|---|---|
| 8 | la risposta esatta è quella indicata nella casella [a] |
| 9 | nel caso di una trasformazione termodinamica reversibile, si può dare dell'equazione in questione un'interpretazione geometrica nello spazio termodinamico; infatti detto $(O,V,P)$ il sistema di coordinate termodinamiche, una generica trasformazione reversibile ha la rappresentazione indicata nella figura (9.1) dalla quale si deduce che il lavoro eseguito dal sistema sull'ambiente circostante è dato dall'area sottesa dalla curva $AB$ . Orbene, si osservi che esistono diverse trasformazioni reversibili che conducono il sistema dallo stato di equilibrio termodinamico $A$ allo stato di equilibrio termodinamico $B$ . Si può far espandere il sistema a pressione costante finché il volume raggiunge il valore $V_B$ e poi diminuire la pressione fino al valore $P_B$, mantenendo costante il volume al valore $V_B$ (vedi figura (9.2)). Diversamente, mantenendo costante il volume al valore $V_A$ si può diminuire la pressione fino a farla raggiungere il valore $P_B$ e poi, mantenendo costante la pressione, si può far variare il volume fino a farlo raggiungere il valore $V_B$ ( *vedi figura (9.3)*). Dall'esame dei grafici (9.1), (9.2), (9.3) consegue che il lavoro che il sistema scambia con l'ambiente circostante non è univocamente definito, ma dipende dal tipo di trasformazione considerata. |

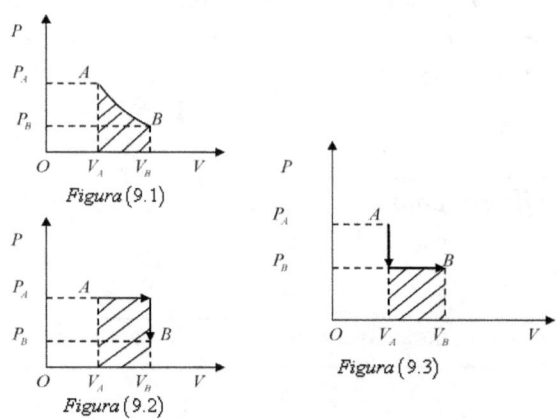

Figura (9.1)

Figura (9.2)

Figura (9.3)

il primo principio della termodinamica afferma che la variazione di energia interna di un sistema termodinamico è uguale alla somma del lavoro e del calore che il sistema riceve dall'ambiente circostante:

$$(10.1) \quad \Delta U = W + Q$$

Figura (10.1)

Questa convenzione nasce dall'applicazione dell'equazione (10.1) alle macchine termiche che assorbono calore ed eseguono lavoro sull'ambiente circostante; si pensi, per esempio, ad un motore per auto. Si osservi che usualmente questa equazione si esprime nel modo seguente:

$$(10.2) \quad \Delta U = Q - W$$

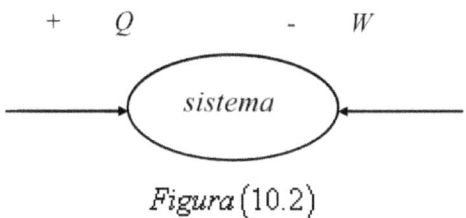

**Figura (10.2)**

in cui si considera negativo il lavoro eseguito sul sistema dall'ambiente circostante e positivo il calore che assorbe.

Nel caso che il sistema sia interessato da piccole trasformazioni, l'equazione (10.2) si scrive come:

$$(10.3) \quad \Delta U = \Delta Q - \Delta W$$

ed il primo principio della termodinamica si può così enunciare: ad ogni sistema che si trova in uno stato di equilibrio termodinamico compete una funzione $U$ delle coordinate termodinamiche, detta *energia interna*, la cui variazione molto piccola è data dall'equazione (10.3)

nel caso in cui si fornisce calore ad un corpo mantenendo costante il volume, il calore specifico si scrive come:

$$(11.1) \quad c_v = \frac{1}{m}\left(\frac{\Delta Q}{\Delta T}\right)$$

Poiché in una trasformazione isocora il corpo non scambia lavoro con l'ambiente circostante in quanto è $\Delta V = 0$, si ha, per il primo principio della termodinamica, la seguente equazione:

$$(11.2) \quad \Delta Q = \Delta U$$

che posta nell'equazione (11.1) consente di scrivere la seguente equazione:

11

$$(11.3) \qquad c_v = \frac{1}{m}\left(\frac{\Delta U}{\Delta T}\right)_{isocora}$$

che esprime il calore specifico a volume costante in funzione dell'energia interna.

Nel caso in cui si fornisce calore ad un corpo mantenendo costante la pressione, il calore specifico si scrive come:

$$(11.4) \qquad c_p = \frac{1}{m}\left(\frac{\Delta Q}{\Delta T}\right)_{isobara}$$

Poiché in una trasformazione isobarica il corpo scambia sia calore che lavoro con l'ambiente circostante, si ha, per il primo principio della termodinamica, la seguente equazione:

$$(11.5) \qquad \Delta U = \Delta Q + \Delta W$$

che posta nell'equazione (11.4) consente di scrivere la seguente equazione:

$$(11.6) \qquad c_p = \frac{1}{m}\left[\left(\frac{\Delta U}{\Delta T}\right)_{isobara} + \left(\frac{\Delta W}{\Delta T}\right)_{isobara}\right]$$

che esprime il calore specifico a pressione costante in funzione dell'energia interna.

Poiché nel caso di un gas perfetto è soddisfatta l'equazione:

$$(11.7) \qquad \left(\frac{\Delta U}{\Delta T}\right)_{isocora} = \left(\frac{\Delta U}{\Delta T}\right)_{isobara}$$

l'equazione (11.6) si può scrivere come:

$$(11.8) \qquad c_p = c_v + \frac{1}{m}\left(\frac{\Delta W}{\Delta T}\right)_{isobara}$$

in cui osservando che è:

$$(11.9) \qquad \Delta W = P\Delta V = \frac{n}{M} R\Delta T$$

possiamo scrivere la seguente equazione:

$$(11.10) \qquad c_p = c_v + \frac{R}{M}$$

che può porsi nella forma seguente:

$$(11.11) \qquad \left( Mc_p - Mc_v \right) = R$$

da cui segue che la differenza dei calori molecolari a pressione e a volume costante è pari alla costante universale dei gas

| 12 | l'esperienza di Joule consiste nel valutare le variazioni di temperatura di un sistema gassoso che si espande liberamente ed adiabaticamente |
|----|---|
| 13 | la risposta esatta è quella indicata nella casella [a] |
| 14 | la risposta esatta è quella indicata nella casella [c] |
| 15 | la risposta esatta è quella indicata nella casella [b] |
| 16 | la risposta esatta è quella indicata nella casella [a] |
| 17 | per determinare la relazione tra temperatura e volume per una trasformazione adiabatica a partire dall'equazione $PV^\gamma = \text{cost}$, si consideri l'equazione $PV = nRT$ e si sostituisca il valore $P = n\dfrac{RT}{V}$ nella precedente equazione . Così facendo si ha: $$nRT\frac{V^\gamma}{V} = \text{cost}$$ da cui segue: $$TV^{\gamma-1} = \text{cost}$$ |

| | |
|---|---|
| 18 | il postulato di Kelvin - Planck afferma: è impossibile eseguire una trasformazione termodinamica il cui unico risultato sia una trasformazione integrale in lavoro di calore sottratto ad una sorgente di calore. Il postulato enunciato esclude la possibilità di un moto perpetuo di seconda specie; si osservi, però, che la possibilità che resta esclusa da questo enunciato è che l'unico risultato della trasformazione sia quello di trasformare integralmente in lavoro del calore sottratto ad una sorgente di calore. Così, per esempio, non è impossibile trasformare integralmente in lavoro del calore sottratto ad una sorgente di calore, purché alla fine del processo di trasformazione vi sia qualche altro cambiamento nello stato del sistema. E' il caso di un'espansione isotermica quasi - statica di un gas perfetto in cui il calore sottratto alla sorgente di calore e assorbito dal gas viene integralmente trasformato in lavoro che il gas esegue sull'ambiente circostante; ma questo non è l'unico risultato della trasformazione in quanto alla fine il gas occupa un volume maggiore di quello iniziale. |
| 19 | il postulato di Clausius afferma: è impossibile eseguire una trasformazione termodinamica il cui unico risultato sia il passaggio di calore da un corpo freddo ad un corpo caldo. Il postulato enunciato esclude la possibilità che l'unico risultato della trasformazione sia quello di far passare calore da un corpo freddo ad un corpo caldo. E' infatti perfettamente possibile far passare calore da un corpo freddo ad un corpo caldo, si pensi alla trasformazione ciclica costituita dalle due trasformazioni isotermiche quasi - statiche e dalle due trasformazioni adiabatiche quasi – statiche percorsa in senso inverso; in tal caso, il ciclo assorbe la quantità di calore $\left\|Q_f\right\|$ dalla sorgente fredda e cede la quantità di calore $\left\|Q_c\right\|$ alla sorgente calda. Però, questo non è l'unico risultato in quanto il ciclo assorbe anche la quantità di lavoro $W = \left\|Q_f\right\| - \left\|Q_c\right\|$ |
| 20 | la risposta esatta è quella indicata nella casella [a] |
| 21 | la risposta esatta è quella indicata nella casella [b] |
| 22 | il teorema di Carnot afferma: non esistono macchine termiche operanti tra due sorgenti di calore il cui rendimento sia superiore a quello di una macchina di Carnot operante tra le stesse sorgenti di |

| | |
|---|---|
| | calore; da questo teorema discende il seguente corollario: tutte le macchine di Carnot, operanti tra le stesse sorgenti di calore, hanno lo stesso rendimento, qualunque sia il fluido utilizzato per il ciclo. |
| 23 | il rendimento della macchina di Carnot ha carattere universale. Ha carattere universale anche la seguente equazione:<br><br>$$(23.1) \qquad \frac{|Q_f|}{|Q_c|} = \frac{T_f}{T_c}$$<br><br>Secondo questa equazione è possibile ricondurre la misura della temperatura alla misura delle quantità di calore che la macchina di Carnot scambia con le sorgenti di calore. Fissando come sorgente di riferimento il sistema costituito da acqua – ghiaccio e vapore acqueo e assegnando come valore arbitrario di temperatura $T_c = 273.16K$, la temperatura $T$ di un altro corpo, che funzioni come sorgente di calore per la macchina di Carnot, è data dalla relazione:<br><br>$$(23.2) \qquad T = 273.16K \frac{|Q|}{|Q_c|}$$<br><br>I valori di temperatura forniti da questa equazione non dipendono dalla sostanza utilizzata dalla macchina di Carnot. |
| 24 | le condizioni necessarie affinché un processo termodinamico possa ritenersi reversibile sono:<br><br>a) non deve esserci conduzione di calore dovuta ad una differenza di temperatura<br><br>b) non deve essere eseguito lavoro dalle forze d'attrito, dalle forze viscose o da altre forze dissipative che producono calore<br><br>c) il processo deve essere quasi - statico |
| 25 | si consideri l'insieme costituito da un sistema termodinamico e l'ambiente che lo circonda; tale insieme viene usualmente detto Universo e viene ritenuto un sistema chiuso. Orbene, si supponga |

che l'Universo sia sede di una trasformazione reversibile; in tal caso, le quantità di calore scambiate figurano due volte: una volta con il segno positivo ed una volta con il segno negativo. D'altro canto, poiché lo scambio di calore avviene isotermicamente, la temperatura del corpo che cede calore è uguale alla temperatura del corpo che lo assorbe, ne consegue l'annullarsi dell'espressione: $\int_{A}^{B} \dfrac{dQ}{T}$ .

Pertanto, *(vedi quesito 25)*, si ha: $S(B) - S(A) = 0$ dalla quale si deduce l'affermazione a).

Si supponga che l'Universo sia sede di trasformazioni irreversibili; in tal caso l'entropia non è costante e per poterne determinare la variazione $\Delta S$ si faccia riferimento ad un caso concreto come lo scambio di calore che si verifica nel processo di conduzione del calore da un corpo caldo ad un corpo freddo. Per semplificare il discorso, si supponga che i due corpi abbiano capacità termiche molto grandi in modo che non variano sensibilmente la loro temperatura quando si scambiano calore. Poiché il processo è irreversibile, la variazione di entropia si può calcolare sostituendo ad esso un processo reversibile che mette in comunicazione i due corpi in modo che il calore possa fluire dal corpo caldo al corpo freddo. A tal fine, si ponga a contatto termico il corpo caldo con un sistema gassoso che si espande isotermicamente assorbendo la quantità di calore $\Delta Q$; ciò fatto, si separi il corpo caldo dal sistema gassoso e si comprima quest'ultimo fino a quando non abbia ceduto tutto il calore che ha sottratto al corpo caldo. Orbene, poiché le trasformazioni considerate sono tutte reversibili, per determinare la variazione di entropia $\Delta S$ si può fare uso delle equazioni riportate nel quesito. *(vedi prova 25);* così facendo si ha che il corpo caldo, cedendo calore al sistema gassoso, subisce una variazione di entropia

$$\Delta S_c = -\frac{\Delta Q}{T_c},$$

mentre il corpo freddo, assorbendo calore dal sistema gassoso, subisce una variazione di entropia $\Delta S_f = \dfrac{\Delta Q}{T_f}$ .

Pertanto, la variazione totale di entropia è:

$$\Delta S_c + \Delta S_f = -\dfrac{\Delta Q}{T_c} + \dfrac{\Delta Q}{T_f}$$

in cui essendo $T_c > T_f$ risulta $S(B) - S(A) > 0$ dalla quale si deduce l'affermazione b) . E' evidente che l'affermazione a) e l'affermazione b) implicano l'affermazione c)

---

la relazione che determina la quantità di energia meccanica convertita in energia interna in termini di entropia dell'Universo è la seguente:

$$(26.1) \qquad E_c = T\Delta S$$

in cui $T$ esprime la temperatura più bassa che si dispone nell'Universo; essa esprime la quantità di energia dell'Universo che non può più essere utilizzata per produrre lavoro. Per chiarire quest'ultima affermazione, si supponga che l'Universo sia costituito solo dal corpo con energia cinetica $E_c$, dal piano ruvido e dall'aria; in questo caso, la trasformazione di energia meccanica del corpo in energia interna dell'Universo implica l'impossibilità di ogni altra trasformazione. Infatti, per realizzare una trasformazione è necessario sottrarre calore all'Universo e ciò è possibile solo se nell'Universo è presente un altro corpo con valore di temperatura minore del valore di temperatura che figura nell'equazione (26.1). Ad ogni modo, quantunque questo corpo fosse presente, il secondo principio della termodinamica vieta che tutto il calore sottratto all'Universo venga trasformato in lavoro: una parte di esso viene restituita al corpo di temperatura inferiore. Tutto ciò implica che l'energia nell'Universo è sempre meno disponibile a farsi utilizzare per produrre lavoro. Poiché queste conclusioni sono valide in generale, si può affermare che: in un processo irreversibile, in cui la variazione di entropia è $\Delta S$, parte dell'energia diventa non

| | |
|---|---|
| | disponibile a farsi utilizzare per produrre lavoro; essa è pari a $T\Delta S$ dove $T$ è la temperatura più bassa che si dispone nell'Universo. |
| 27 | la risposta esatta è quella indicata nella casella [a] |
| 28 | il modello cinetico del gas perfetto consiste nel considerare:<br><br>a) le molecole puntiformi; ciò implica che il moto è traslatorio rispetto al centro di massa<br><br>b) le interazioni molecolari trascurabili; ciò implica che il moto è rettilineo uniforme<br><br>c) gli urti, tra molecole e quelli tra le molecole e le pareti del contenitore, elastici<br><br>d) la durata di urto trascurabile rispetto alla durata tra un urto ed il successivo; ciò implica che l'energia cinetica convertita in energia meccanica di deformazione durante l'urto è istantaneamente disponibile ancora come energia cinetica in modo che si possa ignorare che tale scambio abbia a verificarsi. |
| 29 | la risposta esatta è quella indicata nella casella [c] |
| 30 | l'equazione $\overline{E}_c = \dfrac{3}{2}kT$, nota come equazione di Joule-Clausius, fornisce una relazione tra l'energia cinetica media di una molecola e la temperatura assoluta di un gas perfetto. Essa può essere utilizzata per definire la temperatura di un corpo indipendentemente da ogni strumento di misura:<br><br>la temperatura assoluta di un corpo è la grandezza fisica il cui valore è pari all'energia cinetica media di una molecola di gas perfetto, che si trova alla stessa temperatura del corpo, divisa per $\dfrac{3}{2}K$ |
| 31 | poiché le molecole del gas perfetto, secondo il modello cinetico, sono animate solo di moto traslatorio rispetto al centro di massa, l'energia interna $U$ deve coincidere con l'energia cinetica totale di traslazione; pertanto si può scrivere la seguente equazione:<br><br>$$(31.1) \qquad U = N\overline{E}_c$$ |

Se in questa equazione si tiene conto dell'equazione di Joule - Clausius, si ottiene l'equazione:

$$(31.2) \qquad U = N\frac{3}{2}kT = \frac{3}{2}nRT$$

dalla quale si deduce che l'energia interna di un gas perfetto è proporzionale alla temperatura assoluta, in accordo con le conclusioni dell'equazione di Joule.

| 32 | la risposta esatta è quella indicata nella casella [d] |
|---|---|
| 33 | il principio di equipartizione dell'energia afferma: all'equilibrio a ciascun grado di libertà è associata un'energia media par a $\frac{1}{2}kT$ per ogni molecola |
| 34 | il calore specifico di un gas monoatomico è più piccolo del calore specifico di un gas biatomico perché alla molecola monoatomica, che ha un numero di gradi di libertà minore del numero di gradi di libertà della molecola biatomica, gli compete, per il principio di equipartizione dell'energia, una quantità di energia più piccola |
| 35 | se una molecola biatomica viene considerata con una struttura interna rappresentabile con un modello a manubrio omogeneo ha cinque gradi di libertà e pertanto la sua energia interna è pari a: $$(35.1) \qquad U = \frac{5}{2}kT$$ Quindi un gas di $N$ molecole biatomiche ha un'energia interna pari a: $$(35.2) \qquad U = \frac{5}{2}nRT$$ ed un calore specifico a volume costante per una mole di gas pari a: $$(35.3) \qquad c_v = 5\frac{cal}{Kmole}$$ |

Queste previsioni trovano conferme nei dati sperimentali solo parzialmente; modificando il modello a manubrio omogeneo inserendo una molla in luogo dell'asta rigida che unisce le due sfere, si ottiene un nuovo modello di molecola con sette gradi di libertà. Calcolando il calore specifico per una mole di gas si ottiene:

$$(35.4) \qquad c_v = 6 \frac{cal}{Kmole}$$

Questo risultato trova conferma solo nel dato sperimentale relativo al cloro ed è in netto contrasto con tutti gli altri dati; ciò significa che il modello di molecola considerato non può considerarsi come modello teorico fondamentale, ma deve considerarsi come modello sperimentale dipendente dalla natura del gas. Per una maggiore comprensione di questa affermazione, si consideri il grafico di figura (35.1) che esprime, in scala semilogaritmica, il calore molecolare a volume costante dell'idrogeno in funzione della temperatura assoluta. Dall'analisi di questo grafico si rileva che, per valori di temperatura sotto i $250K$, il calore molecolare dell'idrogeno decresce rapidamente fino a raggiungere il valore di $3 \frac{cal}{Kmole}$ previsto dal modello cinetico. Ciò significa che, per questi valori di temperatura, il modello cinetico ed il principio di equipartizione dell'energia danno risultati coincidenti: ovvero, per questi valori di temperatura la molecola di idrogeno non ruota ed è animata solo di moto traslatorio. Per valori di temperatura sopra i $250K$ e fino a $750K$ la molecola ruota e trasla ed il valore del calore molecolare coincide con il valore previsto dal modello a manubrio omogeneo $5 \frac{cal}{Kmole}$. Per valori di temperatura al di sopra di $750K$, il calore molecolare cresce fino a portarsi gradualmente, per valori altissimi di temperatura, al valore previsto dal modello che considera i moti oscillatori $6 \frac{cal}{Kmole}$; in tal caso la molecola è animata da tutti i moti possibili: traslatorio, rotatorio e vibratorio. Orbene, da quanto è stato detto appare chiaro come l'ultimo modello di molecola considerato ed il principio di equipartizione dell'energia non solo non sono in grado di fornire una spiegazione del perché la molecola di cloro inizia a ruotare per valori di temperatura ambiente, mentre quella di idrogeno inizia a ruotare per valori di temperatura decisamente più elevati; essi non sono nemmeno in grado di fornire una spiegazione del fatto che i calori specifici variano al variare della temperatura. Evidentemente c'è qualcosa di più profondo da prendere in considerazione: i principi della meccanica newtoniana non sono idonei alla descrizione del mondo degli atomi e bisogna necessariamente utilizzare i principi della meccanica quantistica.

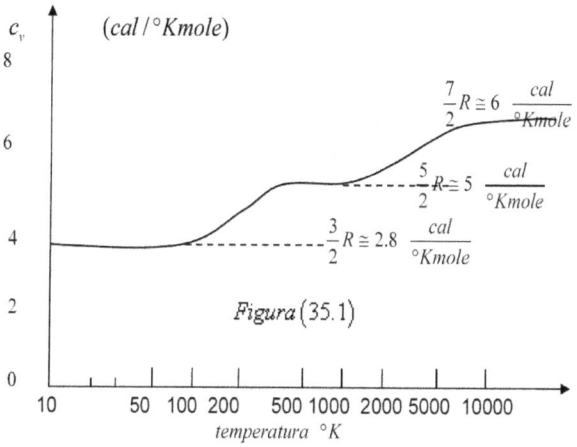

Figura (35.1)

il numero di stati microscopici del sistema corrispondente allo stato macroscopico con 2 molecole nel recipiente $A$ e 8 nel recipiente $B$ è:

36

$$W_{2,8} = \frac{N!}{n_A! n_B!} = \frac{10!}{2!8!} = \frac{3628800}{2 \cdot 40320} = 45$$

mentre quello corrispondente allo stato macroscopico con 5 molecole nel recipiente $A$ e 5 nel recipiente $B$ è:

$$W_{2,8} = \frac{N!}{n_A!n_B!} = \frac{10!}{5!5!} = \frac{3628800}{120 \cdot 120} = 252$$

| | |
|---|---|
| 37 | poiché la probabilità $p$ che si realizzi un certo stato macroscopico è espresso dalla<br><br>seguente relazione: $p = \dfrac{W}{2^n}$ si ha:<br><br>$$p_{2,8} = \frac{W_{2,8}}{2^n} = \frac{45}{2^{10}} = \frac{45}{1024} \cong 0.044$$<br><br>$$p_{5,5} = \frac{W_{5,5}}{2^n} = \frac{252}{2^{10}} = \frac{252}{1024} \cong 0.25$$<br><br>da cui segue $p_{5,5} > p_{2,8}$ ovvero lo stato macroscopico con 5 molecole nel recipiente $A$ e 5 molecole nel recipiente $B$ ha una maggiore probabilità di realizzarsi. |
| 38 | si considerino due recipienti e $A$ $B$ di uguale volume e collegati tramite un condotto munito di rubinetto $R$ (vedi figura (38.1)). Inizialmente, i due recipienti contengono una quantità di gas a diversa temperatura: ovvero, tanto per fissare le idee $T_A > T_B$; ciò significa anche che le molecole del gas poste nel recipiente $A$ sono più veloci delle molecole del gas poste nel recipiente $B$.<br><br>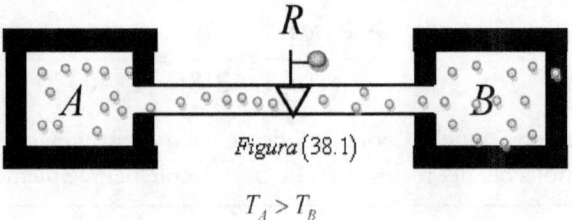<br><br>Figura (38.1)<br><br>$$T_A > T_B$$ |

Aprendo il rubinetto $R$ , le molecole veloci diffondono nel recipiente $B$ e le molecole lente diffondono nel recipiente $A$ . Pertanto, dopo un certo tempo, il sistema evolve verso uno stato di equilibrio termodinamico il cui valore di temperatura $T_E$ è compreso tra i valori $T_A$ e $T_B$ : $T_B < T_E < T_A$ . Dal punto di vista microscopico ciò significa che, in entrambi i recipienti, vi sono sia molecole veloci che molecole lente; esse sono così fittamente mescolate da dar luogo ad un unico valore della velocità quadratica media. A questo stato macroscopico corrisponde il più alto numero di stati microscopici in modo che la probabilità che esso si realizzi è molto elevata; per contro, la probabilità che il gas torni spontaneamente a separarsi con le molecole veloci nel recipiente $A$ e le molecole lente nel recipiente $B$ , o viceversa, è del tutto trascurabile. Tutto ciò induce ad affermare che in qualunque processo spontaneo il sistema tende a passare da uno stato macroscopico meno probabile (stato iniziale) ad uno stato macroscopico più probabile (stato finale ); qualunque altro stato è anche possibile, ma la sua probabilità è tanto minore quanto minore è il numero di stati microscopici che gli corrispondono. In particolare, molti stati macroscopici hanno una probabilità così bassa che si possono considerare praticamente impossibili; pertanto, tutti i processi spontanei i cui stati macroscopici hanno una bassa probabilità appaiono irreversibili. D'altro canto, osservando che in un processo irreversibile l'entropia aumenta, si può naturalmente concludere affermando che l'entropia $S$ , corrispondente ad uno stato macroscopico del sistema, è tanto più grande quanto più è grande il numero $W$ degli stati microscopici che corrispondono allo stato macroscopico. Questa affermazione è resa quantitativa dalla seguente equazione:

$$(38.1) \qquad S = k \ln W$$

in cui $k$ è la costante di Boltzmann.

| | |
|---|---|
| 39 | il terzo principio della termodinamica, dal punto di vista macroscopico, afferma: l'entropia di ogni sistema allo zero assoluto può essere posta uguale a zero questo principio, dal punto di vista microscopico, si enuncia come segue: allo stato macroscopico di un sistema allo zero assoluto corrisponde un solo stato microscopico: ovvero lo stato dinamico di minima energia compatibile con lo stato di aggregazione del sistema |
| 40 | le caratteristiche delle parti del piano $(V,P)$ definite dall'isoterma critica e dalla curva tratteggiata della figura (40.1) sono: <br><br> a) al di sopra dell'isoterma critica, la sostanza è tutta allo stato gassoso e, quantunque si aumenti la pressione, non passa mai allo stato liquido. <br><br> b) al di sotto dell'isoterma critica e a destra della curva tratteggiata la sostanza è tutta allo stato di vapore; è però possibile, mantenendo costante la temperatura, aumentare la pressione fino ad un punto in cui la condensazione ha inizio: la sostanza è allo stato di vapore non saturo. <br><br> c) al di sotto dell'isoterma critica e al di sotto della curva tratteggiata, la sostanza è in parte allo stato liquido ed in parte allo stato di vapore saturo. <br><br> d) al di sotto dell'isoterma critica e a sinistra della curva tratteggiata, la sostanza è tutta allo stato liquido. |
| 41 | la temperatura critica di un gas è quel valore di temperatura al di sopra del quale il gas non passa mai allo stato liquido |
| 42 | l'equazione che esprime il modello termodinamico di Van der Waals è la seguente: $$\left(P + n^2\,\frac{a}{V^2}\right)(V - nb) = nRT$$ in cui $a$ e $b$ sono costanti caratteristiche del gas |
| 43 | Le relazioni tra le costanti $a$ e $b$ che figurano nell'equazione di Van der Waals ed i valori critici $T_c, V, P_c$ di una sostanza sono: |

$$P_c + RT_c = 3P_cV_c$$
$$a = 3P_cV_c^2$$
$$ab = P_cV_c^3$$

| | |
|---|---|
| 44 | la risposta esatta è quella indicata nella casella [c] |
| 45 | la risposta esatta è quella indicata nella casella [a] |
| 46 | si verifica sperimentalmente che, per differenti intervalli di temperatura e pressione, qualunque corpo può esistere in forme diverse, dette fasi, che corrispondono ai diversi modi di aggregarsi delle molecole: solido, liquido o gassoso. E' possibile passare da una fase ad un'altra per particolari valori della temperatura e della pressione; l'insieme di tutti questi valori consente di costruire un grafico che assume il nome di diagramma di fase ed è costituito da tre curve, dette curve di equilibrio, che separano il piano $(T, P)$ in tre zone distinte: la zona in cui il corpo esiste nella fase solida, la zona in cui il corpo esiste nella fase liquida e la zona in cui il corpo esiste nella fase gassosa (vedi figura (46.1))<br><br>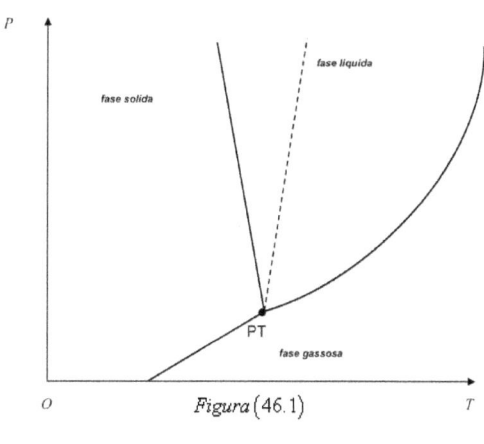<br>Figura $(46.1)$ |

| | |
|---|---|
| | le curve di equilibrio esprimono le seguenti caratteristiche: |
| 47 | a) la curva di equilibrio che separa la zona della fase solida dalla zona della fase liquida è costituita dai punti le cui coordinate termodinamiche corrispondono ai valori di temperatura e pressione per i quali il corpo coesiste in fase solida e in fase liquida; essa è detta curva di fusione<br><br>b) la curva di equilibrio che separa la zona della fase liquida dalla zona della fase gassosa è costituita dai punti le cui coordinate termodinamiche corrispondono ai valori di temperatura e pressione per i quali il corpo coesiste in fase liquida e in fase gassosa; essa è detta curva di vaporizzazione<br><br>c) la curva di equilibrio che separa la zona della fase solida dalla zona della fase gassosa è costituita dai punti le cui coordinate termodinamiche corrispondono ai valori di temperatura e pressione per i quali il corpo coesiste in fase solida e in fase gassosa; essa è detta curva di sublimazione |
| 48 | la risposta esatta è quella indicata nella casella [c] |
| 49 | la quantità di calore necessaria a far passare dalla fase solida alla fase liquida 1kg di sostanza a temperatura costante è detta calore latente di fusione ed è data dalla seguente equazione:<br><br>$$(49.1) \qquad \frac{\Delta Q}{\Delta m} = u_L - u_S + P\left(v_L - v_S\right) = \lambda_f$$<br><br>in cui $\left(u_L - u_S\right)$ e $\left(v_L - v_S\right)$ sono rispettivamente l'energia interna specifica ed il volume specifico della fase liquida e della fase solida. |

| | |
|---|---|
| 50 | il fatto che la temperatura di fusione del ghiaccio si abbassa all'aumentare della pressione consente il movimento dei ghiacciai. Infatti, quando la massa del ghiaccio incontra una roccia nel letto del ghiacciaio l'intera pressione del ghiacciaio contro la roccia abbassa la temperatura di fusione del ghiaccio; esso poi ricongela appena si è sottratto alla pressione. |
| 51 | Il processo di evaporazione di un liquido che si realizza in certe condizioni interessando gli strati profondi del liquido assume il nome di ebollizione. Affinché questo processo si realizzi è necessario che si formano, in seno al liquido , delle zone, dette bolle, all'interno delle quali vi sia aria o gas o vapore. Queste bolle tendono a formarsi intorno a delle impurità, sempre presenti nei liquidi, riempendosi di vapore che raggiunge in esse la pressione pari alla tensione di vapore saturo, che corrisponde al valore di temperatura del liquido. Le dimensioni delle bolle sono regolate dalla tensione di vapore saturo e dalla pressione del liquido che agisce all'esterno (vedi figura (51.1)); quest'ultima, trascurando il contributo dovuto alla pressione idrostatica $(P = \gamma h)$, si può ritenere uguale alla pressione $P_0$. Pertanto, quando cresce la temperatura la tensione di vapore saturo aumenta uguagliando e superando la pressione esterna; in tali condizioni, le bolle crescono rapidamente e salgono alla superficie (per la spinta di Archimede) liberando una grande quantità di vapore. Si ottiene l'ebollizione del liquido quando la tensione di vapore saturo raggiunge il valore della pressione esterna esercitata dal gas in cui il liquido è immerso. Ciò spiega anche il fatto che in montagna l'acqua bolle ad una temperatura inferiore a $100°C$ ; infatti, la pressione atmosferica in montagna è più piccola della pressione atmosferica al livello del mare. Nel corso dell'ebollizione, la temperatura resta costante fino a quando la quantità di gas disciolta nel liquido è sufficiente a fare sviluppare la quantità di vapore necessaria ad assorbire, come calore di vaporizzazione, il calore fornito. |

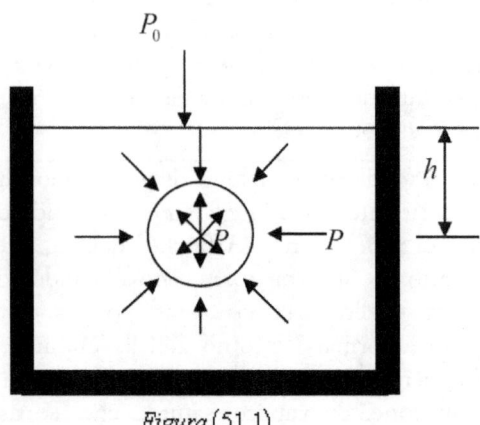

$P_0$

$h$

$P$   $P$

Figura (51.1)

La funzione entalpia $H$ per definizione è data dalla seguente relazione:

$$(52.1) \qquad H = U + PV$$

in cui $U$ è l'energia interna, $P$ la pressione e $V$ il volume.

Nel caso di una trasformazione termodinamica a pressione costante, la variazione dell'entalpia è data dalla seguente relazione:

$$(52.2) \qquad \Delta H = \Delta U + P\Delta V$$

in cui osservando che, per il primo principio della termodinamica, è: $\Delta U = \Delta Q - P\Delta V$ si ha:

$$(52.3) \qquad \Delta H = \Delta Q$$

da cui segue che la quantità di calore che il sistema assorbe o cede, nel corso di una trasformazione a pressione costante, è uguale all'aumento o alla diminuzione di entalpia

52

| | CORRETTORE DEL TEST DI VERIFICA (3.1) |
|---|---|
| | |
| 1 | per conduzione di calore si intende la propagazione del calore attraverso un mezzo materiale senza che nel mezzo stesso avvenga uno spostamento di materia |
| 2 | la risposta esatta è quella indicata nella casella [a] |
| 3 | una superficie isoterma è l'insieme dei punti di un campo termico aventi lo stesso valore di temperatura |
| 4 | la risposta esatta è quella indicata nella casella [b] |
| 5 | la legge sperimentale di Fourier afferma: il vettore flusso di calore $\vec{F}$ è proporzionale, in ogni punto, alla variazione di temperatura per unità di percorso nella direzione in cui tale variazione è massima (gradiente di temperatura): $\vec{F} = -\lambda \vec{G}_T$. Il segno meno dipende dal fatto che il vettore $\vec{F}$ è orientato verso le superfici a temperatura minore mentre il gradiente di temperatura verso le superfici a temperatura maggiore. Il coefficiente di proporzionalità $\lambda$ dipende dal tipo di materiale ed assume il nome di conducibilità termica; esso dipende, in generale, dalla temperatura ma in molti problemi si può ritenere costante |
| 6 | l'equazione di Fourier è la seguente: $$\frac{\partial^2 T}{\partial x^2} + \frac{\partial^2 T}{\partial y^2} + \frac{\partial^2 T}{\partial z^2} = \frac{\rho c}{\lambda} \frac{\partial T}{\partial t}$$ |
| 7 | la risposta esatta è quella indicata nella casella [b] |
| 8 | se il moto convettivo di un fluido è causato solo da variazioni della mass volumica prodotte da un gradiente di temperatura si dice naturale; per contro, se il moto convettivo di un fluido è fondamentalmente causato da fattori come: ventilatori, pompe, vento, ecc. , si dice forzato |
| 9 | il numero di Rayleigh è una grandezza adimensionale che caratterizza un sistema fluido interessato da un moto |

| | |
|---|---|
| | convettivo naturale; esso è dato dalla seguente relazione:<br><br>$$(9.1) \qquad R_\alpha = A(T)L^3\Delta T$$<br><br>in cui $\Delta T$ esprime la differenza di temperatura fra le regioni che interessano gli scambi di calore, $A(T)$ è una funzione dipendente dalle proprietà fisiche del fluido ed in particolare dalla temperatura media, ed $L$ una dimensione lineare caratteristica del sistema |
| 10 | un corpo nero emette isotropicamente in ogni direzione uno spettro di radiazione elettromagnetica dato dalla legge di Planck:<br><br>$$(10.1) \qquad f_N(\lambda) = \frac{C_1}{\lambda^5\left(e^{\frac{C_2}{\lambda T}} - 1\right)}$$<br><br>L'energia per unità di tempo e per unità di superficie che emette complessivamente su tutte le lunghezze d'onda a quella temperatura è data dalla seguente relazione:<br><br>$$(10.2) \quad F_N = \lim_{\Delta\lambda_i \to 0} \sum_i f_N(\lambda_i)\Delta\lambda_i = \int f_N(\lambda)d\lambda = \sigma T^4$$<br><br>da cui segue l'equazione:<br><br>$$(10.3) \qquad P_N = SF_N = S\sigma T^4$$<br><br>che esprime la potenza emessa da tutta la superficie del corpo nero |
| 11 | le legge di Kirchhoff afferma che l'emittanza di un corpo è pari alla sua assorbanza su tutta la superficie a quella temperatura |

www.ingramcontent.com/pod-product-compliance
Lightning Source LLC
Chambersburg PA
CBHW071409180526
45170CB00001B/29